Strumpfbandnattern

Martin Hallmen · Jürgen Chlebowy

125 Farbfotos
8 Grafiken
30 Verbreitungskarten

Terrarien  Bibliothek

Natur und Tier - Verlag

Für meine Frau Martina, meine Kinder Jonas, Sarah und Lena
und meine Eltern Karl und Magdalene
Martin Hallmen

Für meine Frau Heike und meine Mutter Elisabeth
Jürgen Chlebowy

Bildnachweis
Titelbild: *Thamnophis sirtalis tetrataenia*
Hintergrund: Schuppen von *Thamnophis sirtalis tetrataenia* Fotos: M. Hallmen
Rückseite von oben nach unten:
   Thamnophis sirtalis tetrataenia und *Thamnophis proximus orarius* Foto: M. Hallmen
   Thamnophis marcianus marcianus Foto: M. Hallmen / J. Chlebowy
   Thamnophis sirtalis similis Foto: M. Hallmen / J. Chlebowy

2. Auflage 2011

ISBN 978-3-931587-49-5

© 2001 Natur und Tier - Verlag GmbH
An der Kleimannbrücke 39/41
48157 Münster
www.ms-verlag.de

Geschäftsführung: Matthias Schmidt
Lektorat: Heiko Werning
Layout: Sibylle Manthey
Druck: Alföldi, Debrecen

Inhalt

Danksagung

Der größte Dank gebührt unseren Frauen Heike und Martina sowie den Kindern Jonas, Sarah und Lena, denn sie investierten in das vorliegende Buch am meisten, indem sie während all der langen Vorbereitungszeit auf ihren Mann bzw. Vater verzichten mussten. Ein herzlicher Dank geht auch an unseren Lektor im Natur und Tier - Verlag, Herrn Heiko Werning (Berlin), der uns allzeit umsichtig betreute und dessen Anmerkungen zum Manuskript zum Gelingen des Buches beigetragen haben. Ein besonderer Dank gebührt dem Biologen und versierten *Thamnophis*-Kenner Dr. Steven Bol (Honselersdijk, Niederlande) für seine zahlreichen persönlichen Hinweise, die Überarbeitung des Manuskriptes, die Überlassung von Fotos sowie die Erlaubnis, alle seine Tiere fotografieren zu dürfen. Herrn Dr. Frank Mutschmann vom Institut für veterinärmedizinische Betreuung niederer Wirbeltiere und Exoten, Exomed (Berlin), danken wir für die bereitwillige Weitergabe seines immensen Fundus an Kenntnissen und Informationen zur Gattung *Thamnophis* – auch zur Unzeit. Frau Martina Hallmen (Erlensee) danken wir für zahlreiche Korrekturen am Manuskript, die sie unter erschwerten Bedingungen (drei Kinder) zu leisten bereit war.

Weiterhin bedanken wir uns für hilfreiche Hinweise bei den Herren Dr. Steven Bol (Honselersdijk, Niederlande), Herbert Bruchmann (Brillon) und Kriton Kunz (Speyer). Für die freundliche Überlassung von Bildmaterial danken wir Dr. Philippe Blais (Saint-Lambert, Kanada), Dr. Steven Bol (Honselersdijk, Niederlande), Herbert Bruchmann (Brillon), Russel M. Curry (Palatine, USA), Scott Felzer (Benson, USA), Dr. Alan Francis (Bridlington, England), Helmut Kreyerhoff (Borken), Heidi Künzli (Wollerau, Schweiz), Dr. Frank Mutschmann (Berlin), Hildegard Siebert (Bruchköbel) und Heiko Werning (Berlin).

Vorwort

Für manchen Leser ist das Vorwort einer der interessantesten Teile eines Buches, geben der oder die Autoren darin doch kund, was sie mit ihrem Werk beabsichtigen und wie sie ihr Vorhaben umzusetzen versuchen. Unsere Absicht ist schnell erklärt: Wir wollen aus unserer Begeisterung für Strumpfbandnattern heraus Einsteigern und Fortgeschrittenen Hinweise und Erfahrungen aus der Terrarienpraxis vermitteln, mit dem Ziel, neue Freunde für diese schöne und faszinierende Schlangengattung zu gewinnen. Die Umsetzung dieser Absichtserklärung ergibt drei Hauptteile des Buches.

Im ersten Teil werden anatomisch, physiologisch sowie verhaltenskundlich relevante und interessante Aspekte der Gattung *Thamnophis* dargestellt. Angesichts Tausender wissenschaftlicher Veröffentlichungen in diesem Bereich kann im Rahmen dieses Buches nur eine Auswahl an Phänomenen präsentiert werden, die selbstredend subjektiv ist und nicht alle Bereiche der vielschichtigen Biologie dieser Schlangen umfassen kann. Ein Absatz über die Gefährdungen, denen Strumpfbandnattern ausgesetzt sind, und die daraus resultierenden Schutzbestimmungen in den USA rundet den ersten Abschnitt des Buches ab. Mancher Leser wird die vielen Zitate – vor allem im ersten Teil des Buches – als nicht notwendig oder gar störend empfinden. Sie werden jedoch hoffentlich jedem, der sich näher mit einem der angesprochen Phänomene beschäftigen will, hilfreich beim Einstieg in die zumeist umfangreiche weiterführende Literatur sein.

Den Schwerpunkt des Buches bildet die terraristische Haltung von Strumpfbandnattern. Im zweiten Teil werden daher alle für die Gattung *Thamnophis* vorhandenen Erfahrungen – soweit uns bekannt – dargelegt. Das betrifft zunächst die „klassischen" Inhalte wie das Terrarium, den Erwerb der Tiere, ihre Handhabung und Pflege, die Ernährung, die Vermehrung, die Vergesellschaftung sowie mögliche Krankheiten. Ergänzt werden die genannten Punkte – entsprechend unseren persönlichen Arbeitsschwerpunkten – durch Überlegungen zur Haltung von Strumpfbandnattern im Freiterrarium, über Grundsätzliches sowie die neueren Entwicklungen auf dem Gebiet der Farbformen, zur Beschaffung von Informationen zum Thema aus dem Internet sowie zum Einsatz der Tiere in der Pädagogik. In einigen Punkten erfolgt die Präsentation der Inhalte durchaus kontrovers, wie z. B. bei der Frage nach der geeigneten Terriengröße oder der richtigen Überwinterungsmethode. Unsere Empfehlungen für die Praxis beruhen auf umfangreichen eigenen Erfahrungen sowie auf den Informationen vieler uns bekannter *Thamnophis*-Halter. Sie sind jedoch nur als Hilfestellung zu verstehen. „Lehrmeinungen" zu äußern liegt uns fern. Im Gegenteil: Wir wollen mit der Darstellung der vorliegenden Erfahrungen auch zur weiteren Diskussion über die vielen Einzelaspekte der Haltung von Strumpfbandnattern anregen.

Der dritte Teil des Buches widmet sich ausschließlich speziellen Aspekten der einzelnen Arten und Unterarten. Zu Beginn stellen wir einen neuen Bestimmungsschlüssel für die 30 derzeit anerkannten Arten und die Unterarten von *T. sirtalis* vor. Dieser Bestimmungsschlüssel ist ein Versuch, möglichst wenige und deutlich sichtbare Merkmale für eine genaue Ansprache zu verwenden. Es ist uns klar, dass sich dadurch die Wahrscheinlichkeit für Fehlbestimmungen im Vergleich zu wissenschaftlichen Bestimmungsschlüsseln erhöht. Doch lieber eine falsch bestimmte Strumpfbandnatter als gar kein Versuch der Artbestimmung wegen einer Fülle unverständlicher Fachtermini und Merkmale, die selbst für den Fachmann nur äußerst schwer zu erkennen sind. Wer weitere Informationen möchte, der kann in ROSSMAN (1996) und MUTSCHMANN (1995) nachlesen. Die Zuordnungshilfe für *T. sirtalis* enthält auch die Farbform „Florida blue", da sie besonders im europäischen Raum häufig mit *T. s. similis* verwechselt wird. Im Anschluss an die Bestimmungshilfen befinden sich zu allen

Thamnophis-Arten Steckbriefe mit den wichtigsten Informationen über Aussehen, Verbreitung, Verhalten im Freiland, eventuelle Unterarten und Farbformen sowie mögliche Schutzbestimmungen. Ein Schwerpunkt sind jedoch auch hier spezielle Aspekte und Erfahrungen der Terraristik der einzelnen Arten. Für *T. sirtalis* können wir an dieser Stelle in dem uns zur Verfügung stehenden Rahmen nur wenige Auszüge präsentieren, die sich an der Häufigkeit und Popularität einzelner Unterarten orientieren. Das Buch wird durch kurze Informationen über weitere Quellen zur Informationsbeschaffung abgerundet.

Erlensee / Bad Neustadt, Herbst 2000

Martin Hallmen & Jürgen Chlebowy

Einleitung

Wissenschaftler wandten sich schon vor weit mehr als 100 Jahren den Strumpfbandnattern als Studienobjekten zu. Waren es anfänglich meist Taxonomen und Systematiker, so gesellten sich bald Ökologen, Ethologen, Neurobiologen und Genetiker hinzu, die alle in der Gattung *Thamnophis* weit verbreitete und in der Terrarienhaltung dankbare Versuchstiere fanden. Heute sind die Strumpfbandnattern die am besten erforschte Schlangengattung der Welt, und viele Erkenntnisse über Schlangen allgemein wurden an Strumpfbandnattern gewonnen. Das immense Wissen bezieht sich jedoch zumeist auf nur wenige gut erforschte Arten. Von anderen Arten/Unterarten hingegen weiß man auch heute nur wenig mehr als ihre Körpermerkmale und ihr ungefähres Verbreitungsgebiet. Ökologische Daten fehlen mitunter nahezu vollständig. Die wissenschaftliche Beschäftigung mit Strumpfbandnattern in den USA geht einher mit dem Bekanntheitsgrad der Tiere in der dortigen Bevölkerung. Dazu trägt die auffällige Längszeichnung vieler Strumpfbandnattern bei, denn sie erlaubt dem Laien eine sichere Unterscheidung von den meisten nordamerikanischen Giftschlangen. Viele Nordamerikaner wissen, dass ihre „garter snakes" harmlos sind, und lassen sie im Gegensatz zu manch anderen Schlangen auch in ihrem unmittelbaren Umfeld am Leben.

Folglich werden Strumpfbandnattern auch vergleichsweise häufig in Gefangenschaft gehalten und gepflegt. Die Wertschätzung, die die Terraristik der Gattung *Thamnophis* entgegenbringt, ist jedoch häufig von sehr spezieller Qualität. DICK BARTLETT (1998) bringt es auf den Punkt, indem er sagt:

„... There's something there, for to tell someone that you breed the different morphs of corn, oddball yellow rats or kingsnakes is tantamount to stating that 'you have arrived' in the hobby (or business) of herpetoculture! Conversely, to mention an interest in garter snakes to a fellow American hobbyist will usually result in a look of incredulity. A 'say what?' expression will appear on the countenance of the person to whom you are talking, and a one word question ... 'why?' ... will be voiced. It doesn't matter what you say then, for you will have already dropped in the esteem of your rat-snake-collecting compatriot to the bottom rung of the herpetological ladder. You are (and I shudder to even think this) ... a garter snake collector!"

[„Das hat schon was, denn jemandem mitzuteilen, dass man die unterschiedlichsten Formen von Kornnattern, Erdnattern oder Königsnattern züchtet, ist gleichbedeutend mit der Feststellung, dass man in seinem Hobby (oder Beruf) der Herpetologie ´jemand´ ist. Andererseits wird das Eingeständnis, sich für Strumpfbandnattern zu interessieren, bei jedem amerikanischen Terrarianer Ungläubigkeit hervorrufen. Sein Gesicht sagt: ‚Sag das nochmal!' und seine simple Frage lautet: ‚Warum?' Egal, was du dann antwortest, in der Wertschätzung deines Kletternattern haltenden Landsmannes bist du bereits auf die unterste Sprosse der herpetologischen Leiter gesunken. Du bist – und schon allein der Gedanke daran lässt mich schaudern – ein Freund von Strumpfbandnattern."]

Ja, auch im Jahr 2000 ist es noch immer so: Wer sich ernsthaft mit Strumpfbandnattern befasst, wird vom „herpetologischen Establishment" ob seiner offensichtlichen geistigen Verwirrung nicht selten mitleidig belächelt. Auch die zahlreichen Versuche in den USA und Europa, die Vielfalt und Schönheit von Strumpfbandnattern in populären Zeitschriften in Wort und Bild zu verbreiten, haben das Image der Tiere bislang noch nicht wesentlich verändern können. Die Tatsachen, dass die Gattung *Thamnophis* in den USA sehr weit verbreitet ist und dass diese Schlangen häufig schon von Kindern in Vorgärten oder „am Weiher um die Ecke" gefangen werden, machen Strumpfbandnattern in ihren Heimatländern faktisch zu billigen Tieren für Terrarieneinsteiger. Viele – wenn nicht die meisten – der Herpetologen und Terrarianer der USA sammelten ihre ersten Erfahrungen mit Strumpfbandnattern. Doch auch die immensen Stückzahlen, in denen die Tiere als Wildfänge nach Europa eingeführt und im Terrarienfachhandel oder auf Börsen für wenig Geld angeboten werden, tragen erheblich zum negativen Image der Gattung *Thamnophis* als „Billigtiere" bei.

Die Vorteile von Strumpfbandnattern als Terrarienpfleglinge liegen jedoch auf der Hand: Viele Arten/Unterarten erweisen sich als sehr robust, sind meist friedfertig, benötigen vergleichsweise wenig Platz, sind oft aktiv, vermehrungsfreudig, und es gibt eine Unzahl äußerst attraktiver Arten/Unterarten und zunehmend auch Farbformen. Dem fortgeschrittenen Reptilienhalter bietet die Gattung *Thamnophis* zahlreiche Raritäten, von denen bislang noch keinerlei Haltungsberichte vorliegen – von Zuchtberichten ganz zu schweigen. Außerdem finden sich auch unter den Strumpfbandnattern Arten/Unterarten, deren Haltung im Terrarium nach wie vor Probleme bereitet und die nur sehr schwer zur Nachzucht zu bewegen sind. Hier tut sich immer noch ein weites Feld für echte Pionierarbeit auf.

Die ungebremst expandierende Terraristikszene „verschleißt" – welch Unwort in diesem Zusammenhang, doch leider traurige Wahrheit – eine Menge von Reptilien, darunter sehr viele Wildfänge. Das führt zusammen mit einer Fülle anderer Ursachen bei vielen Arten inzwischen zu einem erheblichen Druck auf ihre Freilandpopulationen. Als gut zu züchtende Schlangen könnten Strumpfbandnattern zukünftig einen wertvollen Beitrag gegen die Überhandnahme des Importes von Schlangenwildfängen leisten. Eine vergleichsweise geringe Zahl von engagierten Liebhabern und Züchtern wäre ausreichend, um zahlreiche Nachzuchten pro Jahr zu erzielen. Angemessene Preise für Strumpfbandnattern wären in diesem Zusammenhang einer der wichtigsten vorbereitenden Schritte in Richtung „mehr Nachzuchten" und „weniger Wildfänge".

Dieses Buch soll dazu beitragen, dass Strumpfbandnattern in der Terraristik endlich den Platz einnehmen, der ihnen zukommt, nämlich als biologisch äußerst vielfältige, in der Haltung interessante, optisch sehr reizvolle und in der Beschäftigung mit ihnen ernst zu nehmende Schlangen. Sich mit ihnen zu befassen, ist für Einsteiger wie Fortgeschrittene gleichermaßen lohnend.

1. Evolution, Anatomie und Physiologie

Die Vertreter der Gattung *Thamnophis* in Nord- und Mittelamerika wurden aufgrund ihrer meist auffälligen Längsstreifen mit dem Trivialnamen „garter snakes" versehen (garter = Strumpfband, snake = Schlange). In einigen Gebieten der USA, in denen diese Schlangen besonders häufig in den Siedlungen des Menschen zu finden sind, werden sie von der Bevölkerung auch als „garden snakes" (garden = Garten) bezeichnet. Die deutsche Bezeichnung „Strumpfbandnatter" fügt dem namensgebenden Charakteristikum noch die verwandtschaftliche Zugehörigkeit zu den Nattern bei. Kosenamen wie z. B. „Strapse" (Deutschland) oder „Strümpflis" (Schweiz), wie sie unter manchen Terrarianern zuweilen üblich

sind, werden zweifelsohne eher liebevoll denn despektierlich gebraucht. Zuweilen werden die Arten *T. proximus* und *T. sauritus* auch als „Ribbon snakes" (Bändernattern) bezeichnet.

Innerhalb des Tierreichs gehören die Strumpfbandnattern zur Unterfamilie der Wassernattern (Natricinae), die ihrerseits der Familie der Nattern (Colubridae) zugerechnet wird. Als Angehörige der Schlangen (Serpentes) zählen sie zusammen mit den Echsen (Sauria) zur Ordnung der Schuppenkriechtiere (Squamata) innerhalb der ca. 6.000 derzeit lebenden Reptilienarten. Die Nattern bilden mit ihren ca. 2.500 Arten und ca. 270 Gattungen die mit Abstand umfangreichste und vielfältigste Gruppe innerhalb der Schlan-

Thamnophis proximus orarius   Foto: M. Hallmen

gen. Bei den Strumpfbandnattern selbst (Gattung *Thamnophis* = *T.*) werden derzeit 30 Arten und 48 Unterarten abgegrenzt. Doch diese klaren Aussagen spiegeln keineswegs einen absoluten Kenntnisstand der taxonomischen und systematischen Zuordnung der Strumpfbandnattern in wissenschaftlichen Kreisen wieder. In Wirklichkeit wird nicht nur der Status von Arten und Unterarten regelmäßig neu definiert und aufgehoben. Selbst die Gattung *Thamnophis* wird nicht immer klar von ihr nah verwandten Gattungen wie z. B. *Nerodia* abgegrenzt. Auch unter Zuhilfenahme der unterschiedlichsten und modernsten morphologischen, biochemischen, molekularen und genetischen Vergleiche deuten Wissenschaftler die Verwandtschaftsverhältnisse innerhalb der Strumpfbandnattern, aber auch zu den nahe stehenden anderen Gattungen unterschiedlich. Auszüge der daraus resultierenden Diskussionen finden sich im Artenteil am Ende des Buches. Wichtig scheint in diesem Zusammenhang, nicht die Ergebnisse einzelner Untersuchungsmethoden zu verabsolutieren, sondern möglichst viele Befunde zu kombinieren und ökologische Zusammenhänge sowie Verhaltensweisen mit in die Abgrenzung von Arten / Unterarten einzubeziehen. Zu welchen Fehleinschätzungen eine zu einseitige Auslegung von Ergebnissen führen kann, konnten GARTSIDE et al. (1977) am Beispiel von *T. proximus* und *T. sauritus* zeigen, deren Chromosomenanalyse nur geringe Unterschiede erbrachte, deren äußere Erscheinung und deren Aufbau von Proteinen sich jedoch erheblich unterschieden.

Entwicklung im Verlauf der Erdgeschichte
Bislang gehen die meisten Wissenschaftler davon aus, dass sich die Schlangen im Lauf der Entwicklungsgeschichte der Arten aus unterirdisch lebenden Echsen entwickelt haben. Als Zeitpunkt für das erste Auftreten schlangenähnlicher Reptilien wird das Zeitalter des Jura angegeben (vor ca. 195–40 Millionen Jahren). Erste Fossilfunde von Strumpfbandnattern aus dem Pleistozän Nordamerikas (vor ca. 2 Millionen Jahre) erscheinen

im Vergleich als geradezu jung. Der Ursprung der Wassernattern Nordamerikas wird im Osten Asiens vermutet. Von dort drangen die Tiere vermutlich über die Beringstraße auf den amerikanischen Kontinent vor. Auf diesem beschwerlichen und vor allem kühlen Weg könnte sich die bei allen Wassernattern Nordamerikas ausgebildete Geburt von fertig entwickelten, lebenden Jungen als Vorteil erwiesen haben. Es liegt nahe zu vermuten, dass die eher widrigen klimatischen Verhältnisse diese Entwicklung zumindest beschleunigten, wenn nicht gar veranlassten.

Der Ursprung der Gattung *Thamnophis* innerhalb der Wassernattern dagegen wird in Mexiko vermutet (MUTSCHMANN 1995). Die Tiere waren ursprünglich wohl an ein Leben in den kühleren Gebirgsregionen angepasst, von wo aus sie sich in alle Richtungen ausbreiteten. Dies geschah während der Zwischeneiszeiten (Interglaziale), wohingegen die vordringenden Eismassen der Eiszeiten (Glaziale) die Verbreitung entstandener Arten wieder einschränkten. Mit dem Ende der letzten Eiszeit vor ca. 10.000 Jahren gaben die zurückweichenden Eismassen den nordamerikanischen Kontinent erneut zur Besiedlung durch Fauna und Flora frei. *Thamnophis*-Arten, die wie *T. sirtalis* an kühlere Bedingungen angepasst waren, konnten sich zu Beginn der Warmzeit nahezu flächendeckend über den Kontinent verbreiten. Mit zunehmender Erwärmung entstanden jedoch auch weit ausgedehnte Regionen mit überwiegend trockenem (aridem) Klima. *T. sirtalis* wurde aus diesen Gebieten verdrängt und konnte nur in Restpopulationen überleben. Andere, besser an die neuen Verhältnisse angepasste Arten wie z. B. *T. marcianus* oder *T. radix* nahmen deren Platz ein.

Der Rückblick in die Entstehungsgeschichte der Gattung *Thamnophis* legt nahe, dass die Entwicklung der Arten und Unterarten bei den Strumpfbandnattern längst nicht abgeschlossen ist. So finden nicht nur Taxonomen und Systematiker in der Gattung *Thamnophis* ein üppig ausgestattetes Betätigungsfeld. Auch Evolutionsbiologen können z. B. den Einfluss von geografischer Isola-

Thamnophis sirtalis concinnus Foto: M. Hallmen / J. Chlebowy

tion, sich ändernden Klimaverhältnissen oder des Menschen auf die Bildung von Arten unmittelbar am lebenden Objekt studieren. So fanden FITCH & MASLIN (1961) heraus, dass die kontinentale Wasserscheide einen Einfluss auf die Ausbildung sowie die Verbreitung von Unterarten bei *T. sirtalis* hat. ROSSMAN (1992) konnte zeigen, dass das ehemals gemeinsame Verbreitungsgebiet der zwei „Schwester-Arten" *T. mendax* und *T. sumichrasti* in Mexiko erst während des Pleistozäns durch einen klimatisch feuchten Landstrich geteilt wurde und sich so die zwei noch sehr eng verwandten Arten herausbildeten. Die Differenzierung der Arten ist hier wie in vielen anderen Fällen noch in vollem Gange.

Äußerer Bau

Strumpfbandnattern zeigen die für alle Nattern typische Kopfbeschuppung, deren Kenntnis – je nach Bestimmungsschlüssel – zur genaueren Bestimmung der Arten notwendig sein kann. Sie besteht auf der Kopfoberseite aus den paarigen Zwischennasenschuppen (Internasalia), Vorderstirnschuppen (Praefrontalia), Überaugenschuppen (Supraocularia), Scheitelschuppen (Parietalia) und einer einzelnen Stirnschuppe (Frontale). Die meisten Arten besitzen ungeteilte Vorderaugenschuppen (Praeocularia). Die Zahl der Hinteraugenschuppen (Postocularia) variiert je nach Art, aber auch innerhalb von Arten zwischen zwei und vier. Meist finden sich drei hintereinander liegende

11

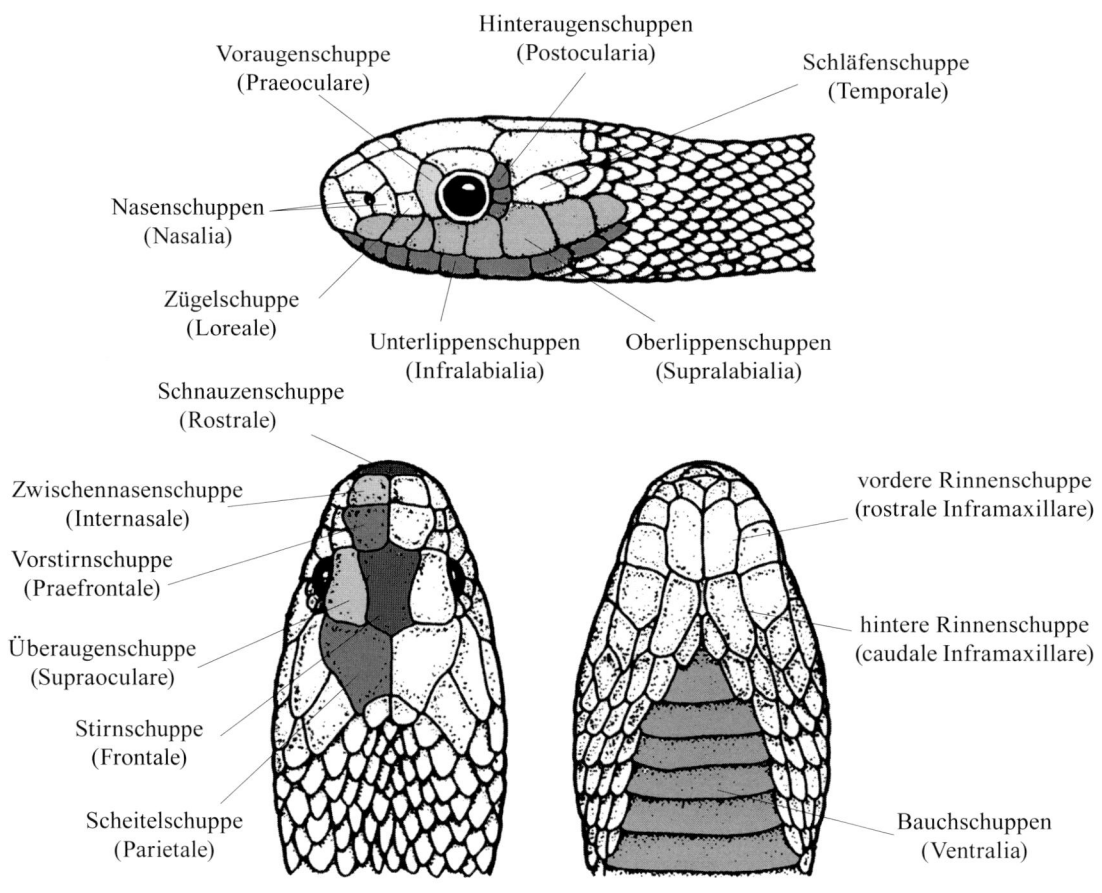

Voraugenschuppe
(Praeoculare)

Hinteraugenschuppen
(Postocularia)

Schläfenschuppe
(Temporale)

Nasenschuppen
(Nasalia)

Zügelschuppe
(Loreale)

Unterlippenschuppen
(Infralabialia)

Oberlippenschuppen
(Supralabialia)

Schnauzenschuppe
(Rostrale)

Zwischennasenschuppe
(Internasale)

Vorstirnschuppe
(Praefrontale)

Überaugenschuppe
(Supraoculare)

Stirnschuppe
(Frontale)

Scheitelschuppe
(Parietale)

vordere Rinnenschuppe
(rostrale Inframaxillare)

hintere Rinnenschuppe
(caudale Inframaxillare)

Bauchschuppen
(Ventralia)

Kopfbeschuppung einer Strumpfbandnatter

Schläfenschuppen (Temporalia). Die Zahl der Oberlippenschuppen (Supralabialia) beträgt 6–9 und die der Unterlippenschuppen (Infralabialia) 8–12. Die Rinnenschuppen (Inframaxillaria) sind in eine vordere und hintere Schuppe geteilt. Ihr Aussehen kann zur Unterscheidung einiger Arten herangezogen werden. Die Rückenschuppen der Strumpfbandnattern sind gekielt. Die deutliche Kielung kann auf der ersten bis zweiten Rückenschuppenreihe über den Bauchschuppen (Ventralia) fehlen. Die Anzahl der Rückenschuppen-

reihen schwankt je nach Art zwischen 17 und 23. Im hinteren Körperabschnitt kann sich die Zahl um 1–2 Reihen verringern. Die Bauchschuppen (Ventralia) und Unterschwanzschuppen (Subcaudalia) ähneln denen anderer Wassernattern. Die Analschuppe ist meist ungeteilt. Unterschiede in der Beschuppung (Pholidose) bei Tieren einer Art sind bei Strumpfbandnattern vergleichsweise häufig. Fox (1948) und Fox et al. (1961) konnten nachweisen, dass dabei die Temperatur während der Embryonalentwicklung einen Einfluss auf die

Thamnophis ordinoides   Foto: M. Hallmen / J. Chlebowy

Ausbildung der Beschuppung nehmen kann. Nach Untersuchungen von DOHM & GARLAND (1993) gibt es Anzeichen dafür, dass die Abweichungen einzelner Körperregionen in der Beschuppung sich nicht unabhängig voneinander entwickeln, sondern genetisch gekoppelt sind. Neueste Ergebnisse von OSYPKA & ARNOLD (2000) deuten darauf hin, dass zumindest bei *T. elegans* auch Sexualhormone wie das Östrogen die Beschuppung der Geschlechter beeinflussen können.

Wie alle Schlangen, so „häuten" sich auch Strumpfbandnattern ihr ganzes Leben hindurch in mehr oder weniger regelmäßigen Abständen. Betragen die Häutungsabstände von Jungtieren oft nur einige wenige Wochen, so findet dieser Vorgang bei älteren Tieren manchmal nur zwei- bis dreimal im Jahr statt. Dabei werden tote Hornschuppenzellen der obersten Hautschicht (Epi-

dermis) abgestoßen. Diese Schicht ist nicht in der Lage, das lebenslang andauernde Wachstum der Schlange mitzumachen. Die Häutung wird neben einem Verblassen der Hautfarben durch eine milchige Trübung der Augen von meist bläulicher Farbe angekündigt. Dies zeigt an, dass sich eine Häutungsflüssigkeit zwischen die abzustoßende äußerste Hautschicht und die als Zwischenschicht bezeichnete Gewebeschicht der Epidermis schiebt. Nach Beendigung der Augentrübung steht die Häutung unmittelbar bevor. Meist löst sich die Haut zuerst um das Maul der Strumpfbandnatter herum ab. Sie reibt dann am Untergrund, an Steinen, Ästen oder anderen Gegenständen mit rauer Oberfläche, an denen sich die Haut verankert. Nun kann die Schlange die „Haut" quasi wie ein Wäschestück ausziehen. Dabei wird diese von innen nach außen gekehrt. Das „Natternhemd"

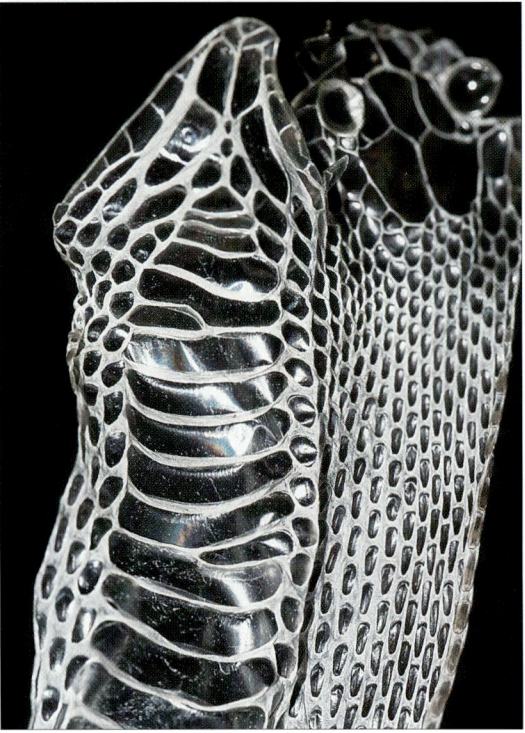

bleibt als Negativabdruck der Körperbeschuppung als sichtbares Zeichen der Häutung übrig. In der Regel streifen Strumpfbandnattern ihre Haut als Ganzes ab. Es kann jedoch vorkommen, dass Teile (z. B. die Augenschuppen oder die Schuppen der Schwanzspitze) nicht mit gehäutet werden. Das kann durch sekundäre Infektionen für die Tiere zu Problemen führen. Neuerlich wurden von KING & TURMO (1997) die Fluchtreaktionen von *T. sirtalis* während unterschiedlicher Häutungsstadien untersucht. Dabei zeigten die Tiere während der Phase der Augentrübung eine höhere Reaktionszeit, eine leicht erhöhte Bereitschaft zum Angriff auf unbewegliche, jedoch eine geringe Bereitschaft, bewegliche Reize zu attackieren, sowie eine erhöhte Fluchtdistanz. Während der Phase mit klaren Augen unmittelbar vor der Häutung verhielten sich die Reaktionen jeweils umgekehrt.

Oben: Trübung der Augen bei *Thamnophis sirtalis tetrataenia*
Links: Natternhemd einer Strumpfbandnatter
Fotos: M. Hallmen

Thamnophis sirtalis tetrataenia in Häutung   Foto: M. Hallmen

Die gleichen Untersuchungen ergaben, dass fünf Tage vor der Häutung die Bereitschaft zur Futteraufnahme noch normal ist, während sie zwei Tage vorher ihren Tiefststand erreicht.

Die Färbung der Strumpfbandnattern ist sehr variabel und bringt zahlreiche äußerst attraktive Muster und Kombinationen hervor. Dabei zeigen die meisten Arten eine Aufteilung der namensgebenden Streifen in einen Rückenstreifen (Dorsalstreifen) und zwei Seitenstreifen (Lateralstreifen). Die Seitenstreifen finden sich in der Regel auf der zweiten bis vierten Rückenschup-

Thamnophis proximus rubrilineatus   Foto: M. Hallmen

penreihe. Alle Streifen heben sich durch ihren helleren Farbton von der dunkleren Grundfärbung des Rückens ab. Die Farbe des Rückenstreifens unterscheidet sich meist von der Färbung der Seitenstreifen. Die Palette der Farben kann dabei von weiß, gelb und orange über rot, braun und grün bis hin zu blauen Tönen reichen. Auf den Schuppenreihen zwischen den Streifen befinden sich häufig zusätzliche Punkte oder Flecken, die einen gescheckten, gestrichelten oder gebarrten Eindruck der Zwischenräume erwecken. Außerdem können die Streifen zusätzlich noch durch dunklere Farbtöne eingefasst sein, was den Eindruck weiterer Streifen erweckt. Alles in allem eine schier unerschöpfliche Fülle von Kombinationsmöglichkeiten, der die Gattung *Thamnophis* einen Teil ihres Beliebtheitsgrades verdankt. Im Freiland dienen Farben und Muster der optischen Auflösung (Somatolyse) als Schutz vor Fressfeinden. Und in der Tat: Sowohl still liegende als auch flüchtende Strumpfbandnattern sind im Gelände oft nur schwer auszumachen. Nach VAN DEVENDER (1973) erscheinen manche flüchtenden Strumpfbandnattern Greifvögeln als „Doppelindividuen"

und entkommen dadurch dem Fressfeind leichter. Die Anhäufung von Rottönen könnte als Mimikry (Scheinwarntracht) angesehen werden. Rot gefärbte harmlose Strumpfbandnattern ahmen dabei vielleicht giftige Vertreter der Korallenottern (Gattungen *Micrurus*, *Micruroides*) nach (MUTSCHMANN 1995). Diesen wichtigen Aufgaben ist der Grundton der Färbung in der jeweiligen Großregion durchaus angepasst. Bereits RUTHVEN (1908) stellte Farbtendenzen in Abhängigkeit von der geografischen Verbreitung fest. Im Osten von Nordamerika überwiegen dunkle und düstere Farben (z. B. *T. butleri*, *T. sauritus*, *T. sirtalis*) wohingegen im Bereich der Westküste helle und leuchtende Farben bestimmend sind (z. B. *T. elegans*, *T. ordinoides*, *T. s. concinnus*). Arten der südlichen Trockengebiete sind oft heller gefärbt (z. B. *T. marcianus*, *T. eques*). Bei melanistischen Exemplaren von *T. s. sirtalis* konnten wir individuelle Unterschiede nachweisen (HALLMEN 1999).

Die Körpergröße von Strumpfbandnattern kann bei ausgewachsenen Tieren zwischen 30 cm und 110 cm liegen. Den Längenrekord hält *T. gigas*, bei dem einzelne Exemplare bis zu 160 cm lang werden können. In der Regel sind Körpergrößen von über 1 m für Strumpfbandnattern jedoch eher die Ausnahme. Als klein bleibende Arten sind *T. butleri*, *T. brachystoma*, *T. mendax* und *T. scalaris* bekannt. Sie überschreiten selten eine Körperlänge von 50 cm. Die kleinste Art ist *T. exul*, die unter 40 cm bleibt. Das Wachstum von Strumpfbandnattern wird u. a. hormonell geregelt. CREWS et al. (1985) konnten nachweisen, dass Geschlechtshormone dabei einen erheblichen Einfluss haben. Nach STEWART (1968) sind weibliche Strumpfbandnattern bei der Geburt im Durchschnitt kleiner als männliche Tiere, was sich im Verlauf des Wachstums bei den meisten Arten jedoch rasch ins Gegenteil verkehrt. Ausgewachsene Männchen sind meist deutlich kleiner als gleichaltrige Weibchen (weitere Unterscheidungsmerkmale s. 3.5).

Strumpfbandnattern werden in der Regel zwischen 5–15 Jahre alt. Dabei sind allerdings exakte Aussagen über das Alter bei Terrarientieren erheblich leichter zu bekommen als für Tiere im Freiland. CASTANET & NAULLEAU (1985) entwickelten dazu für europäische Schlangen eine Methode, die anhand von Knochenschliffen Zuwachsringe während der einzelnen Wachstumszeiten nachweist und so eine einfache Altersbestimmung erlaubt. MUTSCHMANN (1995) konnte diese Methode erstmals an einer Strumpfbandnatter anwenden. LARSEN & GREGORY (1989) kontrollierten markierte *T. sirtalis* über Jahre in ihren Überwinterungsquartieren und konnten so ein Mindestalter einiger Tiere von acht Jahren nachweisen. Ein neuerlicher Vergleich von Skelettstrukturen bei *T. elegans* in Abhängigkeit von der Fütterung und der Art der Überwinterung führte zur Methode der Skeletochronologie (WAYE & GREGORY 1998). Noch ist sie auf aufwändige Laboruntersuchungen zur Altersbestimmung von Strumpfbandnattern angewiesen. Daher ist ihr Einsatz vorläufig nur für langfristig angelegte Forschungen sinnvoll. Aber es zeichnet sich ab, dass sich mit dieser Methode zuverlässige Modelle zur Dynamik und Altersstruktur einzelner *Thamnophis*-Populationen entwickeln lassen.

Bezahnung und innere Organe

Die inneren Organe von Strumpfbandnattern unterscheiden sich nur unwesentlich von denen anderer Nattern. Daher soll an dieser Stelle nur auf spezifische Unterschiede eingegangen und ansonsten auf bereits vorhandene Literatur verwiesen werden (z. B. ENGELMANN & OBST 1981, MUTSCHMANN 1995).

Die Zähne der Strumpfbandnattern sind klein und glatt und zeigen keine Tendenz zur Spezialisierung. Lediglich die letzten drei Zähne des Oberkiefers sind in der Regel etwas größer ausgebildet. Gehen Zähne verloren, so werden neue rasch nachgeschoben. ROSSMAN & STEWART (1987) konnten eine Tendenz zur Spezialisierung auf das Nahrungsangebot hin z. B. bei stark ans Wasser gebundenen Arten feststellen, die mehr Zähne als andere besitzen. Von den in das Maul mündenden Drüsen erregte besonders die Duvernoysche Drüse die Aufmerksamkeit der Wissenschaft. Zum einen geht man davon aus, dass sich die Giftdrüsen der Vipern und Grubenottern (Viperidae) und der Giftnattern (Elapidae) aus ihr entwickelt haben. Chemische Vergleiche der Sekrete ergaben Ähnlichkeiten und stützen die Abstammungsthese (MINTON & WEINSTEIN 1987). Zum anderen kam es in der Vergangenheit immer wieder – wenngleich auch zu nur sehr seltenen – Vergiftungserscheinungen nach dem Biss von Strumpfbandnattern (vgl. 3.3), obwohl der Ausführgang der Drüse hinter dem letzten Zahn im Oberkiefer ohne direkten Kontakt zu diesem endet. Das Sekret enthält antibakterielle Substanzen, weshalb die Vermutung nahe liegt, dass es den Strumpfbandnattern bei der Nahrungsaufnahme zum Abtöten unerwünschter Krankheitserreger dient (JANSEN 1983). LD-50-Tests an Mäusen (Ermittlung der Menge an Wirkstoff, bei der 50 % der Versuchstiere sterben) ergaben Mengen von 33,3 mg/kg Körpergewicht (ROSENBERG et al. 1985) bzw. 13,85 mg/kg Körpergewicht bei VEST (1981a). Daraus lässt sich folgern, dass die Giftigkeit des Sekretes bei den einzelnen *Thamnophis*-Arten durchaus unterschiedlich sein kann.

Doch auch die Empfindlichkeit des Menschen auf die jeweiligen Gifte dürfte individuell unterschiedlich sein.

Die sich dem Mund- und Rachenraum anschließende Speiseröhre ist äußerst dehnbar, um auch größere Nahrung passieren zu lassen. Der Magen beginnt ca. in der Mitte des Körpers. Schwanzwärts nehmen die Drüsen in seiner Wand an Zahl zu. Er dient ebenso wie der sich anschließende Dünndarm als „Fermenter", in dem die Verdauungssäfte auf das Beutetier einwirken. Über den Dünndarm, in den auch die Sekrete der Bauchspeicheldrüse und der Leber abgegeben werden,

nimmt der Körper die zersetzten Nahrungsbestandteile auf. Im Dickdarm werden dem Nahrungsbrei Reste von Wasser entzogen und wieder dem Körper zugeführt. Haben sich im Enddarm ausreichend unverdauliche Nahrungsreste angesammelt, werden sie über die Kloake ausgeschieden.

Die langgestreckten Nieren dienen der Entgiftung des Körpers (Exkretion). Die aus dem Blut gefilterten Schadstoffe werden über die in die Kloake mündenden Harnleiter ausgeschieden. Unmittelbar über den Nieren liegen die in ihrer Form ebenfalls langgestreckten Hoden bzw. Eierstöcke. Die Samenleiter der männlichen Tiere münden kurz vor der Kloake in die Harnleiter. Die Hemipenes der Männchen befinden sich in einer taschenförmigen Vertiefung in der Schwanzwurzel. Sie werden nur während der Paarung ausgestülpt und dienen zur Verankerung des Männchens in der Kloake des Weibchens. Die Feinstrukturen der Hemipenes sind für jede *Thamnophis*-Art typisch. Bei den weiblichen Strumpfbandnattern nehmen die Eileiter nach dem Eisprung (Ovulation) nicht nur die Eizellen auf, sondern in ihnen finden auch die Befruchtung sowie die Entwicklung der Embryonen statt. Fox (1956) beschreibt erstmals einen Samenbehälter in der Eileiterröhre, der den Samen eines oder mehrerer Männchen aufnehmen und über geraume Zeit befruchtungsfähig speichern kann. Hierdurch sind Strumpfbandnattern zu einer verzögerten Befruchtung in der Lage (vgl. 3.5).

Die Atemluft wird den Strumpfbandnattern über die weit vorn in der Mundhöhle liegende Öffnung der Luftröhre zugeführt. Bei Bedarf (z. B. beim Verschlingen großer Beutetiere) kann sie sogar aus der Mundhöhle heraus geschoben werden. Die Luftröhre ist teilweise schon zum Gasaustausch befähigt. Der linke Lungenflügel ist stark zurückgebildet. Der hintere Teil der Lunge hat die Funktion eines Luftsackes, der den Körper beim Verschlingen von Beute mit Luft versorgen kann. Das zweikammerige Herz der Strumpfbandnattern sitzt im vorderen Körperdrittel.

Die inneren Organe einer männlichen Strumpfbandnatter

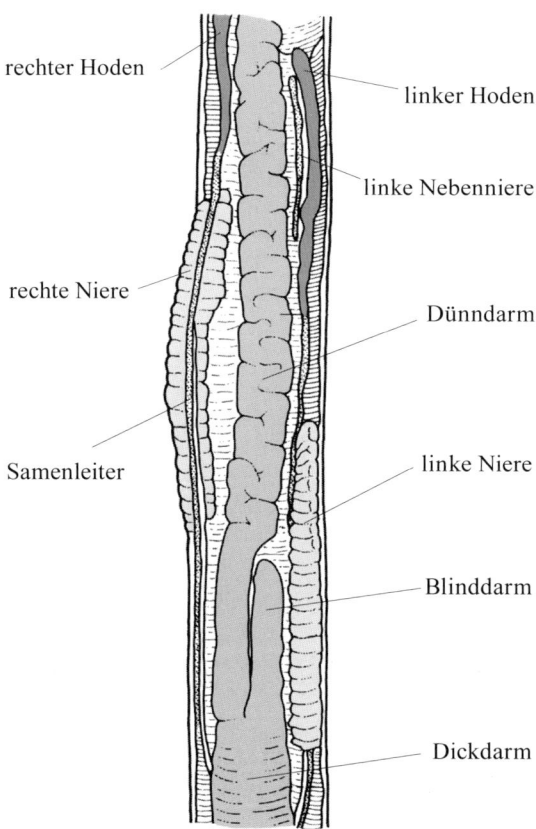

rechter Hoden

linker Hoden

linke Nebenniere

rechte Niere

Dünndarm

Samenleiter

linke Niere

Blinddarm

Dickdarm

Sinneswelt

Grundlage für die vielfältigen Verhaltensweisen der Strumpfbandnattern sind neben dem Zentralnervensystem unter anderem ihre Sinnesorgane, mit denen sie ihre Umwelt wahrnehmen. Für Schlangen nicht außergewöhnlich ist die zentrale Stellung des Geruchssinnes mit seinem zentralen Jacobsonschen Organ (Organon vomeronasale). Es befindet sich im Gaumendach und bekommt über die Zunge von außen Geruchspartikel zugeführt. Die von HOLTZMANN (1993) untersuchte Entstehung während der Embryonalentwicklung lässt erkennen, dass es sich dabei um eine Ausstülpung der Nase handelt, die sich jedoch gänzlich von ihr löst und eigene Verbindungskanäle zur Mundhöhle entwickelt. Über den Nervus vomeronasale ist das Jacobsonsche Organ direkt mit dem Riechkolben im Gehirn verbunden, der nach elektrophysiologischen Untersuchungen von INOUCHI et al. (1993) auch die Eindrücke der eigentlichen Nase verarbeitet. Nach Befunden von LANUNZA & HALPERN (1997) scheinen jedoch auch andere Bereiche der seitlichen Hirnrinde für die Verarbeitung von Geruchsreizen in Frage zu kommen. Die zentrale Stellung des Organs wird deutlich, wenn es experimentell ausgeschaltet wird. WANG & HALPERN (1982) beobachteten dabei starke Verhaltensauffälligkeiten und Probleme bei der Orientierung sowie dem Orten von Beute. Inzwischen weiß man, dass die Zungenspitzen für die Funktion des Jacobsonschen Organs ohne Bedeutung sind (HALPERN & BORGHJID 1997). TANIGUCHI et al. (1998) konnten durch künstliche Reizungen der Geruchszellen und über Elektrovomeronasogramme (EVG) (elektrische Ableitungen ähnlich dem bekannten EKG am Herz) erstmals direkt nachweisen, dass die Rezeptornervenzellen tatsächlich der Ausgangspunkt der elektrischen Potentiale im Jakobsonschen Organ der Schlangen sind.

Fähigkeiten wie z. B. die Orientierung an Landmarken, an polarisiertem Himmelslicht oder ein vermuteter „Sonnenkompass" setzen darüber hinaus auch einen gut ausgebildeten optischen

Züngelnder *Thamnophis sirtalis sirtalis* „Florida Blue"   Foto: M. Hallmen

Sinn der Gattung *Thamnophis* voraus. Und in der Tat sind die Augen der Strumpfbandnattern für Schlangen vergleichsweise gut entwickelt. Aus der Lage der Augen seitlich am Kopf ergibt sich eine nahezu maximale Rundumsicht. Strumpfbandnattern können dadurch plötzlich auftauchende Feinde, aber auch an ihnen vorbeikommende Beute gut erfassen. Da sich die Sehfelder der Augen jedoch kaum überschneiden, sind Strumpfbandnattern kaum dazu befähigt, räumlich zu sehen, womit die Voraussetzung zum richtigen Einschätzen von Distanzen fehlt. Aufgrund begrenzter Möglichkeiten der Akkomodation können die meisten Vertreter der Gattung *Thamnophis* kleinere Beutetiere auch nur in einer Entfernung von 30–60 cm scharf sehen (MUTSCHMANN 1995). Und dennoch haben einige wasserliebende Arten erstaunliche Fähigkeiten entwickelt, ihre Sehschärfe den Verhältnissen unter Wasser anzupassen. *T. couchi* kann seine Pupille um bis zu 2/3 verkleinern und sich so den Verhältnissen unter der Wasseroberfläche anpassen (MUTSCHMANN 1995). Ein anderer Mechanismus liegt bei *T. melanogaster* vor: Die Schlangen dieser Art können die Brechkraft ihres Auges um bis zu 100 Dioptrien erhöhen (SCHAEFFEL & DE QUEIROZ 1990)! Erstaunlich, ist das Auge des Menschen doch bereits bei einer Brechkraft von 20 Dioptrien an seiner maximalen Leistungsgrenze. Von *T. melanogaster* sind sogar einzelne Komponenten bekannt, woran sie ihre Beutetiere optisch erkennen. Wie für die meisten Wirbeltiere, so sind auch für die Strumpfbandnattern zwei Arten von Lichtsinneszellen nachgewiesen: Stäbchen für das Sehen bei Dämmerlicht und Zapfen für optische Sinneseindrücke bei Tageslicht. Innerhalb der Zapfen sind sowohl Rot- als auch Grünrezeptoren nachgewiesen (ENGELMANN & OBST 1981). Es liegen auch nähere Untersuchungen zum Funktionsprinzip der spektralen Wahrnehmung in der Netzhaut von *T. marcianus* und *T. sirtalis* vor (JACOBS et al. 1992). Aus all den Befunden kann mit ziemlicher Sicherheit auf ein Farbensehen bei *Thamnophis* geschlossen werden; der direkte Nachweis ist jedoch äußerst schwierig, da sich die Tiere nicht im klassischen Sinne auf Farben dressieren lassen. Über die anatomischen und physiologischen Voraussetzungen zur Nutzung eines „Sonnenkompasses" oder von polarisiertem Himmelslicht ist derzeit noch nichts bekannt.

Auch der Tastsinn ist bei Strumpfbandnattern gut ausgebildet. Spezielle Rezeptoren in der Zungenspitze sowie in der Haut nehmen Berührungsreize wahr. Besonders im Bereich des Kopfes sowie an den Seiten der Bauchschuppen treten sie gehäuft auf. Auch um die Kloake finden sich vermehrt Sinneszellen, was sicherlich bei der Paarung eine wichtige Rolle spielen dürfte. Voraussetzung für funktionierende Verhaltensweisen zum Temperaturausgleich ist ein entsprechend dichtes Netz an temperaturempfindlichen Zellen. Die Temperatur wird über Nervenenden an der gesamten Körperoberfläche wahrgenommen und über Nervenbahnen ans Gehirn gemeldet.

Das Gehirn weicht von den Vorstellungen, die man als Säuger davon hat, deutlich ab. Die beiden Großhirnhälften sind nur schwach ausgebildet. Auch das Vorderhin ist nur klein; es enthält die beiden Riechkolben. Zentrum des Schlangengehirns ist das Zwischenhirn, in dem z. B. die Zirbeldrüse (Epiphyse) und die Hirnanhangsdrüse (Hypophyse) sitzen. Von hier aus werden der Stoffwechsel, die Aktivität sowie das Fortpflanzungsverhalten wesentlich beeinflusst. Das Zwischenhirn innerviert über die Sehnerven die Augen der Strumpfbandnattern. Das Rückenmark ist für den Rest des Körpers bis einschließlich in die Schwanzspitze hinein zuständig. Die neurobiologische Forschung an Strumpfbandnattern ist derzeit sehr aktiv. Jährlich wird eine Fülle von Detailkenntnissen über die an den Nerven und ihren Verbindungen ablaufenden chemischen Prozesse gewonnen und publiziert (z. B. LAMANNA et al. 1999). Wenngleich sich die Notwendigkeit zu diesen Erkenntnissen den meisten Menschen nicht unmittelbar erschließt, so haben die Forschungen dennoch Bezug zum Menschen, stehen die Strumpfbandnattern doch als Modell für alle Wirbeltiere, an dem Grundlagenkenntnisse gewonnen werden können.

2. Verhaltensweisen und Umwelt

Strumpfbandnattern der Gattung *Thamnophis* sind in Nordamerika weit verbreitet. Darüber hinaus sind sie in vielen Biotopen noch recht zahlreich. Die Tiere sind einfach zu fangen und ebenso einfach in Gefangenschaft zu halten und zu vermehren. Sie sind in menschlicher Obhut schon nach 1–2 Jahren reproduktionsfähig und bekommen zahlreiche lebende Junge. Das sind nur einige Gründe, weshalb sich die Wissenschaft schon früh sowohl im Freiland als auch im Labor der Strumpfbandnatter annahm. Zudem fanden Strumpfbandnattern auch als „Labormaus" für zahlreiche wissenschaftliche Versuche Verwendung. So wurde im Lauf der Zeit eine Fülle von Erkenntnissen zusammengetragen, die uns heute einen guten Einblick in die Biologie dieser interessanten Schlangengattung geben. ROSSMAN et al. verarbeiteten in ihrem 1996 erschienenen Standardwerk nur Arbeiten, die über eine größere Datengrundlage verfügten: Das allein sind fast 600! Und auch das bislang beste Werk über Strumpfbandnattern im deutschen Sprachraum – MUTSCHMANN (1995): „Strumpfbandnattern" – umfasst ein Literaturverzeichnis von immerhin 300 Zitaten! Die Gattung *Thamnophis* kann ohne Übertreibung als eine der am besten erforschten Schlangengattungen überhaupt angesehen werden. Die Zahl der bislang erschienenen Veröffentlichungen und Berichte geht in die Tausende! Im Folgenden wollen wir versuchen, einige wenige uns interessant erscheinende Details aus dem reichhaltigen Fundus des derzeitigen wissenschaftlichen Kenntnisstandes zu diesen Schlangen vorzustellen.

Temperaturregulation

Wie bei allen wechselwarmen (poikilothermen) Tieren, so hängen auch bei Strumpfbandnattern alle Lebensäußerungen grundsätzlich von der Umgebungstemperatur ab. Nach der Überwinterung wärmen sich die Tiere gerne in den ersten Sonnenstrahlen. Sie tun dies vorrangig, um für

die Paarung fit zu sein, und nicht mit dem Ziel einer baldigen Nahrungsaufnahme (GREGORY 1990). Dabei ist die Körpertemperatur beim Verlassen der Winterquartiere anfänglich bei den Männchen höher als bei den weiblichen Tieren (ROSEN 1991). Und doch betrug die niedrigste gemessene Temperatur beim Verlassen des Winterquartiers in der Kloake lediglich 0,5 °C (bei einem Männchen!) (LARSEN & GREGORY 1988). Überhaupt: Die Körpertemperaturen können je nach Jahreszeit und je nach der Phase des Vermehrungszyklus, in dem sich die jeweiligen Tiere gerade befinden, zwischen den Geschlechtern unterschiedlich sein (GREGORY & MCINTOSH 1980). Die höchsten Körpertemperaturen weisen bei *T. elegans* und *T. ordinoides* trächtige Weibchen auf. Weibliche Strumpfbandnattern sind auch in der Lage, ihre Körpertemperatur genauer zu regulieren als Männchen (GIBSON & FALLS 1979).

Das Niveau und die Genauigkeit, mit der Strumpfbandnattern ihre Körpertemperatur regulieren, sind im Frühjahr und Herbst durch ungünstige Witterungseinflüsse zumeist sehr schwankend (PETERSON 1987). Im Hochsommer schaffen es die meisten Arten hingegen, ihre Temperatur durch den Wechsel in thermisch passende Mikrobiotope nahezu konstant zu halten (ROSEN 1991). Der für Strumpfbandnattern typische Verlauf der Körpertemperatur sieht so aus: Beim morgendlichen Sonnenbaden erwärmt sich der Körper rasch; Messungen bei *T. elegans* ergaben einen Anstieg um 0,22 °C pro Minute (PETERSON 1987). Ist die so genannte „Plateau-Phase" der Temperaturkurve mit 28–32 °C erreicht, so versuchen die Tiere, diese Temperatur den Tag über konstant zu halten (PETERSON et al. 1993). Mit sinkenden Umgebungstemperaturen kühlen die Schlangen dann langsam aus; die Abkühlrate beträgt lediglich 0,03 °C pro Minute (PETERSON 1987).

Um die Plateau-Temperatur möglichst lange halten zu können, ergeben sich für Strumpfband-

Zwei Thamnophis sirtalis parietalis *sonnen sich*   Foto: M. Hallmen

nattern je nach Biotop und Verlauf der Tagestemperaturen unterschiedliche Aktivitätszeiten. Im Frühjahr und Herbst sind die meisten Tiere um die Mittagszeit am aktivsten (ROSSMAN et al. 1996). Bei steigenden Tagestemperaturen teilen einige Arten und Teilpopulationen ihre Aktivitätsphase in eine morgendliche und eine abendliche Zeit der Aktivität (GIBSON & FALLS 1979). In südlichen Gebieten mit heißen und trockenen Tagen gehen einige Arten gar zur nachtaktiven Lebensweise über, wie es z. B. für *T. marcianus* nachgewiesen ist (TENNANT 1984).

Doch die Forscher fanden neben ihren wissenschaftlichen Belegen für allgemeine Beobachtungen auch interessante Neuigkeiten heraus. So konnten HUEY et al. (1989) nachweisen, dass eine flüchtende *T. elegans* nicht unter den erstbesten Stein verschwindet – stattdessen sucht sie auf der Flucht denjenigen Stein als Unterschlupf aus, der ihr die längste Verweildauer in ihrer Temperaturpräferenz erlaubt. Auch der Beutefang in kalten Gebirgsbächen will aus Sicht der Thermoregulation bedacht sein. Je nach Verweildauer konnten PETERSON et al. (1993) eine geradezu oszillierende Körpertemperatur bei solchen Strumpfbandnattern feststellen. Jede

einzelne Abkühlung muss anschließend durch ausgiebiges Sonnenbaden ausgeglichen werden. Um so erstaunlicher mutet die Tatsache an, dass es nachweislich Strumpfbandnattern (z. B. bei *T. sirtalis*) gibt, die im Wasser überwintern (CONSTANZO 1986). Einige wissenschaftliche Versuche wurden auch im Labor durchgeführt. So wurde z. B. eine Strumpfbandnatter so weit abgekühlt, dass 36,2 % des in ihrem Körper befindlichen Wassers gefroren waren (CONSTANZO et al. 1988). Nach dem Auftauen zeigte das Tier keinerlei Schädigungen. Weitere Versuche beim sogenannten „supercooling" von Strumpfbandnattern ergaben, dass Temperaturen bis zu -5,5 °C ertragen wurden, solange die Verweildauer fünf Stunden nicht überschritt (CHURCHILL & STOREY 1992). Dies könnte als ein Mechanismus angesehen werden, die kritische Phase am Ende kalter Einzelnächte zu überstehen.

Neben den Ergebnissen ist auch der Wandel der Methoden interessant, derer sich die Forschung bei der Ermittlung z. B. der Körpertemperatur von Strumpfbandnattern im Lauf der Jahre bediente (PETERSON et al. 1993). Anfänglich wurden die Tiere gefangen und sofort die Körpertemperatur mittels eines schnell funktionierenden Thermometers in der Kloakenöffnung ermittelt. Diese als „grab-and-stab-method" bekannte Technik wurde von zahlreichen Autoren im Freiland angewandt. Wenngleich lange Zeit die einzige Methode, so war sie jedoch aus verschiedenen Gründen von Beginn an umstritten (PETERSON et al. 1993). Eine zweite Methode setzt die Tiere im Labor einem Temperaturgradienten aus, in dem die Versuchsschlange ihre Vorzugstemperatur frei wählen kann. Aus ihrem Verhalten und der bekannten

Temperatur innerhalb des Gradienten wird auf die Körpertemperatur geschlossen. Auch diese Methode ist inzwischen an einer Vielzahl von *Thamnophis*-Arten erprobt. Die neueste Technik zur Ermittlung der Körpertemperatur von Strumpfbandnattern ist aus wissenschaftlicher Sicht sehr vielversprechend. Den Schlangen werden kleine Funkthermometer in die Bauchhöhle implantiert. Das erlaubt ein kontinuierliches Erfassen der Körpertemperatur einzelner Schlangen, unabhängig von Aktivitäts- und Ruhephasen, und ohne die Tiere bei der Messung in Stress zu versetzen. Diese Methode wurde bislang hauptsächlich von PETERSON und seinen Mitarbeitern (1987) an *T. elegans* angewandt. Dabei darf jedoch der Einfluss des implantierten Thermometers nicht außer Acht gelassen werden.

Fressverhalten

Im Freiland gefangene Strumpfbandnattern können einfach und ohne große Beeinträchtigung zum Hervorwürgen kurz zuvor gefressener Nahrung veranlasst werden. Das macht sie zu geeigneten Studienobjekten für das Fressverhalten von Schlangen (SEIGEL 1993). Mit zunehmendem Kenntnisstand wird immer klarer, dass das statische Bild von einer Schlangenart mit einem klar definierten Futterspektrum immer mehr einer dynamischen Vorstellung von Möglichkeiten weicht, die u. a. durch genetische Vorgaben, durch die Körpergröße, durch den physiologischen Zustand des jeweiligen Tiers und durch eine Fülle von Umwelteinflüssen gesteuert werden. Das macht Studien zum Fressverhalten einerseits immer schwieriger, weil zunehmend mehr Parameter erfasst und ausgewertet werden müssen. Andererseits

werden die Arbeiten dadurch auch interessanter, da die Ergebnisse immer genauere Aussagen zur Ökologie und Evolution der Strumpfbandnattern zulassen.

Es dürfte wohl kaum eine zweite Schlangengattung bekannt sein, deren Futterspektrum so weit gefasst ist wie das von *Thamnophis*. Es reicht von einer Vielzahl von wirbellosen Tieren (z. B. Regenwürmer, Egel, Landschnecken, aber auch Krabben und Meeresschnecken [ARNOLD 1980]) über Fische, Amphibien und deren Larven sowie Reptilien (meist andere Schlangen und Echsen) bis hin zu Vögeln und Säugetieren. Doch nicht jede Strumpfbandnatter frisst alles. Während *T. elegans* und *T. sirtalis* viele der genannten Tiere und Tiergruppen in ihrem Beutespektrum aufweisen, sind *T. brachystoma* und *T. butleri* ausgesprochen spezialisiert auf Regenwürmer; *T. scalaris* kennt man in der Natur lediglich als Eidechsenfresser. Viele Strumpfbandnattern fressen aber auch nicht zu jeder Zeit dasselbe. Die Beute kann sich je nach Jahreszeit unterscheiden, wie es z. B. für *T. eques*, *T. radix* oder einige Populationen von *T. sirtalis* nachgewiesen ist (SEIGEL 1984, MACIAS GARCIA & DRUMMOND 1988, GREGORY & NELSON 1991). Aber auch innerhalb von mehreren Jahren

Thamnophis radix frisst einen Fisch   Foto: M. Hallmen

können sich Futtervorlieben innerhalb einer Population ändern. Kephart & Arnold (1982) konnten für *T. elegans* während sieben aufeinander folgenden Sommern erhebliche Unterschiede im Beutespektrum feststellen. Sie konnten dies hauptsächlich auf die unterschiedliche Verfügbarkeit der Beute im Lauf der Jahre zurückführen. Weiteren Einfluss auf die jeweils bevorzugte Beute nimmt der Entwicklungszustand der Schlangen. Jungschlangen fressen nicht selten andere Arten als artgleiche erwachsene Tiere (Arnold 1993). Für *T. sirtalis* und *T. elegans* von British Columbia (Kanada) ist sogar bekannt, dass sich Männchen und Weibchen gleicher Populationen in ihrer Vorzugsnahrung unterschieden; die Weibchen nahmen auffällig mehr Säugetiere zu sich (Farr 1988), was auch in der unterschiedlichen Größe der Tiere begründet sein kann. Und schließlich und endlich ist es für Arten mit großen Verbreitungsgebieten (z. B. *T. sirtalis*, *T. elegans*) nicht erstaunlich, dass die bevorzugten Beutetiere sich mit der geografischen Verbreitung ändern.

Es scheint in Anbetracht der Flexibilität von Strumpfbandnattern bei der Futterwahl fast schon selbstverständlich, dass sie auch über entsprechend unterschiedliche Jagdtechniken verfügen. Die meisten Arten stellen ihrer Beute als aktive Jäger nach. Sie tun dies, indem sie z. B. chemischen Spuren der Beute folgen, Höhlen erkunden, Tümpel an der Oberfläche oder unter Wasser absuchen oder Beute von Ansitzen oberhalb der Wasserfläche machen. Dabei sind chemische, optische wie Berührungsreize als Auslöser nachgewiesen (z. B. Halpern 1992, Burghardt & Chmura 1993). Einige Spezialisten wie z. B. *T. atratus*, *T. couchi* oder *T. melanogaster*, die vergleichsweise große Beutetiere erbeuten, wenden auch die Lauertechnik an. Sie verweilen ruhig an aussichtsreichen Stellen und schnappen blitzschnell nach vorbeikommenden Beutetieren (Lind & Welsh 1994).

Bei Strumpfbandnattern wurde außerdem eine Jagdtechnik entdeckt, die ihresgleichen in der Welt der Schlangen sucht: So ködert *T. atratus* Fische mit der Zunge an, um sich eine günstigere Ausgangslage beim Beutefang verschaffen zu können. Wie Welsh & Lind (2000) erstmals im Freiland beobachten konnten, strecken die Tiere, nachdem sie eine Lauerstellung z. B. auf einem Stein am Rand des Gewässers eingenommen haben, ihre Zunge dazu maximal aus und halten sie dicht über der Wasseroberfläche. Nur die Spitzen der Zunge führen zitternde Bewegungen auf der Wasseroberfläche durch. Dadurch wird das Zittern eines Insektes nachgeahmt, was wiederum Fische anlockt, die eine leichte Beute vermuten, bald jedoch selbst leichte Beute der Strumpfbandnatter werden (Bates'sche Angriffsmimikry). Das Verhalten wird nur ausgelöst und mehrfach wiederholt, wenn sich schon mögliche Beutefische im Gesichtsfeld des Jägers befinden. Das „Zungenzittern" unterscheidet sich deutlich vom „normalen Züngeln", denn anstatt die Zunge im Durchschnitt nur 0,43 Sekunden auszufahren, konnte bei dieser einzigartigen Jagdtechnik ein Durchschnittswert von 4,71 Sekunden gemessen werden (Welsh & Lind 2000). Dieses außergewöhnliche Jagdverhalten konnte bislang nur bei Neugeborenen und Jungtieren von *T. atratus* beobachtet werden.

Letzteres Beispiel zeigt, dass sich jüngere Untersuchungen zum Fressverhalten von Strumpfbandnattern inzwischen weniger mit grundlegenden Erkenntnissen, denn mit ebenfalls spannenden Detailfragen beschäftigen. Ein weiterer dieser Teilaspekte ist z. B. die Resistenz von *T. sirtalis* gegen das Nervengift des Molches *Taricha granulosa* in dessen Hautsekret. Von Duellman & Trueb (1986) erstmals festgestellt, konnten Brodie & Brodie (1990) zeigen, dass die Resistenz individuell schwankt und eine erbliche Komponente aufweist. Die Resistenz kann weder durch Kurzzeit- (Brodie & Brodie 1990) noch durch Langzeitversuche (Ridenhour et al. 1999) künstlich ausgelöst werden. Ein Einfluss des Muttertiers z. B. über die Ernährung scheidet ebenfalls aus (Brodie & Brodie 1999). Der zugrunde liegende Mechanismus ist immer noch weitgehend unbekannt, wenngleich für das Gift unempfindliche Natrium-Poren an den Nervenzellen vermutet werden. Fakt ist, dass die gegen das Gift resistenten Tiere in ihren Bewegungen langsamer als ihre Artgenossen sind, was sich eventuell durch die veränderten Natrium-Poren in der Membran der Nervenzellen erklären lässt (BRODIE & BRODIE 1999).

Ebenfalls Bemerkenswertes ergaben neuerliche Untersuchungen an trächtigen Weibchen von *T. elegans*: So wurden Hinweise auf eine physiologische Unterdrückung des Appetits bei trächtigen Tieren gefunden, d. h., wären die Weibchen nicht schwanger, so würden sie mehr Nahrung zu sich nehmen (GREGORY et al. 1999). Erstaunlich, sollte man doch annehmen, dass weibliche Tiere, um dem Nachwuchs das Beste angedeihen zu lassen, eher mehr als weniger fressen müssen. Die teilweise Unterdrückung des Fressverhaltens dient jedoch dazu, dem für den bevorstehenden Nachwuchs noch wichtigeren Bedürfnis der Wärmeaufnahme des Muttertiers Vorrang einzuräumen, um den Vermehrungserfolg nicht zu gefährden. Während sich die trächtigen Weibchen zugunsten einer vermehrten Wärmezufuhr also gewissermaßen selbst eine Diät auferlegen, verhalten sich nicht trächtige Weibchen umgekehrt, indem sie bei sinkendem Futterangebot die Wärmezufuhr vermindern und ihren Stoffwechsel reduzieren. Seit kurzem ist auch bekannt, dass die Futterversorgung während der späten Trächtigkeit keinen Einfluss auf die Wurfgröße oder die Größe der Jungen hat (GREGORY & SKEBO 1998). Die Nahrung während der späten Schwangerschaft beeinflusst viel mehr das Wachstum des Weibchens nach der Geburt sowie die späteren Chancen einer Vermehrung, d. h., indem das Weibchen während dieser Phase frisst, investiert es schon in seine und in die Zukunft der nächsten Nachkommen. Dieselben Untersuchungen an *T. elegans* ergaben auch, dass trotz individueller Unterschiede der Weibchen in der Körpergröße und bei der Futteraufnahme ein Verhältnis zwischen deren Gewicht nach der Geburt und dem Gewicht des Wurfes sowie zwischen der Größe und der Anzahl der Jungschlangen besteht.

Feindabwehr
Das Spektrum der Feinde von Strumpfbandnattern ist sehr breit. Jungschlangen fallen regelmäßig Raubfischen, Wasserschildkröten, Fröschen und Kröten, Vögeln oder kleinen Säugern zum Opfer. Als ausgewachsene Tiere müssen sie sich in erster Linie vor Vögeln (vorwiegend Greifvögel, Haher oder Rabenvögel) in Acht nehmen. Sie werden jedoch auch von Schlangen (z. B. Königsnattern der Gattung *Lampropeltis*) oder von Säugetieren gejagt (z. B. Waschbär, Dachs, Fuchs oder Nerz). Die Verhaltensweisen zur Abwehr von Fressfeinden sind ebenfalls vielfältig. ARNOLD & BENNETT (1984) benannten bei *T. radix* sechs mögliche Reaktionen auf einen Fressfeind, die von defensiven Verhaltensweisen (z. B. Einrollen, mit dem Schwanz schlagen, Flüchten) bis zum offensiven Beißen reichen.

Es wurden bereits zahlreiche *Thamnophis*-Arten auf ihr Verteidigungsverhalten getestet. Dabei konnten die Wissenschaftler Unterschiede innerhalb der Arten nachweisen: *T. melanogaster* zeigt sich z. B. vergleichsweise aggressiv und schnappt häufiger zu als der nur selten beißende *T. butleri* (HERZOG & BURGHARDT 1986). *T. radix* flüchtet schnell (HERZOG et al. 1992), *T. marcianus* versteckt seinen Kopf, und *T. sauritus* bewegt den Schwanz und wechselt während der Flucht häufig die Richtung (BOWERS et al. 1993). Neben diesen arttypischen Unterschieden wurden auch individuelle Abweichungen bei der Feindabwehr innerhalb einer Population gefunden (ARNOLD & BENNETT 1984, HERZOG & BURGHARDT 1988). Diese Variabilität kann als Ausgangspunkt für die Anpassung an unterschiedliche Lebensräume mit unterschiedlichen Feinden angesehen werden. Eine wahrlich faszinierende Reihe von Versuchen mit *T. ordinoides* ergab eine – auf den ersten Blick etwas obskur anmutende – Abhängigkeit des Fluchtverhaltens von der Färbung und Zeichnung der Tiere (BRODIE 1989, 1991, 1992, 1993a, b). Doch führt man sich den optischen Effekt vor Augen, dass gestreifte Individuen während linienartiger Vorwärtsbewegungen nur schwer zu erkennen sind, so macht es natürlich Sinn, dass der-

Die Zeichnung der Strumpfbandnattern löst ihren Körper optisch auf   Foto: M. Hallmen

art gefärbte Tiere in der Tat bei Gefahr gerne geradlinig in eine Richtung fliehen. Weniger auffällige oder gepunktete Individuen sind leichter zu erkennen und versuchen, den Feind auf der Flucht durch regelmäßiges Ändern der Bewegungsrichtung zu irritieren. Eine genetische Koppelung von Aussehen und Verhalten gilt in diesem Fall als wahrscheinlich. Für *T. radix* fanden ARNOLD & BENNETT (1988) ähnliche Ergebnisse.

Weitere Untersuchungen förderten auch einige Details und Begleitumstände für die Verhaltensweisen bei der Feindabwehr zutage. So ist z. B. bekannt, dass Augenflecken und Bewegung als Schlüsselreize dienen und Strumpfbandnattern zur Verteidigung anregen (BERN & HERZOG 1994). Höchste Alarmstufe signalisieren den Tieren Reize, die sich über ihren Köpfen bewegen; reglose Gegenstände in Augenhöhe lösen deutlich weniger Angriffs- oder Fluchtverhalten aus (HAMPTON & GILLINGHAM 1989, HERZOG et al. 1989, BOWERS et al. 1993). Neben optischen spielen auch geruchliche Reize eine Rolle. So verursacht der Geruch der Haut von Königsnattern (*Lampropeltis*) bei zahlreichen Strumpfbandnattern eine schnelle Fluchtreaktion (WELDON 1982). Wie neuere Untersuchungen ergaben, hängt die Geschwindigkeit, mit der sich Strumpfbandnattern z. B. bei der Flucht fortbewegen, in entscheidendem Maße von der Zahl ihrer Wirbel ab (KELLEY et al. 1997). Bei Laborversuchen an *T. elegans* ergab sich, dass Tiere mit mehr Wirbeln einen kürzeren Kopf-Schwanz-Abstand haben im Vergleich zu Individuen mit weniger Wirbeln. Sie sind daher zu stärkeren seitlichen Windebewegungen fähig. Doch es hängt wesentlich davon ab, wo sich die größere Wirbelzahl befindet: Schlangen mit einem höheren Anteil an Körperwirbeln sind langsamer als Tiere mit mehr Schwanzwirbeln. Aus den Untersuchungen ergab sich auch, dass größere Strumpfbandnattern in Relation schneller sind als kleinere Artgenossen. Und: Küstenschlangen sind schneller als artgleiche Tiere im Binnenland. Auch künstliche Eingriffe, wie z. B. das chirurgische Implantieren von Minisendern, wirken sich nachweislich negativ auf die Ausführung von Bewegungen aus (LUTTERSCHMIDT 1994).

Wie nahezu alle Verhaltensweisen bei wechselwarmen Tieren, so unterliegen auch die Verhaltensweisen bei der Feindabwehr starkem Einfluss durch die Temperatur. War jedoch in MUTSCHMANN (1995) noch zu lesen, dass unterkühlte Strumpfbandnattern beißfreudiger seien als Tiere mit normalem Stoffwechsel, so ergaben neuere Untersuchungen das Gegenteil: Nach Versuchen von PASSEK & GILLINGHAM (1997) flohen, drohten oder bissen erwärmte Tiere von *T. sirtalis* häufiger als unterkühlte Artgenossen. Das von Strumpfbandnattern ebenfalls häufig gezeigte Abplatten des Körpers und des Kopfes war hingegen häufiger bei den Tieren mit niedrigerer Körpertemperatur zu beobachten. Dennoch gibt es im Verhalten gegenüber Feinden Elemente, die nicht dem Einfluss der Körpertemperatur unterliegen. Erst im letzten Jahr kam bei Untersuchungen über die Konstanz und Wiederholbarkeit von Verhaltensweisen an *T. ordinoides* zutage, dass bei Jungtieren auf der Flucht oder beim Angriff individuelle Eigenheiten auch bei unterschiedlichen Temperaturen konstant bleiben (BRODIE & RUSSEL 1999). Die Individualität einzelner Tiere scheint demnach unabhängig von der jeweiligen Körpertemperatur zu sein.

Wanderung und Überwinterung

Man kennt inzwischen einige Arten, Unterarten und Teilpopulationen von Strumpfbandnattern, die saisonal größere Strecken zwischen ihren angestammten Futterplätzen des Sommers und ihren Winterquartieren zurücklegen (GILLINGHAM

et al. 1990). Dabei werden oft über viele Jahre die immer gleichen Plätze aufgesucht; es hat sich eine Art „Tradition" entwickelt (FITCH 1965). Für nördlichere Populationen stellen derartige Wanderungen durchaus ein Risiko dar, denn Fehler auf dem Weg zum Winterquartier könnten z. B. bei einem vorzeitigen Wintereinbruch eine tödliche Verzögerung bedeuten (ROSSMAN et al. 1996). Daher müssen diese Schlangen über Möglichkeiten einer Orientierung verfügen. Diese können vom einfachen Nutzen von Landmarken über die Nutzung einer Himmelsrichtung bis hin zu einer echten Navigation unter Verwendung einer Art Landkarte und von Himmelsrichtungen reichen (GRIFFIN 1952). LAWSON (1989) konnte in Versuchen in großen Kreisarenen nachweisen, dass *T. sirtalis* und *T. radix* über echte Möglichkeiten der Navigation verfügen. Vielleicht nutzen die Tiere dabei neben der Position der Sonne sogar das polarisierte Himmelslicht zur Orientierung (LAWSON & SECOY 1991).

Aber nicht alle Strumpfbandnattern verfügen über die Fähigkeit zur genaueren Orientierung im Gelände; *T. ordinoides* hat sie z. B. nicht (LAWSON 1994). Die gleiche Autorin stellte auch die Vermutung auf, dass nicht wandernde Arten erst gar keine Möglichkeiten für Orientierungsleistungen entwickelt haben. Bei Arten wie z. B. *T. sirtalis*, bei denen nur Teilpopulationen wandern, findet sich die Fähigkeit zur Orientierung auch in nicht wandernden Teilpopulationen. Hier scheint die Möglichkeit für Orientierungsleistungen je nach ökologischen Bedürfnissen genetisch auf Abruf bereit zu liegen.

Doch wie erfahren junge Schlangen ihre zukünftigen Wanderrouten erstmalig? Selbst ein noch so detailliertes genetisches Programm kann nicht alle Einzelheiten eines beliebigen und sich von Jahr zu Jahr ändernden Geländes beinhalten. Daher müssen den Orientierungsleistungen der Strumpfbandnattern Lernvorgänge zugrunde liegen. Und in der Tat: Die Schlangen lernen ihre Wanderrouten überwiegend anhand von Landmarken. Für ihre ersten Versuche gehen sie dafür gewissermaßen in die Lehre. Sie folgen

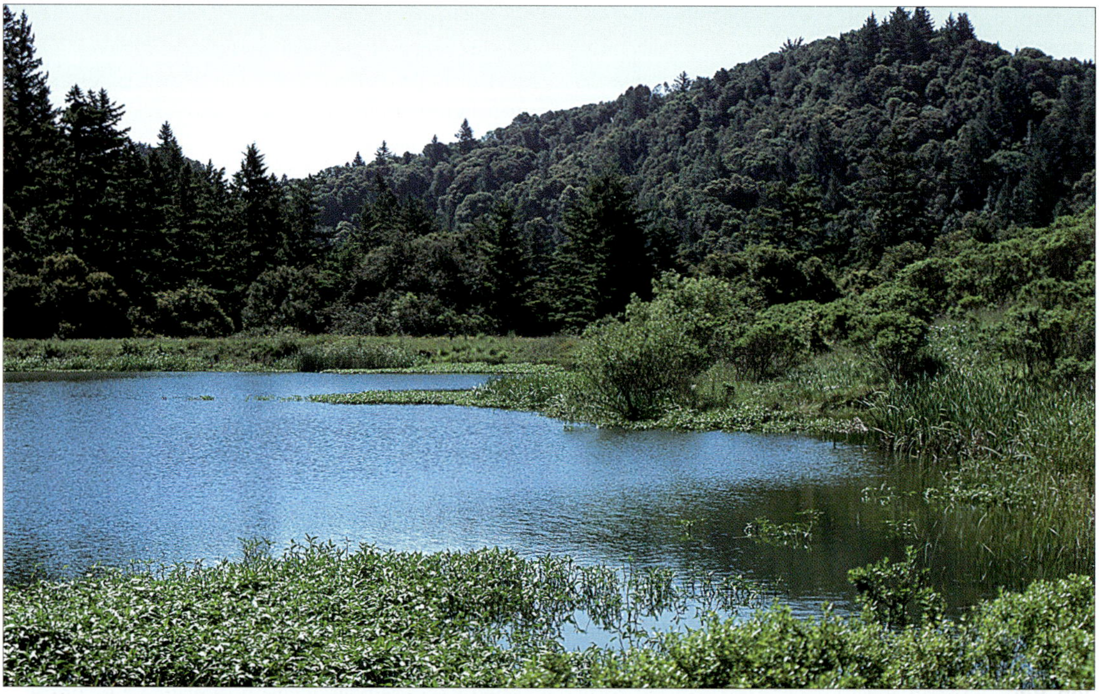

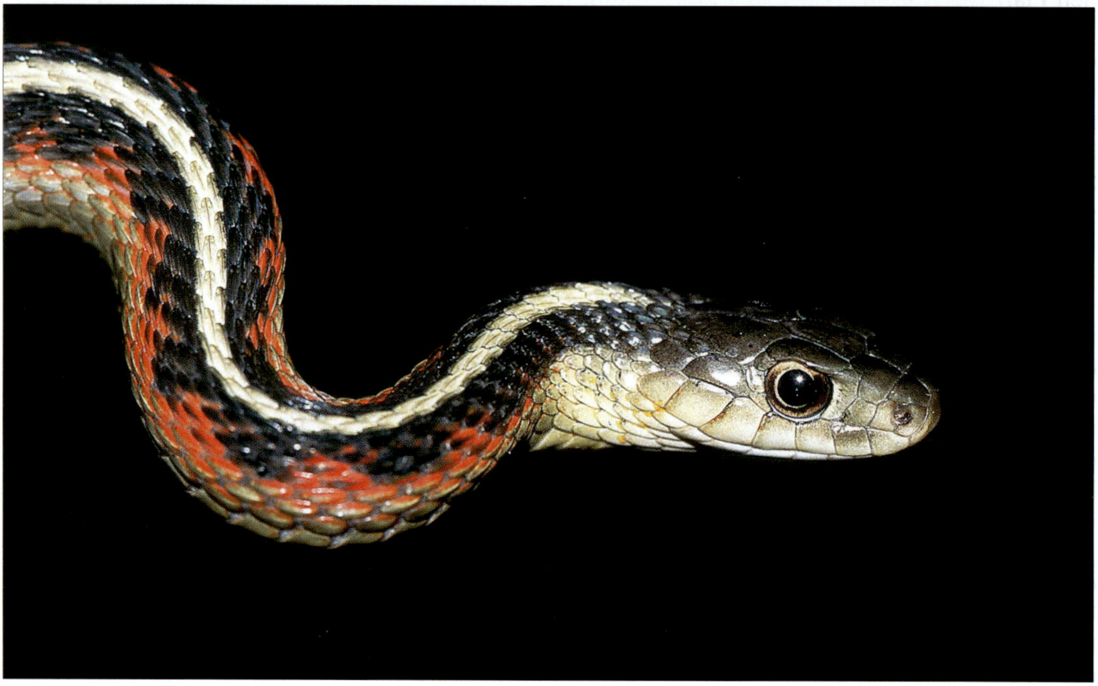

Duftspuren, die von älteren, erfahrenen Weibchen, den sogenannten „leaders", gelegt wurden (FORD & O'BLENESS 1986, LAWSON 1994). Die Jungschlangen erlernen so die zu wandernden Routen und finden die Wege bereits nach wenigen Jahren selbst. Selbst Detailfragen, wie eine Jungschlange z. B. erkennt, in welche Richtung die Spur legende Schlange kroch, sind enträtselt. Sie kann beispielsweise an den verschiedenen Seiten eines Steines eine unterschiedliche Konzentration der zurückgelassenen Duftstoffe (Pheromone) feststellen und daraus auf die Kriechrichtung der für sie spurenden „leaderin" schließen (FORD & LOW 1984).

Neben der richtigen Temperaturspanne muss das Überwinterungsquartier auch andere Kriterien wie z. B. ausreichende Luftfeuchtigkeit, eine Wasserquelle, Schutz vor Fressfeinden u. Ä. bieten. Wie MACARTNEY et al. (1989) mit radioaktiv markierten *T. sirtalis* zeigen konnten, wechseln die Schlangen bei sich verändernder Umgebung auch innerhalb des Überwinterungsquartiers den Platz, um ihre Vorzugsbedingungen möglichst lange erhalten zu können. Ein erstaunliches Phänomen ist, dass einige Strumpfbandnattern auch in Brunnen oder anderen Wasserstellen überwintern können. Wie Versuche nachweisen konnten, hat *T. sirtalis* einen deutlich geringeren Stoffwechsel und eine höhere Überlebenschance, wenn sie während der Überwinterung im Wasser untertauchen kann (CONSTANZO 1989b, c).

Wahrhaft spektakulär ist das Überwinterungsverhalten einiger Populationen von *T. s. parietalis* in nördlicheren Regionen. In geeigneten Winterquartieren treffen sich hier im Spätsommer weit über 10.000 Schlangen, um gemeinschaftlich zu überwintern (ALEKSIUK 1976). In extrem nördlichen Populationen kann die Überwinterungszeit bis zu sieben Monate betragen (ALEKSIUK 1976).

Durch radioaktive Markierungen konnte man feststellen, dass die Schlangen innerhalb des Überwinterungsquartiers ihre Lage in Abhängigkeit von der Außentemperatur veränderten, um den jeweils optimalen Platz aufzusuchen (MACARTNEY et al. 1989). Am Ende der Überwinterungszeit verlassen die Tiere innerhalb weniger Tage das Quartier, um sich in seiner unmittelbaren Umgebung zu paaren. Eines der wohl bekanntesten dieser Massenquartiere befindet sich in Manitoba (Kanada). Im späten Frühjahr ist es Ziel unzähliger Fotografen und Touristen. Im Süden Manitobas ist es eine alte Tradition, am Muttertag mit der Familie einen Ausflug zu diesem Überwinterungsquartier zu machen (ROSSMAN et al. 1996). Doch leider fanden sich im Gefolge der Schaulustigen auch immer mehr Tierfänger, die aufgrund der ungewöhnlich großen Aggregationen innerhalb kürzester Zeit immense Stückzahlen fangen konnten; die Tiere landeten nicht zuletzt auch auf dem europäischen Markt. Seit geraumer Zeit ist die Lokalität dieses Überwinterungsquartiers für jeden Erdenbürger auch im Internet zu erfahren – samt Lageplan und Anfahrtsbeschreibung. Wen wundert es da noch, dass sich an dieser Stelle inzwischen nur noch wenige hundert Strumpfbandnattern zu ihrer alljährlichen Gemeinschaftsüberwinterung einfinden; und die Zukunft dürfte noch düsterer aussehen!

Fortpflanzung

Das Fortpflanzungsverhalten der Strumpfbandnattern wird überwiegend hormonell gesteuert. Dabei konnte ein ausgeklügeltes Wechselspiel von Hormonen des Hypothalamus und der Hypophyse (beides Abschnitte des Gehirns) einerseits und den Hormonen der Keimdrüsen andererseits festgestellt werden. Die hormonellen Regelmechanismen werden durch einzelne Faktoren der Umgebung der Tiere beeinflusst. Wichtigste Faktoren für alle *Thamnophis*-Arten der gemäßigten Klimazonen sind der Wechsel der Jahreszeiten und die damit verbundenen Temperaturschwankungen. Auch in diesem Zusammenhang ist es immer wieder erstaunlich, wie detailreich die

---

Oben: Lebensraum von *Thamnophis atratus* in den USA   Foto: S. Bol

Unten: *Thamnophis sirtalis parietalis* überdauert lange und kalte Winter   Foto: M. Hallmen

Kenntnisse der Vorgänge inzwischen sind. Einer der zahlreichen bekannten Regelmechanismen für weibliche Strumpfbandnattern wurde von CREWS & GARSTKA (1982) beschrieben. Danach regen Hormone die Tätigkeit der Keimdrüsen an. Darauf hin setzen die Follikelwände Östrogene frei. Diese wirken ihrerseits auf die abdominalen Fettkörper in der Bauchhöhle des Weibchens, die dadurch veranlasst werden, Phospholipide herzustellen und in das Blut abzugeben. In der Leber angelangt tragen die Phospholipide zur Bildung des Hormons Vitellogenin bei. Am Ende der Kette gelangt das Vitellogenin über den Blutkreislauf an die Körperoberfläche der weiblichen Schlange, wo es als Sexuallockstoff (Pheromon) fungiert und Männchen zur Paarung lockt. Dabei zeigen sich die Sexuallockstoffe artspezifisch. Verantwortlich hierfür zeichnet der Bestandteil Phosvitin (MUTSCHMANN 1995). Weitere Faktoren und Möglichkeiten der Beeinflussung im Bereich der Hormone und Neuropeptide konnten SMITH & MASON (1997) sowie MENDONCA et al. (1996) nachweisen.

Der Hormonhaushalt männlicher Strumpfbandnattern aus nördlichen Regionen (z. B. *T. s. parietalis*) zeigt etwas zunächst Unerwartetes: Die Konzentration der männlichen Sexualhormone (Androgene) ist nicht – wie zu erwarten wäre – während der Paarungszeit am höchsten, sondern im Spätsommer und Herbst; während der Paarungszeit finden sich im Blut nur wenige Hormone (HAWLEY & ALEKSIUK 1975). Anders bei südlicheren Arten wie z. B. *T. melanogaster*, bei denen die höchste Hormonkonzentration mit der stärksten Paarungsbereitschaft zusammenfällt (GARSTKA & CREWS 1982). Nördlichere Arten scheinen demnach aufgrund der vergleichsweise langen Unterbrechung durch die Winterruhe ihre Paarungen schon im Herbst vorzubereiten. Die Hoden schwellen an, produzieren Massen an Spermien, die in die Samenleiter (Vasa deferentia) gelangen, wo sie bis zum Frühjahr gespeichert werden, um gleich nach der Überwinterung verfügbar zu sein. So wird erklärbar, warum die Männchen ohne Zeitverzug unmittelbar nach Verlassen der Überwinterungsquartiere Weibchen befruchten

können. Auch die Intensität, mit der die männlichen Tiere ihrem Trieb zur Begattung der Weibchen nachgehen, ist z. B. bei nördlichen Populationen von *T. sirtalis* stärker als beispielsweise bei *T. melanogaster* (GARSTKA & CREWS 1985). Zusätzlich wird das Paarungsverhalten aber auch durch örtliche Gegebenheiten beeinflusst (FORD & COBB 1992). Auch homosexuelles Verhalten wird von Strumpfbandnattern berichtet (MUTSCHMANN 1995, ZERNECKE 2001).

Weibliche Strumpfbandnattern locken ihre Sexualpartner über Duftstoffe an. Einige Männchen von *T. s. parietalis* nutzen dies egoistisch, aber genial für ihre Zwecke. Sie sondern selbst die Duftstoffe der Weibchen ab und geben sich so gegenüber anderen Mitbuhlern als „falsches Weibchen", so genannte „she-males" aus. Diese von MASON & CREWS (1985) und WHITTIER et al. (1985) untersuchte seltene Form der innerartlichen Mimikry (KUCH 1997) dient der Verwirrung von Konkurrenten. Die Scheinweibchen nutzen die Ablenkung der anderen Männchen in ihrer Umgebung, um sich selbst mit den echten Weibchen zu paaren. Der Trick funktioniert aber nur, solange die als Scheinweibchen auftretenden Männchen in der Minderzahl sind. Welche Regelmechanismen einige wenige Männchen zu falschen Weibchen werden lassen und die vielen anderen Männchen nicht, ist eine interessante, aber bislang noch unbeantwortete wissenschaftliche Fragestellung.

Doch damit nicht genug: Auch die „normalen" Männchen der Strumpfbandnattern wissen sich gegen Konkurrenz zu schützen. Sie hinterlassen in der Kloake des Weibchens, mit dem sie sich erfolgreich gepaart haben, einen Kopulationspfropf. Er verschließt die Kloake und soll das Weibchen an einer erneuten Paarung mit einem anderen Männchen hindern. Über diesen mechanischen Schutz hinaus enthält die geleeartige Masse des Pfropfes Pheromone, die andere Männchen zusätzlich abhalten sollen. Doch auch dieser Trick hat noch einen doppelten Boden: CREWS & GARSTKA (1982) konnten bei *T. marcianus* nachweisen, dass das Pheromon andere

Paarung von *Thamnophis sirtalis sirtalis* (melanistisches Weibchen mit normalfarbenem Männchen)

Foto: S. Bol

Männchen nicht nur von einer Paarung abhält, sondern – für den Fall, dass alle vorherigen Maßnahmen versagen sollten – sie sogar über einige Stunden hinweg unfruchtbar macht. Der Sinn der genannten Verhaltensweisen ist aus Sicht der Männchen klar: Sie perfektionieren ihr biologisches Grundbestreben, die eigenen Gene möglichst effektiv an Nachkommen weiter zu geben. Aber auch aus Sicht der Weibchen bringt das Verhalten der Männchen Vorteile: Sie können von anderen Männchen weitgehend unbehelligt die Paarungsorte zügig und unauffällig verlassen. Nach MUTSCHMANN (1995) kann darin ein Schutz vor Fressfeinden gesehen werden.

Und als wollten sie die Vielfältigkeit ihrer Fortpflanzungsbiologie endgültig unter Beweis stellen, finden sich einige der wenigen Berichte über Jungfernzeugung (Parthenogenese) bei Schlangen in der Gattung *Thamnophis*. SCHUETT

et al. (1997) berichten über Parthenogenese bei *T. e. vagrans* und *T. marcianus*. Eine eventuelle Langzeitspeicherung von Samen kann in diesen Fällen ausgeschlossen werden. Ein Vergleich der

Parthenogenetisch entstandener *Thamnophis radix*
Foto: R.M. Curry

Erbinformation von Muttertier und Nachkommen ergab für *T. e. vagrans* eine extrem hohe Übereinstimmung, was die Vermutung einer echten Jungfernzeugung zusätzlich stützt. MURPHY & CURRY (2000) fügten den Beleg für einen weiteren Fall von Jungfernzeugung bei *T. radix* hinzu. Als Erklärungsansätze lieferten SCHUETT et al. (1997, 1998) sowie DUBACH et al. (1997) Unregelmäßigkeiten bei dem als Reduktionsteilung (Meiose) bezeichneten Vorgang bei der Bildung der Eizellen. Die genauen Mechanismen sind derzeit in der Diskussion.

Die Trächtigkeit dauert bei Strumpfbandnattern meist zwischen 70 und 95 Tage. Dieser Zeitraum ist stark von den herrschenden Temperaturen abhängig. Wird es für nördliche Populationen zu kühl, kann die Geburt verzögert oder gar ins kommende Jahr verschoben werden. Warme Sommer und ein milder Herbst können andererseits für eine zweite Geburt in einem Jahr sorgen (ROSSMAN 1963, FITCH 1970, FORD & KARGES 1987). Trächtige Weibchen suchen nach Beobachtungen von BRENT-CHARLAND (1995) im Gelände andere Orte auf als nicht schwangere Tiere. Von trächtigen Weibchen von *T. sirtalis* und *T. couchii* weiß man, dass sie sich im Hochsommer gerne in Gruppen (Aggregationen) zusammenschließen (GREGORY 1975, GORDON & COOK 1980). Gebären sie gemeinsam, befindet sich in diesem Gebiet eine Vielzahl von Jungtieren. Es können so viele sein, dass Fressfeinde Probleme damit bekommen, einzelne Tiere herauszugreifen. Es könnte sich aber auch schnell eine Sättigung bei den Räubern einstellen. Beide Effekte erhöhen die Überlebenschance des Individuums.

Strumpfbandnattern bringen lebende Junge zur Welt. Da sie bei der Geburt zumeist noch von einer dünnen Eihülle umgeben sind, spricht der Wissenschaftler von „ovovivipar", das bedeutet „eilebendgebärend". Durchschnittlich werden 10–20 Junge geboren; es wurden jedoch auch Rekordwürfe von über 80 Jungen bekannt. Dass die Wurfgröße von der Größe und dem Ernährungszustand des Muttertiers abhängt, scheint einleuchtend (SEIGEL & FORD 1987). GREGORY & LARSEN (1993) fanden heraus, dass sie zusätzlich auch von der geografischen Verbreitung abhängen kann. Für *T. sirtalis* konnten sie im östlichen Verbreitungsgebiet weniger Junge pro Wurf feststellen als in westlichen Regionen. Ergänzende Terrarienversuche ergaben eine genetische Grundlage für dieses Phänomen. Abhängigkeiten von einzelnen Wetter- bzw. Klimafaktoren, wie z. B. der Niederschlagsmenge (FORD & SEIGEL 1989), beeinflussen die Wurfgröße sicherlich in erster Linie über das daran gekoppelte bessere oder schlechtere Angebot an Beutetieren. Auch die Größe der Jungen selbst ist wieder von zahlreichen Faktoren abhängig, wie z. B. der Körpergröße der Mutter (FORD & KARGES 1987). Die durchschnittliche Länge der Jungtiere ist jedoch auch arttypisch. So bekommt *T. atratus* die kleinsten aller bislang vermessenen Jungen und *T. gigas* die größten, was bei der Ausgangsgröße der Muttertiere wiederum nicht sehr verwundert. Das Verhältnis der Geschlechter wird – wie für zahlreiche Reptilien bekannt – u. a. von der Temperatur beeinflusst: Höhere Umgebungstemperaturen während der Trächtigkeit sorgen häufig für einen erhöhten Anteil an männlichen Nachkommen. Aber auch der Einfluss der Größe des Muttertiers ist bekannt: Mit steigender Körpermasse der Mutter wächst der Anteil an Männchen unter den Jungen (DUNLAP & LANG 1990).

Die Jungen zeigen von Beginn an eine deutlich versteckere Lebensweise als erwachsene Tiere. Im Gelände sind sie daher äußerst selten zu finden. Sie leben z. T. auch in anderen Lebensräumen als ausgewachsene Strumpfbandnattern (GREGORY et al. 1983, TANNER 1985). Die Jungen häuten sich unmittelbar nach der Geburt das erste Mal. 1–2 Tage danach nehmen die meisten Tiere erstmals Nahrung zu sich. Für *T. eques* ist bekannt, dass die Jungen verstärkt an Land nach Nahrung suchen, wo hingegen ihre erwachsenen Artgenossen hauptsächlich im Wasser auf Beutezüge gehen (MARCIAS GARCIA & DRUMMOND 1988). Auch Färbungsunterschiede von Jungschlangen und Erwachsenen sowie unterschiedliche Futterspektren sind bekannt.

Lernverhalten

Sind die genannten Leistungen für Schlangen an sich schon sehr erstaunlich, so sind für Strumpfbandnattern noch eine Reihe weiterer Lernleistungen bekannt. So verbessert sich bei Strumpfbandnattern z. B. die Effektivität bei der Suche nach Nahrung sowie deren Handhabung nachweislich durch Übung. Für *T. sirtalis* und *T. radix* konnte ermittelt werden, dass sich die Tendenz, Futterfische mit dem Kopf voran zu fressen, mit der Zahl der Fressakte verstärkt (HALLOY & BURGHARDT 1990), d. h., die Tiere erlernen mit der Zeit den richtigen Verzehr der Fische. Hierbei wird die Ausbildung eines Suchmechanismus auf chemischer Basis vermutet (ROSSMAN et al. 1996). Strumpfbandnattern scheinen zu erlernen, welches Futter ihnen hauptsächlich zur Verfügung steht. Jungtiere von *T. sirtalis* konnten ihnen bekannte Futtermittel bei einem Wahltest erkennen und bevorzugten sie gegenüber anderen Futtersorten (FUCHS & BURGHARDT 1971). Bei ähnlichen Tests präferierte *T. radix* die über zwei Monate andressierten Stoffe selbst in wesentlich geringerer Verdünnung (BURGHARDT 1990). Doch die Zusammenhänge beim Erlernen potenzieller Beute scheinen komplizierter, denn es stellten sich unterschiedliche Lernverhalten beim Verfüttern von z. B. Fisch und Fröschen heraus (ARNOLD 1978). Strumpfbandnattern erlernen auch, welches Futter ungeeignet ist, und meiden dieses fortan, wie CZAPLICKI et al.(1975) anhand mit Lithiumchlorid versehener Regenwürmer für *T. sirtalis* nachweisen konnten.

Auch beim Verhalten bei der Abwehr von Feinden sind Lernkomponenten zweifelsfrei nachgewiesen. So sind z. B. Gewöhnungseffekte bei den Fluchtreaktionen auf das Zeigen von Schemen der Fressfeinde hin bekannt (FUENZALIDA & ULRICH 1975). Auch die Zahl der Verteidigungsbisse bei häufig wiederholten Feindreizen sinkt, wie für *T. melanogaster* gezeigt wurde (HERZOG & BURGHARDT 1986). Als Lernverhalten ist auch die erhöhte Fluchtreaktion von *T. sirtalis* nach wiederholten Störungen in frühen Lebensphasen anzusehen (ROSSMAN et al. 1996).

Den genetischen Grundlagen des Lernverhaltens bei Strumpfbandnattern ist die Wissenschaft ebenfalls auf der Spur. ARNOLD (1977, 1981a, b) fand bei *T. elegans* zwischen Populationen der Küstenregion und im Innern Kaliforniens Unterschiede im Verhalten beim Verzehr von Schnecken. Er postulierte, dass z. B. für die Futterpräferenz auf Amphibien, Schnecken oder Blutegel eine bestimmte Gruppe von Genen zuständig sei. Als er Tiere beider Populationen miteinander kreuzte, zeigte sich, dass das Verschmähen von Schnecken dominant über das Fressen von Schnecken ist (AYRES & ARNOLD 1983). Für *T. radix* nachgewiesene individuelle Unterschiede gelten ebenfalls als genetisch bedingt (ARNOLD & BENNETT 1984). Außerdem ist bekannt, dass bei *T. ordinoides* eine interessante genetische Koppelung der jeweiligen Farbe mit dem gezeigten Feindabwehrverhalten vorliegt (BRODIE 1989, 1992, 1993a, b).

Alles in allem ist schon erstaunlich, was die Wissenschaft über diese von manchen Terrarianern oft verächtlich als „Allerweltsschlangen" abgewerteten Strumpfbandnattern herausgefunden hat. Die genannten Fakten sollten so Manchen mehr Respekt vor dieser interessanten Schlangengattung lehren.

Gefährdung und Schutz

Aufgrund ihrer weiten Verbreitung und Häufigkeit scheinen die Strumpfbandnattern Nord- und Mittelamerikas nicht gefährdet. Doch das trifft leider nur noch zum Teil zu! Die einschneidenste und vom Effekt her größte Gefährdung ist der Verlust der Lebensräume. Er trifft Strumpfbandnattern ebenso wie andere Tiere und Pflanzen ihrer Biotope. Ein Beispiel für die Bedrohung der Bestände durch die „Kultivierung" der Landschaft ist *T. gigas*. Doch auch der Straßentod von Strumpfbandnattern nimmt erheblichen negativen Einfluss auf einzelne Populationen. FREEDMAN & CATLING (1979) konnten eine Straße als tödliche Barriere für *T. butleri* nachweisen. Gleiche Befunde liegen für *T. sirtalis* und *T. sauritus* aus den Everglades (Florida) vor (BERNARDINO &

Straßentod von *Thamnophis elegans vagrans*
Foto: M. Hallmen

DALRYMPLE 1992). DALRYMPLE & REICHENBACH (1984) wiesen den Straßentod als einflussreichen negativen Faktor für eine bedrohte Population von *T. radix* nach. Der erschreckendste Bericht über den Massentod von Strumpfbandnattern durch Autos stammt aus dem Jahr 1992. Damals wurden 10.000 (!) *T. s. parietalis* im Herbst auf ihrem Weg zu den Überwinterungsquartieren überfahren (KRIVDA 1993). Eine weitere Bedrohung stellt z. B. für *T. eques* die Einfuhr des Ochsenfrosches *Rana catesbeiana* dar, der nachweislich für den Rückgang von Populationen in Arizona und New Mexico verantwortlich ist (ROSEN & SCHWALBE 1988). Der illegale Fang von Tieren kann wie bei *T. s. tetrataenia* auch eine Rolle beim Rückgang von Strumpfbandnattern spielen. ROSSMAN et al. (1996) befürchten, dass außerhalb der Grenzen der USA und Kanadas, in Mexiko und Mittelamerika, zahlreiche Arten wie z. B. *T. exul* oder *T. mendax*, die dort nur kleine Verbreitungsgebiete besitzen, ohne allgemeine Kenntnisnahme bedroht sein dürften.

Einen Sonderfall stellen die Winterquartiere von *T. s. parietalis* in Kanada dar. In einigen von ihnen verlassen – besser verließen – im Frühjahr Tausende von Schlangen gleichzeitig die über den Winter gemeinschaftlich genutzten Höhlen. Nach kanadischem Recht ist es den Eingeborenen erlaubt, im Herbst Exemplare dieser Art dort zu fangen. Leider wurden und werden sie illegal und noch weitaus effektiver auch während der Überwinterung oder bei der Paarung im Frühjahr gesammelt, was angesichts der Massen von Schlangen und einem Stückpreis von ca. 50,- € in Fachhandel verständlich erscheint. Einzelne Sammler können schnell Hunderte oder gar Tausende von Strumpfbandnattern fangen. Nach Angaben von BRUEMMER (pers. Mitlg. in MUTSCHMANN 1995) wurden dabei die Bestände in manchen Jahren um 50 % reduziert! Auf die immense Sammeltätigkeit reagierten die Behörden mit einem seit 1991 bestehenden Ausfuhrverbot für Strumpfbandnattern aus Manitoba. Die illegale Sammeltätigkeit hat das bislang nicht verhindern können, was nicht weiter verwundert, wenn man bedenkt, dass viele Eingeborene und deren Familien auf die Einnahmen aus dem Schlangenfang angewiesen sind. Eine weitere Gefahr ist der alljährlich im Frühjahr stattfindende Schlangentourismus. Zu Tausenden werden Menschen in Bussen an die Überwinterungsquartiere gefahren, um sich – auf den Tieren herumtrampelnd – in wohligem Gruseln zu ergehen (MUTSCHMANN 1995). Seit neuestem werden die Menschen weltweit im Internet über die Lage eines der bekanntesten Überwinterungsquartiere in Kanada mittels einer genauen Landkarte informiert und über eine detaillierte Anfahrtsbeschreibung angelockt. Ist es da noch ein Wunder, dass die Zahlen der sich jährlich einfindenden Strumpfbandnattern drastisch gesunken sind?

Die letzte Veröffentlichung der Schutzstatus von Strumpfbandnattern erfolgte 1997 durch LEVELL. Aktuell sind unserer Kenntnis nach – der momentane Stand der unterschiedlichen Gesetzeslagen ist nicht immer einfach zu ermitteln – *T. eques*, *T. gigas*, *T. hammondii* und *T. s. tetrataenia* vom U.S. Fish & Wildlife Service unter Schutz gestellt. Ihr Besitz oder der Handel mit ihnen ist mit z. T. empfindlichen Strafen belegt. Andere Arten, wie z. B. *T. brachystoma*, *T. butleri*, oder *T. rufipunctatus* stehen in einzelnen Bundesstaaten der USA unter Schutz. Von weiteren Arten, wie z. B. *T.*

Thamnophis sirtalis tetrataenia   Foto: M. Hallmen

marcianus, *T. proximus*, *T. radix* oder *T. sauritus* sind nur Teilpopulationen gefährdet, weshalb sie nur in einzelnen Bundesstaaten, nicht jedoch in den gesamten USA unter Schutz stehen. Es steht zu befürchten, dass der erst in jüngster Vergangenheit unter Schutz gestellten melanistischen Farbform von *T. s. sirtalis* aufgrund sich zunehmend negativ entwickelnder Umweltbedingungen weitere Arten, Unterarten oder Farbformen folgen werden.

Tab. 1 – Derzeitiger Schutzstatus für Strumpfbandnattern in den USA

Art / Unterart	Ort / Bundesstaat
T. brachystoma	New York
T. butleri	Indiana
T. eques	ESA, Arizona, New Mexico
T. gigas	ESA, Kalifornien
T. hammondii	ESA, Kalifornien
T. marcianus	Kansas
T. proximus	Indiana, Kentucky, New Mexico
T. radix	Wisconsin
T. rufipunctatus	Ohio
T. sauritus	Arizona, New Mexico
T. sirtalis sirtalis melanistisch	Florida, Illinois, Kentucky, Maine
T. s. tetrataenia	Wisconsin, Ohio, ESA, Kalifornien

ESA (Endangered Species Act des U.S. Fish & Wildlife Service = USA-weit), sonst „gefährdet" oder „bedroht" im jeweils genannten Bundesstaat / Stadt.

3. Haltung und Vermehrung im Zimmerterrarium

3.1 Zimmerterrarium

Strumpfbandnattern gelten allgemein als einfach zu haltende Terrarientiere. Das trifft in der Tat auf die meisten Arten der Gattung *Thamnophis* zu – vorausgesetzt, den Tieren werden Verhältnisse geboten, die ihre Grundbedürfnisse berücksichtigen. Als solche wären eine ausreichende Wärmeversorgung, frisches Wasser, Versteckmöglichkeiten und eine regelmäßige Fütterung zu nennen. Das klingt einfach; ist es eigentlich auch. Doch die Terraristik hat im Lauf ihrer Geschichte zahlreiche unterschiedliche Formen und Detaillösungen zur Befriedigung der Grundbedürfnisse ihrer Pfleglinge entwickelt, über die z. T. heftig diskutiert wird.

Landschaftsterrarium / „Sterilterrarium"
Ein Landschaftsterrarium versucht, den Lebensraum des jeweiligen Tiers – oder zumindest dessen zentrale Elemente – möglichst naturnah nachzuahmen. Für Strumpfbandnattern, die häufig in der Nähe unterschiedlicher Wasserflächen an-

zutreffen sind, bedeutet das ein Terrarium mit großem Wasserteil, natürlichem Pflanzenwuchs, reichlich Versteckmöglichkeiten und einem nischenreichen Hintergrund. Der Anblick eines so naturnah eingerichteten Terrariums ist eine Augenweide und eine Zierde für jede Wohnstube. Die darin gehaltenen Strumpfbandnattern scheinen sich wohl zu fühlen und kaum zu merken, dass sie sich nicht in ihrer natürlichen Umgebung befinden. Dabei reicht die Palette der Landschaftsterrarien von einfachen Terrarien mit Pflanzen in Blumentöpfen und großer Wasserschale aus Plastik bis hin zu raffiniert und optisch ungeheuer attraktiv gebauten Paludarien (GONELLA 1995) mit Wasserflächen in unterschiedlichen Ebenen, verbindenden Bachläufen und kleinen Wasserfällen; scheinbar ein Paradies für Strumpfbandnattern.

Leider stellt sich nach anfänglichem Überschwang ob eines solch schön anzusehenden Terrariums nur allzu häufig Ernüchterung in Form krank werdender Strumpfbandnattern ein. Hauptproblem dabei ist eine zu hohe Feuchtigkeit im Behälter, die die Tiere alsbald mit Hautkrankheiten quittieren. Daher ist bei einer Haltung von Strumpfbandnattern in einem naturnahen Landschaftsterrarium unbedingt auf trockene Liegestellen im Landteil des Behälters zu achten (z. B. durch erhöhte Liegeflächen). Einer zu hohen, der Gesundheit der Tiere abträglichen Luftfeuchtigkeit aus der Verdunstung des Wasserteils, des Bodens und lebender Pflanzen kann nur durch eine ausreichende Belüftung vorgebeugt werden. Es empfiehlt sich z. B., die komplette Oberseite eines

Landschaftsterrarium mit großem Wasserteil   Foto: M. Hallmen

Landschaftsterrariums mit Gazedraht zu versehen. Des Weiteren kann sich bald herausstellen, dass sich der naturnahe Aufbau des Terrariums bei längerem Gebrauch als unpraktisch erweist. Das Gießen von Pflanzen, der Wasserwechsel der sehr großen Wasserbehälter oder das Entfernen von Kot und Hautresten sind manchmal nicht so einfach zu bewerkstelligen. Muss eine Schlange zur Kontrolle oder zum Entfernen von Hautresten aus dem Terrarium gefangen werden, so kann die Aktion das Aussehen des Gesamtarrangements nachteilig verändern und zahlreiche Reparaturarbeiten erforderlich machen.

Die meisten Halter und Züchter der Gattung *Thamnophis* pflegen ihre Tiere indes in mehr oder weniger stark ausgeprägter „Sterilhaltung" (hygienische Haltung). Sie stellt sicher, dass der Hauptfehler bei der Pflege von Strumpfbandnattern, nämlich eine zu feuchte Haltung, kaum mehr auftreten kann. Bei der „Sterilhaltung" werden die Einrichtungsgegenstände des Terrariums auf das für das Tier lebensnotwendige Maß reduziert. Bodengrund, Wasserbehälter, Unterschlupf und Wärmequelle sind die einzigen Bestandteile eines „Sterilterrariums". Zusätzlich legen einige Halter Wert auf leicht zu säubernde und desinfizierende Materialien. Mit wenigen einfachen Handgriffen sind alle notwendigen Arbeiten schnell und effektiv zu erledigen. Für das Auge können künstliche Pflanzen, Hintergründe außerhalb des Terrariums oder Arrangements aus Steinen eingebaut werden. Ihre Verwendung ist jedoch eher als fakultativ anzusehen und für das Wohlbefinden der Schlangen unerheblich. Soweit könnte der Grundsatz des „Sterilterrariums" lauten: Nicht schön, aber zweckmäßig. Doch auch „steril" gestaltete Terrari-

en können ansprechend aussehen. So erscheint z. B. das Schauterrarium für *T. s. tetrataenia* im Zoo von Rotterdam (Niederlande) auf den ersten Blick als schön anzusehendes Landschaftsterrarium mit plastisch modellierter Felslandschaft, einem kleinen Bachlauf in der Mitte und Ästen als Dekorationsgegenständen. Und doch handelt es sich um ein „Sterilterrarium", das sogar in regelmäßigen Abständen komplett desinfiziert wird (HALLMEN & ZWARTEPOORTE 2000). Und genau hierin besteht die Kunst: durch geschickte Wahl der Materialien, ihre naturnahe Anordnung und einige Techniken des Modellbaus die Illusion einer natürlichen Landschaft zu vermitteln. Die hohe Schule dieser Kunst ist nicht nur in Zoos, sondern auch bei zahlreichen Privatpersonen in Perfektion zu bewundern. Doch hier wie dort ist sie meist nur in wenigen Schauterrarien verwirklicht.

Wer Strumpfbandnattern in etwas größerer Stückzahl hält und regelmäßig züchtet, kann nicht immer jedes Terrarium optisch attraktiv gestalten. So halten wir unsere Tiere auf gröberen Buchenspänen als Bodengrund. Als Einrichtungsgegenstände finden sich in den Terrarien einige Stücke Korkeichenrinde als Versteckmöglichkeiten, in manchen Terrarien einige wenige Kletteräste so-

„Sterilterrarium"   Foto: M. Hallmen / J. Chlebowy

Weit verbreitete Art der Haltung von Strumpfbandnattern in den USA
Foto: S. Felzer

wie in allen eine größere Wasserschale aus Plastik. Kunstpflanzen bringen wir nur in die wenigen Terrarien ein, bei denen es uns auch auf den Gesamteindruck ankommt. Alle Gegenstände im Terrarium werden vor der Verwendung desinfiziert und in regelmäßigen Abständen gründlich gesäubert. Nach zahlreichen Irrwegen bei der Gestaltung von Terrarien sehen wir diese Form der Haltung in Übereinstimmung mit zahlreichen anderen versierten *Thamnophis*-Haltern als unser persönliches Endstadium der Haltungsbedingungen von Strumpfbandnattern an.

In den USA werden die Schlangen häufig in einer noch radikaleren Form der „Sterilhaltung" beherbergt und gezüchtet. In einem beheizten Raum befindet sich in einer Regalwand eine Unzahl schlangendichter Plastikboxen unterschiedlichster Größen. Als Bodengrund wird Zeitungspapier oder ein „steriles" Kunstgranulat eingebracht, und der Unterschlupf besteht aus einem umgestülpten Plastiktopf mit einem Loch als Eingang. Ein Wassergefäß aus Plastik komplettiert die kärgliche Einrichtung. Eine Lampe als Wärmequelle gibt es nicht. Die notwendige Temperatur wird durch die Raumheizung für alle Terrarien gleicherma-

ßen erbracht. Auf diese Art kann eine große Zahl von Strumpfbandnattern auf engstem Raum gehalten werden. Man mag diese Form der Haltung aus menschlicher und ästhetischer Sicht ablehnen; es sollte jedoch in der auch andernorts geführten Diskussion um eine möglichst naturnahe Haltung von Schlangen oder eine Haltung in „sterilen" Behältnissen stets rational und nicht emotional argumentiert werden. Fakt ist: Strumpfbandnattern gedeihen und vermehren sich in „Sterilhaltung" äußerst gut und erfolgreich, sie leben sehr lange und erfreuen sich bester Gesundheit!

Von den meisten unbestritten ist die Anwendung der „Sterilhaltung" bei Quarantäneterrarien oder bei der Aufzucht von Jungschlangen. Der Zwang zu perfekter Hygiene und absoluter Kontrolle der Schlangen lassen in beiden Fällen keine andere Einrichtung zu. Wir verwenden in beiden Fällen häufig kleine Terrarien aus Glas oder Plastik mit Fließpapier als Bodengrund, einem ausgedienten Joghurtbecher oder Ähnlichem als Wasserbehälter und Papppröhren (z. B. von Toilettenpapier oder Haushaltstüchern) als Verstecke. Alle Gegenstände werden bei der Reinigung entsorgt und durch neue ersetzt. Dadurch wird die Gefahr der Übertragung von Krankheiten minimiert.

Baumaterialien

Das Material, aus denen ein Terrarium für Strumpfbandnattern besteht, ist den Tieren egal. Der Terrarianer ist es, der mit den daraus resultierenden unterschiedlichen Eigenschaften zurechtkommen muss. So bietet Glas sicherlich die meisten Vorteile: Das Terrarium ist von allen Seiten gut einzusehen; es kann bestens gereinigt, ja sogar desinfiziert werden; Heizsysteme und Lampen lassen sich leicht außerhalb anbringen, und sowohl Wärme als auch Licht dringen gut durch das Glas in das Innere des Terrariums. Wir verwenden unter anderem seit langem auch ausgediente Aquarien mit einer Terrarienabdeckung (Holzrahmen mit Gazebespannung) als Behältnis für Strumpfbandnattern. Die Nachteile von Glas sind: Glas ist zerbrechlich und damit potenziell gefährlich; für viele Hobbyhandwerker ist es nicht einfach zu schneiden und zu verarbeiten. Hat man sich für eine „Sterilhaltung" von Strumpfbandnattern entschieden, so ist auch Holz ein sehr gut geeignetes Material für den Terrarienbau. Es ist für viele leichter zu verarbeiten, es bricht nicht und ist je nach Ausführung optisch attraktiver. Holz ist jedoch schlechter zu reinigen und muss vor Feuchtigkeit (besonders um den Wasserbehälter herum) geschützt werden. Dazu können z.B. Folien im Bereich des Bodens mit eingebaut werden. Wände und Decken lassen sich mit Bootslack oder anderen ungiftigen Lacken wasserfest machen. Terrarien aus glasklarem Plastik sind ebenfalls für Strumpfbandnattern geeignet. Sie haben die optischen Eigenschaften von Glas, sind in der Regel aber leichter, bruchsicherer und preiswerter. Plastik hat jedoch den Nachteil, dass es leicht verkratzt und mit der Zeit milchig trüb werden kann. Der Fachhandel bietet eine große Bandbreite von Plastikterrarien unterschiedlicher Größen und Ausführungen günstig an. In jüngster Zeit kam Styropor als Baumaterial für Terrarien ins Gespräch (HASSELBERG 1999). Das Material ist sehr leicht, einfach zu verarbeiten, hat eine sehr gute Wärmedämmung und ist extrem preiswert. Es wird sich zeigen, welche Rolle es in Zukunft im Terrarienbau spielen kann.

Bauanleitungen für Terrarien sind zahlreich veröffentlicht und können anderorts nachgelesen werden (z. B. HENKEL & SCHMIDT 1997). Strumpfbandnattern werden sich auch in fast jedem Terrarium ausreichender Größe wohl fühlen. Es sind nur wenige spezifische Punkte beim Bau eines Terrariums für Strumpfbandnattern zu bedenken: Das Terrarium muss sehr gut durchlüftet sein.

Daher die Flächen mit Gazedraht, Lochblech oder ähnlichen luftdurchlässigen Materialien groß genug einplanen! Des Weiteren sollte durch einen ausreichend großen Zugang in das Terrarium immer ein schneller Zugriff auf die mitunter temperamentvollen Tiere möglich sein. Keine verschachtelten und schlecht zugänglichen Verstecke einplanen. Der Abstand der Schiebescheiben sollte möglichst gering sein, damit Jungtiere nicht entkommen können. Aus demselben Grund sind für Aufzuchtterrarien von Jungtieren Falltüren zu empfehlen, da sie keine Schlitze haben.

Terrariengröße

Als Grundsatz für eine artgerechte Haltung von Strumpfbandnattern gilt sicherlich, dass die Tiere ausreichend Platz haben müssen, um ihren unterschiedlichen Verhaltensweisen nachkommen zu können und sich gegenseitig dabei nicht allzusehr zu stören. Da Strumpfbandnattern selten eine Körperlänge von 110 cm überschreiten und dabei noch vergleichsweise schlank bleiben, sind auch schon kleinere Terrarien für eine artgerechte Haltung geeignet. Doch was heißt das konkret in Zahlen? Sich hierauf zu verständigen, ist nicht eben einfach. So wird die für Strumpfbandnattern geeignete Terrariengröße von zahlreichen Autoren sehr unterschiedlich angeben; verschiedenste Formeln bemessen das geeignete Raumvolumen oder die Grundfläche des Terrariums nach der Größe oder der Anzahl der darin zu haltenden Schlangen. Die dadurch errechneten Terrariengrößen sind aufgrund der enormen Anpassungsfähigkeit der Strumpfbandnattern in der Regel als Anhaltspunkte geeignet. Doch konnten die bisherigen Maßangaben noch rege diskutiert werden, setzte das Bundesministerium für Ernährung, Landwirtschaft und Forsten, Referat Tierschutz, mit der Veröffentlichung seines Gutachtens über die „Mindestanforderungen an die Haltung von Reptilien" einen Eckpfeiler, der eine neue Basis für die Auseinandersetzungen über artgerechte Terrariengrößen schaffen sollte. Bei der Erstellung des Gutachtens arbeiteten anerkannte Fachleute, vor allem der Deutschen

Terrarienanlage für Strumpfbandnattern   Foto: M. Hallmen

ßen 80–90 × 50 × 40 cm (L × H × B). Obwohl Strumpfbandnattern zuweilen auf Ästen klettern, gedeihen sie in flacher gehaltenen Terrarien ebenfalls prächtig. Daher legen wir auf die Höhe der Behälter keinen so großen Wert; 40 cm sind unserer Meinung nach ausreichend. Das lässt besonders bei der Anlage einer kompletten Terrarienwand ausreichend Höhe für eine zusätzliche Terrarienreihe. Unsere Aufzuchtterrarien für neu geborene Strumpfbandnattern messen 25 × 25 × 25 cm. Darin ist eine gute Kontrolle der Tiere möglich. Zu große Terrarien bei der Aufzucht führen oft zu scheuen und schreckhaften Tieren. Die Terrariengröße sollte mit den Schlangen wachsen.

Gesellschaft für Herpetologie und Terrarienkunde (DGHT), zusammen. Für Strumpfbandnattern der Gattung *Thamnophis* geben sie für zwei Tiere eine Terrariengröße von 1,25 × 0,75 × 0,5 (L × B × H), multipliziert mit der Körpergröße der Tiere an. In speziellen Fällen sollen diese Werte um bis zu 10 % unterschritten werden können. Bislang wurden die Vorgaben der DGHT noch kaum öffentlich von *Thamnophis*-Haltern diskutiert. Lediglich KARKOS (2000) stellt an Halter und Züchter die Frage, ob die Vorgaben wirklich einzuhalten, praktikabel und notwendig sind.

Wir möchten den vielerorts zu lesenden Formeln keine weitere hinzufügen, sondern lediglich unsere Erfahrungen berichten. Auch wir halten unsere Einzeltiere und Zuchtgruppen – wie wohl die meisten Halter von Strumpfbandnattern – in kleineren Terrarien als den im Gutachten vorgeschlagenen. Die Maße im erwähnten Gutachten scheinen uns aus der Praxis heraus für Strumpfbandnattern nicht notwendig. Lebenserwartung, Verhalten, Gesundheit und Zucht sind auch in kleineren Behältern normal. Für zwei ausgewachsene Zuchtpaare in Gemeinschaftshaltung verwenden wir Terrarien mit den Ma-

Ausbruchssicherheit

Strumpfbandnattern gelten als notorische Ausbruchskünstler. ROSSMAN et al. (1996) bezeichnen sie als „Ausbruchsmagier" und vergleichen sie mit dem großen Houdini. Das muss zu denken geben! Und in der Tat: Tiere jeden Alters nutzen immer wieder hartnäckig jede noch so kleine Öffnung des Terrariums zum Ausbruch. Kritische Punkte sind z. B. Stellen, an denen Kabel den Innenbereich des Terrariums verlassen. Sie müssen mit Silikon absolut dicht gestaltet werden. Für Jungschlangen stellt häufig auch der Spalt zwischen den Schiebescheiben kein Hindernis dar. Der Spalt kann mit Füllmaterialien (z. B. Isolierstreifen, Papier u. Ä.) abgedichtet werden. Auch die Belüftungen im Deckenbereich des Terrariums müssen absolut undurchlässig für Jungschlangen sein. Junge Strumpfbandnattern von 2–3 g Masse haften bei Feuchtigkeit (z. B. frisch geboren, eben in den Wasserbehälter gefallen) kapillar an den Schei-

Melanistisches Jungtier von *Thamnophis sirtalis sirtalis,*
an der Scheibe „klebend"   Foto: M. Hallmen

ist. *Drosophila* ist eine Fliegengattung, von der die Fruchtfliege (*Drosophila melanogaster*) in der Terraristik häufig als Futtertier für kleinere Reptilien verwendet wird. Terrarien, aus denen sie nicht entweichen kann, sind auch für die Houdinis unter den Schlangen ausbruchssicher – zumindest meistens.

All diese Tatsachen sind seit langem bekannt und vielfach warnend veröffentlicht. Und doch: Es gibt wohl kaum einen *Thamnophis*-Halter, der nicht die ein oder andere Geschichte über ausgebrochene Tiere zu berichten weiß. Auch wir könnten dem noch einige hinzufügen. Wenn sie einmal ausgebrochen sind, ist guter Rat teuer. Vorweg: Eine auch nur annähernd sichere Methode, sie wieder einzufangen, gibt es nicht! Glück bleibt dabei immer ausschlaggebend. Zunächst wird man um das Terrarium herum oder bei weiteren Terrarien im Raum nach den verschollenen Tieren suchen. Bevorzugt halten sich Strumpfbandnattern als wechselwarme Tiere vor allem morgens an den Wärmequellen der Terrarien (Lampen, Heizkabel oder -matten) auf. Anschließend kann man die Suche auf andere Wärmequellen im Raum ausdehnen (z. B. Heizkörper). Damit ist schon fast alles Machbare getan. Wir stellen als letzte Möglichkeit – der Verzweiflung dann schon recht nah – über Nacht zwei leuchtende Schreibtischlampen auf den Boden und eine kleine Versteckmöglichkeit in deren Lichtkegel; dazu noch ein feuchtes Handtuch in die Nähe der Lampe. Damit versuchen wir, dem Ausreißer seine Grundbedürfnisse zu erfüllen. Morgens wird dann kontrolliert, ob die Schlange auf das Angebot einging. Diese Maßnahmen waren bislang zumindest manchmal von Erfolg gekrönt. Doch ein Ausbruch von Schlangen ist immer mit Ärger und Stress verbunden, vielleicht sogar auch noch mit den Nachbarn. Es gilt also, Ausbrüche unbedingt zu vermeiden!

Technische Ausstattung
Die technische Grundausstattung eines Terrariums für Strumpfbandnattern besteht aus einer Licht- und einer Wärmequelle. Die Lichtquelle

ben fest. Man kann sie dann waagerecht die Decke eines Glasterrariums queren sehen! Bei den handelsüblichen Plastikterrarien bildet sich oft auch bei fest sitzendem Deckel zwischen diesem und dem Terrarium selbst ein kleiner für den Pfleger häufig nicht zu sehender Spalt. Wenn die Tiere aus solchen Behältern ausbrechen, scheint es, als hätten sie sich „in Luft aufgelöst", und der Pfleger ist ratlos. In derartigen Fällen kann ein ausgedienter Damenstrumpf gute Dienste leisten. An einem Ende zusammen gebunden, wird er mit der offenen Seite stramm über das Terrarium gespannt. Unsere Empfehlung lautet: Beim Kauf oder Eigenbau eines Terrariums darauf achten, dass es „*Drosophila*-dicht" ist.

dient primär dazu, den Tieren einen Tag-Nacht-Rhythmus vorzugeben. Zahlreiche Beleuchtungen können aber gleichzeitig als Wärmequelle genutzt werden. Geeignet sind Leuchtstofflampen über dem Terrarium. Es gibt sie in passenden Längen und Wattzahlen. Auch der Farbton kann unterschiedlich gewählt werden. Sie erzeugen jedoch ebenso wie Energiesparlampen kaum Wärme, sind also reine Lichtquellen. Energiesparlampen sind zwar in der Anschaffung recht teuer, aber ihre Langlebigkeit und ihr geringer Stromverbrauch machen sie gerade für den Dauerbetrieb über einem Terrarium sehr geeignet. Spotstrahler zwischen 25 und 60 W beleuchten nicht nur, sondern erwärmen die Stelle des Terrariums, die sie bescheinen. Ihre Ausrichtung ist daher sinnvoll zu planen. Werden sie innerhalb des Terrariums angebracht, besteht die Gefahr, dass sich die Schlangen an zu heißen Lampen Verbrennungen zuziehen. Hierauf ist auch bei der Verwendung der sehr heiß werdenden Halogenstrahler zu achten. Sind in das Terrarium Pflanzen eingesetzt, müssen auch deren Lichtbedürfnisse berücksichtigt werden. Pflanzenlampen oder HQL-Strahler schaden Strumpfbandnattern nicht. Schließlich und endlich kann auch direktes Sonnenlicht für eine Bestrahlung des Terrariums genutzt werden. Es ist jedoch unbedingt zu bedenken, dass die Sonnenstrahlung sehr energiereich ist und einen Behälter sehr schnell überhitzen kann. Dann besteht unmittelbar Lebensgefahr für die Insassen! Uns ist der Einfluss von Sonnenstrahlung zu schwer abzuschätzen, weshalb wir keines unserer Zimmerterrarien direkter Sonne aussetzen.

Die Beleuchtungsdauer kann den unterschiedlichen Jahreszeiten angepasst werden. Sie sollte zwischen acht und 14 Stunden betragen. Wir halten unsere Beleuchtung mit Ausnahme einer Zeitspanne vor und nach der Winterpause bei konstant zehn Stunden täglich. Beleuchtungen lassen sich sinnvoller Weise am besten über Zeitschaltuhren betätigen. Das schafft nicht nur während des Urlaubs etwas Bequemlichkeit für den Pfleger, sondern vor allem Konstanz für die

Schlangen. Spezielle Reptilienlampen, die einzelne Spektralbereiche des Lichtes betonen (z. B. Ultraviolett), sind für eine Dauerhaltung von Strumpfbandnattern nicht notwendig. Sie können bei angemessener Dosierung aber auch nicht schaden. Spotstrahler sollten nicht zu dicht am Glas angebracht werden. Sie können durch hohe Temperaturen für Risse im Glas sorgen, die im Lauf der Zeit immer weiter wandern und die Scheiben zum Platzen bringen. Plastikterrarien können bei zu dichtem Kontakt z. B. mit Halogenstrahlern örtlich schmelzen.

Strumpfbandnattern sind wie alle Reptilien auf die Zufuhr von Wärme lebensnotwendig angewiesen. Das gilt in besonderem Maße bei erhöhter Stoffwechselaktivität wie z. B. bei der Verdauung oder während der Trächtigkeit. Als Grundwärme für die Haltung von Strumpfbandnattern sollte das Terrarium 22–28 °C aufweisen. Eine Nachtabsenkung um 5–10 °C ist den meisten Arten/Unterarten willkommen. Doch die Verständigung auf Durchschnittstemperaturen für die Haltung von Strumpfbandnattern täuscht unserer Erfahrung nach etwas über die wahren Bedürfnisse der Tiere hinweg. Besser als jede noch so ausgewogene Einheitstemperatur ist ein Temperaturgefälle im Terrarium! Ein solcher Temperaturgradient lässt sich herstellen, indem man das Terrarium teilweise erwärmt und teilweise kühl lässt. Die Wärmequelle sollte immer nur in einer Hälfte des Terrariums sein. Die Schlange kann und wird sich dann aussuchen, welche Umgebungswärme ihren momentanen Bedürfnissen entspricht.

Als gut geeignete Wärmequellen kommen wie bereits erwähnt Spotstrahler unterschiedlicher Stärke in Frage. Aus besagten Gründen bringen wir sie nach Möglichkeit nicht in der Mitte des Terrariums, sondern immer nur in einer Hälfte unter. Die Oberflächentemperatur im Lichtkegel eines Spotstrahlers kann die 30°-Marke überschreiten. Es wurden auch schon Strumpfbandnattern beobachtet, die sich in einem 45 °C heißen Lichtkegel sonnten (KARKOS, pers. Mitlg. 1999). Für viele nördliche Arten/Unterarten kann ein Spotstrahler als alleinige Wärmequelle schon ausreichend sein. Für südlichere Vertreter der Gattung *Thamnophis* ist eine weitere Wärmequelle sinnvoll. Sie kann unter dem Terrarium in Form von Heizmatten oder Heizkabeln angebracht werden. Beide erwärmen das Bodensubstrat angenehm gleichmäßig. Sie sind in unterschiedlichen Formen und Wattzahlen im Handel erhältlich. Eine Unterbringung im Inneren des Terrariums ist nicht sinnvoll, da die Tiere die Wärmequellen nach Belieben verschieben und sie bekoten könnten. Aber auch diese Heizquellen sollten nur einen Teil der Grundfläche erwärmen. Künstliche, elektrisch betriebene Wärmefelsen werden in das Terrarium gelegt. Wärmebedürftige Tiere legen sich gerne auf sie. Sie sind aus leicht zu reinigendem Plastik gefertigt. Ein Manko: Das Kabel muss aus dem Terrarium an eine Stromquelle geführt werden. Die Grundwärme für ein Strumpfbandnatternterrarium kann auch über die Zimmerheizung erbracht werden. Das muss vor allem bei der Unterbringung z. B. in Wohnzimmern Berücksichtigung finden. Die Zimmerheizung kann aber auch gezielt zur Beheizung mehrerer Terrarien oder ganzer Terrarienanlagen genutzt werden. Sie kann dann effektiver und kostengünstiger sein, als zahlreiche einzelne Elektro-Heizquellen.

Der Fachhandel bietet zur Temperaturregulierung in Terrarien rückkoppelnde Thermostate an. Solch aufwändige und teure Regulationen für Wärmequellen sind für Strumpfbandnattern nicht notwendig. Die Vorschaltgeräte von Leuchtstoffröhren oder auch die Transformatoren z. B. von Halogenstrahlern erzeugen Wärme. Wenn möglich, können die Geräte im Innenraum des Terrariums als zusätzliche Wärmequelle genutzt werden. Manche Heizmatten oder Heizfelsen haben eine sehr hohe, manchmal zu hohe Oberflächentemperatur. Wer neue, ihm unbekannte Produkte verwendet, ist gut beraten, sie vor dem Einbau zu testen und mit einem Thermometer die abgegebenen Temperaturen zu messen; sonst kann es zu Verbrennungen der Schlangen kommen. Überhaupt ist dem Anfänger zu raten, in einem neu eingerichteten Terrarium nach einem

Tag bei angeschalteter Licht- und Heizquelle die Temperatur mit einem Thermometer an verschiedenen Stellen zu messen. Er sollte wissen, wo sich die wärmste und die kühlste Stelle befindet und wieviel Grad dort herrschen. Auch die Oberflächentemperatur im Lichtkegel eines Spotstrahlers ist wichtig zu wissen. Eine gleich geartete Messung im Nachtbetrieb kann ebenfalls aufschlussreich sein. Der Fachhandel bietet hierfür mehrere Typen von Temperaturmessgeräten mit flexiblen Thermofühlern an. In fortgeschrittenerem Stadium und beim Betrieb mehrerer Terrarien lernt man dann rasch, die Temperaturverteilung auch ohne Thermometer einzuschätzen und im Verhalten der Tiere zu lesen.

Im Winter, während viele Strumpfbandnattern sich in Winterstarre befinden, werden sowohl die Beleuchtung als auch alle sonstigen Wärmequellen ausgeschaltet. Doch auch im Hochsommer kann diese Maßnahme notwendig werden. Bei hohen Außentemperaturen können Beleuchtung oder andere Wärmespender das Terrarium so überhitzen, dass die Insassen Gefahr laufen, den Hitzetod zu sterben. Dies muss z. B. bereits vor Urlaubsfahrten berücksichtigt werden. Die Heizungen und Wärme spendenden Lampen im Sommer vorsichtshalber für einige Wochen abzuschalten, schadet den Tieren wesentlich weniger als ein einziger Tag, an dem die Innentemperatur des Terrariums über das für die Schlangen erträgliche Maß steigt. Außerdem gilt es – nicht nur in diesem Zusammenhang –, die nicht unerheblichen Stromkosten für den Betrieb mehrerer Terrarien zu sehen.

Sonstige Einrichtungsgegenstände
Über die Frage nach dem idealen Bodengrund erhitzen sich häufig die Gemüter der Strumpfbandnatternfreunde. Sie ist auch durchaus von besonderer Relevanz, da die spezielle Ernährung der Tiere (z. B. Fisch) dazu führt, dass Teile des Bodengrundes dem Futter anhaften und mit verschluckt werden. Er darf also nicht zu Verletzungen des Verdauungstraktes führen. Daher sollte die Körnung entweder so fein sein oder

das Material so weich, dass ein Verschlucken keine Probleme bereitet und die Bodenteile die Schlange wieder ungehindert mit dem Kot verlassen können. Oder man wählt sie so grob, dass sie erst gar nicht mit verschluckt werden. Außerdem muss der Bodengrund den sehr weichen Kot der Strumpfbandnattern möglichst gut aufsaugen. Trotz der genannten Einschränkungen stehen einige geeignete Substrate zur Auswahl. Alle haben ihre speziellen Vor- und Nachteile. Erde (aus der Natur, Blumentopferde u. Ä.) kommt dem natürlichen Bodengrund zwar sehr nahe, wir raten nach unseren Erfahrungen aber dennoch davon ab. Ist sie zu trocken, so können die Staubpartikel je nach Zusammensetzung der Erde zu Problemen der Atemwege führen; ist sie zu feucht, so sind Hautkrankheiten nicht selten das Resultat.

Die handelsübliche Kleintierstreu ist durchaus als Bodengrund tauglich. Nachteilig kann sich jedoch auswirken, dass sie sehr locker ist, was manche Arten/Unterarten zum dauernden Eingraben nutzen. Die Tiere sind dann deutlich seltener zu sehen. Die Streu ist allerdings sehr saugfähig und leicht zu wechseln. Rindenmulch bietet der Fachhandel in unterschiedlichen Größen und Farben an. Er verleiht dem Terrarium ein naturnahes Aussehen. Je nach Größe seiner Bestandteile wird er jedoch gerne mit verschluckt und führt, weil er gefährlich spitze, längliche Bestandteile enthält, unter Umständen zu Verletzungen. Fließ- und Zeitungspapier eignen sich für die ausgeprägte „Sterilhaltung". Sie sind leicht zu entfernen, in der Regel preiswert, aber denkbar ungeeignet, um ästhetischen Ansprüchen zu genügen. Künstliche

Thamnophis cyrtopsis cyrtopsis „light morph" auf Buchenspänen   Foto: M. Hallmen / J. Chlebowy

Granulate in unterschiedlichen Farben (z. B. blau, rot, gelb usw.), wie sie in den USA weit verbreitet sind, sind Geschmackssache. Ohne scharfe Kanten und bei entsprechender Saugkraft sind sie sicherlich tauglich. Die Geschmacksfrage stellt sich auch bei den in jüngster Zeit im Fachhandel angebotenen Reptilien-Teppichen der unterschiedlichsten Couleur. In jedem Fall ungeeignet sind Quarzsand und scharfkantiger Kies. Sie bergen ein Verletzungsrisiko beim Verschlucken durch die Schlangen. Ausnahmen, wie drei von uns über Jahre erfolgreich auf Sand gehaltene *T. marcianus*, widerlegen die Regel nicht. Wir verwenden, wie viele andere *Thamnophis*-Halter auch, Buchenspäne als Bodengrund. Es gibt sie in 3–4 unterschiedlichen Körnungen. Die gröberen Korngrößen scheinen uns besser geeignet, da sie von jungen Strumpfbandnattern noch nicht verschluckt werden können. Wenn erwachsene Tiere sie mit dem Futter aufnehmen, werden sie meist problemlos wieder mit dem Kot ausgeschieden. Die Schichtdicke beträgt bei uns 3–5 cm, damit die Wärme der Heizmatten unter den Terrarien noch gut durch das Substrat an die Schlangen gelangt. Buchenspäne sind ursprünglich mit der Bezeichnung Räucherspäne auf dem Markt erhältlich. Der Terraristikfachhandel bietet sie inzwischen immer häufiger an.

Wasserbehälter sind für die meisten Strumpfbandnattern Trink- und Badebehälter in einem. Besonders vor der Häutung nehmen die Schlangen gerne Vollbäder, liegen Stunden lang im Wasser und koten darin auch nicht selten ab. Das macht einen regelmäßigen Wasserwechsel in Abständen von wenigen Tagen notwendig. Diesen praktischen Notwendigkeiten muss ein Wassergefäß für die Haltung von Strumpfbandnattern nachkommen. Fest installierte große Wasserteile, vielleicht noch mit lebenden Fischen und Wasserpflanzen darin, werden vor dem genannten Hintergrund schnell unpraktisch. Ja, sie bergen sogar die Gefahr, zum Krankheitsherd für die Insassen zu werden. Besser eignen sich Plastikgefäße passender Größe, die nicht fest in dem Terrarium installiert sind und mit einem Handgriff entfernt werden kön-

nen. Plastik lässt sich leicht reinigen und desinfizieren. Mit Gefäßen aus Glas geht man durch das notwendige häufige Hantieren ein erhöhtes Risiko ein, die Kanten des Behälters zu zerstoßen oder das Terrarium damit zu beschädigen. Die Größe richtet sich nach den Schlangen. Wir bieten ausgewachsenen Strumpfbandnattern Behälter mit 1–1,5 l Wasser an. Darin können erwachsene Strumpfbandnattern gut baden. Beim Wasserwechsel sollte der Behälter nur zu 3/4 gefüllt werden, damit das Wasser beim Bad eines Tiers nicht überlaufen und sich die Feuchtigkeit nicht unter dem Wassergefäß sammeln kann. Es gibt Arten/Unterarten, die sehr häufig und ausgiebig baden. So konnten wir feststellen, dass *T. atratus hydrophilus* seinen Namen zurecht trägt und wirklich „hydrophil" (= wasserliebend) ist. Unzählige Stunden verbringt das Tier in seinem Wassergefäß. Andere Vertreter der Gattung *Thamnophis* wird man hingegen nie dort antreffen. Neben artbedingtem scheint es bei diesem Verhalten aber auch individuelle Unterschiede zu geben. Dem Wassergefäß wird zuweilen noch eine dritte Funktion zugeschrieben, nämlich die, zusätzlich als Futternapf zu dienen (MARA 1995a). Davon raten wir ab. Selbst bei einer Fütterung mit lebenden Fischen lassen diese in kürzester Zeit Kot ab und verunreinigen das Wasser. Totfutter im Wasserbehälter anzubieten, verbietet sich aus hygienischen Gründen fast schon von selbst. Die Wasserbehälter sollten nicht auf Heizkabel, Heizmatten oder in den Lichtkegel von Spotstrahlern gestellt werden. Das verdunstende Wasser würde die Luftfeuchtigkeit im Terrarium erhöhen, was wiederum ein erhöhtes Risiko für Hautkrankheiten der Pfleglinge bedeuten würde.

Versteckmöglichkeiten sind unerlässlich für das Wohlbefinden von Strumpfbandnattern. Ohne sie erleiden die Tiere Stress. Der Hohlraum, in den die Tiere kriechen können, sollte nicht zu hoch sein. Strumpfbandnattern mögen den direkten Rückenkontakt zum Versteck. Als Unterschlupf eignen sich Naturmaterialien, wie z. B. Rindenstücke, Stücke der Korkeiche oder Steinhöhlen, ebenso wie sterile Materialien, wie z. B. Plastikrohre, Plastikbehälter oder Papprollen. Die Verstecke sollten regelmäßig gereinigt oder erneuert werden. Bei Steinhöhlen raten wir an, die einzelnen Teile z. B. durch Gips oder Silikon miteinander zu verbinden. Durch die Tätigkeit der Schlangen können Steine verrutschen und die Tiere erschlagen. Im Kegel eines Spotstrahlers sollten nur Verstecke eingerichtet werden, wenn sich alternativ dazu auch einige in kühleren Teilen des Terrariums befinden. Wir haben in unseren Terrarien immer mehrere Möglichkeiten für Unterschlupf in unterschiedlichen Wärmezonen des Behältnisses. Unsere Strumpfbandnattern suchen sich dann die ihnen genehme Vorzugstemperatur für ihre Ruhephasen selbst aus. Wir verwenden als Unterschlupf u. a. in der Länge halbierte Tonröhren. Sie speichern gut die Wärme, und mit ihren etwas schrofferen Kanten dienen sie in unseren Terrarien als Ersatz für Steine (s. u.). Verstecke dürfen keinesfalls „zu gut" konstruiert sein; die Schlangen sollten jederzeit vom Pfleger zu erreichen sein.

Neben dieser minimalen, aber durchaus ausreichenden Terrarienausstattung kann man noch einige weitere Accessoires hinzufügen: Wurzeln und Äste sind als Dekorationsmaterial gut geeignet. Einige Arten/Unterarten der Strumpfbandnattern nehmen sie gerne als Kletteräste an. Auch Steine eignen sich gut zur optischen Auflockerung der Terrarien. Außerdem sind sie den Tieren durch ihre meist raue Oberfläche ebenso wie Wurzeln und Äste bei der Häutung behilflich, indem sie beim Abstreifen als Fixpunkt für die alte Haut dienen. Wer ganze Steinhaufen einbauen will, sollte das Gewicht bedenken, das eine Bodenplatte aus Glas schnell überfordern kann. Steine und Felsen können auch künstlich hergestellt werden und sind dann wesentlich leichter (ZWARTEPOORTE & VRIENS 2000). Natursteine müssen auch rutschsicher angeordnet werden. Pflanzen lassen ein Terrarium sofort als Biotop erscheinen. Echte Pflanzen sehen natürlicher aus als Kunstpflanzen aus Plastik. Sie müssen jedoch regelmäßig gegossen werden, was Feuchtigkeit in das Terrarium schafft. Filigran gebaute Pflanzen nehmen es übel, wenn sich

ein ausgewachsenes Strumpfbandnatternweibchen auf ihnen niederlässt; Kotreste tun ein übriges, um sie zu verunstalten. Wir verwenden daher künstliche Pflanzen. Sie sind in der Anschaffung zwar recht teuer, dafür aber praktisch unbegrenzt haltbar. Bei Verschmutzung sind sie sehr leicht zu reinigen und vertragen dabei kochend heißes Wasser. Eine Rückwand kann jedes Terrarium harmonisch abrunden; die Sicht durch das Terrarium auf eine weiße Rauhfasertapete ist nicht jedermanns Geschmack. Es gibt dafür unzählige Gestaltungsmöglichkeiten und -techniken (z. B. RAUH 2000). Von innen modellierte Rückwände sollten nicht zu reich mit Nischen und Stufen ausgestattet sein, da die Tiere gerne darauf koten. Aus diesem Grund muss man die Oberfläche auch abwaschen können. Rückwände können aber auch dekorativ von außen an der Terrarienrückwand angebracht werden; schließt man die beiden Seitenwände mit ein, ergibt sich ein interessanter Gesamteindruck. Man kann sie auf Papier selbst malen oder einfarbige Plakatkartons oder Tapeten verwenden. Der Fachhandel bietet Rückwände mit zahlreichen interessanten Motiven als Meterware an.

Alle genannten Gegenstände sollten vor dem Einbringen in das Terrarium, aber auch in regelmäßigen Abständen im Dauerbetrieb gereinigt, wenn nicht gar desinfiziert werden. In ganz besonderem Maße gilt dies für alle der Natur entnommenen Gegenstände (z. B. Wurzeln, Äste, Steine). Andernfalls stellen sie ein echtes Risiko dar und können ungewollt Parasiten in die Terrarien einschleppen. Zur Reinigung bzw. Desinfektion von Gegenständen raten wir von Chemikalien ab. Eventuelle Rückstände sind nur schwer einzuschätzen und könnten sich negativ auf die Gesundheit der Schlangen auswirken. Stattdessen kann man Wurzeln, Steine, Äste mit kochendem Wasser überbrühen; oder man steckt sie in den schon fast aus der Mode gekommenen Dampfkochtopf. Wir erhitzen viele der Gegenstände nach einer gründlichen Vorreinigung unter heißem Wasser feucht bei 600 W für fünf Minuten in der Mikrowelle.

3.2 Erwerb der Tiere

Überlegungen vor dem Kauf

Vor dem Kauf einer Strumpfbandnatter sollte man prüfen, ob man den biologischen Grundbedürfnissen des Tiers nachkommen kann. Hierzu zählen in erster Linie die Haltungsbedingungen und die Versorgung mit adäquatem Futter. Obwohl Strumpfbandnattern in der Regel einfach zu pflegende Tiere mit geringen Platzansprüchen sind, stellen auch sie Mindestanforderungen an die Größe und die Einrichtung des Terrariums sowie an die Aufmerksamkeit und Zeit ihres Pflegers. In die Überlegungen vor dem Kauf des Tiers sollten auch die potenzielle Lebensdauer von 8–12 Jahren oder darüber hinaus, die Versorgung während Urlaubsreisen sowie die persönlichen Familienverhältnisse einfließen. Nicht zuletzt gilt es auch, die Kosten zu überdenken. Ein Terrarium ist in der Anschaffung um ein Vielfaches teurer als die Schlangen selbst. Weitere ergänzende Überlegungen finden sich in FEISTENBERGER (2000).

Es ist auch nützlich, sich vorab die negativen Eigenschaften von Strumpfbandnattern vor Augen zu führen. So sind z. B. viele Arten und Unterarten der Gattung *Thamnophis* recht agile Schlangen. Das sorgt neben guten Möglichkeiten für interessante Beobachtungen auch für die Notwendigkeit einer etwas aufmerksameren Handhabung der Tiere. Auch in der Hand werden sich die Tiere meist lebhafter verhalten, als dies z. B. Kletternattern der Gattung *Elaphe* tun. Darüber hinaus zeigen sie zumindest in der Anfangszeit – einige auch ihr ganzes Leben lang – die Eigenart, bei vermeintlicher Gefahr eine Mischung aus Drüsensekreten der Analdrüsen und Kot aus der Kloake auszuscheiden. Die Absonderung der recht übel riechenden Mischung lässt nach einer Eingewöhnungszeit jedoch meist nach. Die Ernährungsweise verursacht ein häufiges Koten, was wiederum zu einer erhöhten Geruchsbelästigung führen kann. Halter von Strumpfbandnattern müssen sicherlich häufiger auf die Reinlichkeit ihrer Terrarien achten als die Pfleger von anderen Schlangenarten.

Im Vorfeld sollte man auch einige Überlegungen darüber anstellen, ob man Wildfänge oder Nachzuchten kaufen möchte. Wildfänge sind Tiere, die in ihren Ursprungsländern der Natur entnommen und exportiert wurden und in enormen Stückzahlen preiswert in den Handel gelangen. „In Gefangenschaft geborene" Strumpfbandnattern (Farmzuchten = FZ) stammen von trächtig gefangenen Weibchen ab, die ihre Jungen nach dem Fang in einem Terrarium zur Welt brachten. Echte Nachzuchten sind Tiere, die mindestens über eine Generation in Terrarien gezüchtet wurden. Einige *Thamnophis*-Halter lehnen Wildfänge grundsätzlich ab. Und in der Tat besteht nur selten Grund, Strumpfbandnattern der Natur zu entnehmen (z. B. zur gezielten Blutauffrischung von Zuchtgruppen oder bei selten gepflegten *Thamnophis*-Arten). Die meisten der in Terrarien gepflegten Strumpfbandnatterarten vermehren sich sehr gut, und es ist inzwischen durchaus ein breites Angebot an Nachzuchttieren erhältlich. Wildfänge sind in der Regel aber immer noch preiswerter als Nachzuchten, und so liegt es am Käufer zu entscheiden, ob er etwas mehr für seine Tiere bezahlen möchte und dafür aber in der Regel gesunde Tiere mit Nachzuchtdaten und evtl. weiteren Hintergrundinformationen erwerben will. Wir sprechen uns klar für den Erwerb von Nachzuchten aus, zumal es noch weitere triftige Gründe dafür gibt (s. u.).

Wenn die Planungen Gestalt annehmen, ist es nicht zu früh, sich darüber klar zu werden, ob man eine Schlangenkartei oder Ähnliches anlegen möchte, denn viele der grundlegenden Informationen wird man beim Kauf erhalten. Der Sinn, eine Karteikarte zu jeder einzelnen Strumpfbandnatter zu führen, erschließt sich leider oft erst im Nachhinein; deshalb ist er auch an dieser Stelle nur schwer zu vermitteln. Dennoch ein Versuch: Wenn Tiere krank werden, will der Tierarzt z. B. das Alter, die Herkunft, sich verändernde Haltungsbedingungen, Temperaturen und vieles mehr wissen. Sie können unmittelbar der Gesundheit des Tiers zugute kommen, aber alle diese Daten müssen zuvor festgehalten worden

Thamnophis cyrtopsis ocellatus
Foto: A. Francis

Thamnophis atratus
Foto: A. Francis

Thamnophis sirtalis fitchi
Foto: M. Hallmen / J. Chlebowy

Thamnophis elegans elegans
Foto: M. Hallmen / J. Chlebowy

sein. Oder: Ein Terrarium kristallisiert sich als „Krankheitsherd" heraus. Nun ist es nicht unerheblich zu rekonstruieren, welche Tiere im Lauf der Zeit wie eng in Kontakt mit dem Terrarium oder mit Tieren daraus standen. Wir raten aus unserer Erfahrung unbedingt zu einer von vielen nur mitleidig belächelten Schlangenkartei; und beim Kauf der Tiere wird der Grundstock dazu gelegt: Art/Unterart, Geburtsdatum, Geschlecht, Wildfang (WF) / Nachzucht (NZ), Herkunft der Tiere, Herkunft der Elterntiere, Kosten, bisheriges Futter usw. sind Informationen, die im Lauf der Zeit durch Beobachtungen von Verhaltensauffälligkeiten, Häutungsterminen, Fressgewohnheiten, Paarungen, Geburten, Krankheiten und vieles mehr ergänzt werden.

Wo kauft man die Tiere?

Die erste Adresse für den Kauf von Strumpfbandnattern sind private Züchter. Bei ihnen vereinen sich viele positive Begleitumstände für den Kauf. Sie nehmen sich in aller Regel viel Zeit für eine gute Beratung. Ihre spezielle fachliche Kompetenz liegt häufig über der eines Zoofachhändlers. Die Informationen betreffen nicht nur die Schlangenart/-unterart allgemein, sondern sehr speziell die in Frage kommenden Tiere mit allen ihren aktuellen Lebensumständen (z. B. Geburtsdatum, Temperaturgewohnheiten, Fressverhalten, Herkunft der Elterntiere usw.). Häufig kann man bei ihm auch die Terrarien der Elterntiere besichtigen. Er kann die Tiere zumeist auch sicher bis zur Unterart bestimmen. Hinweise auf die Ernährung sind wichtig, um Umstellungsschwierigkeiten zu verhindern. Sollte die Beschaffung des Futters für den Käufer ein Problem sein, so wird ihm der Züchter gerne für eine Umgewöhnung etwas Futtervorrat mitgeben. Seriöse Züchter geben ihre Tiere auch erst dann ab, wenn sie futterfest sind, also regelmäßig fressen. Die Gefahr, kranke Tiere zu erwerben, ist weitaus geringer als im Zoofachhandel. Als Nachzuchttiere sind die Schlangen ruhiger und mehr an den Menschen gewöhnt als Wildfänge. Die Tiere sind meist reinrassige Tiere. Da keine Zwischenhändler am Verkauf betei-

ligt sind, können Stumpfbandnattern direkt beim Züchter am preiswertesten erstanden werden. Des Weiteren müssen den Tieren keine langen Transportwege oder gar Lagerzeiten zugemutet werden. Kurzum: Bei Züchtern ist man als Käufer von Strumpfbandnattern gut aufgehoben. Man findet sie z. B. auf den immer häufiger werdenden Reptilienbörsen, wo man Nachzuchttiere preiswert kaufen kann. Auch im „Anzeigen Journal" der Deutschen Gesellschaft für Herpetologie und Terrarienkunde (DGHT) inserieren sie regelmäßig. Inzwischen sind auch einige von ihnen im Internet mit einer eigenen Homepage vertreten, auf der sie ihre Nachzuchten international anbieten. Einige *Thamnophis*-Züchter haben sich in der European Garter Snake Association (EGSA) zusammenge-

Terrarienbörse   Foto: M. Hallmen

schlossen. Hier findet man ebenfalls kompetente Ansprechpartner.

Strumpfbandnattern werden auch immer wieder im Zoofachhandel zum Kauf angeboten. Die Bandbreite der Zoofachgeschäfte ist sehr weit und reicht von reinen Verkaufsmärkten bis hin zu echten Fachgeschäften mit ausführlicher, individueller und sachkundiger Beratung. Nicht selten ist eine direkte Korrelation von Sauberkeit der Terrarien und Kompetenz des Verkäufers mit dem Gesundheitszustand der angebotenen Tiere festzustellen. In schlampig geführten Geschäften mit schlechten hygienischen Verhältnissen finden sich häufig kranke Tiere. Die angebotenen Strumpfbandnattern sind fast ausnahmslos Wildfänge, die einen sehr langen Weg vom Fänger über Zwischenhändler und Großhändler bis hin in die Verkaufsterrarien hinter sich haben und zu den wenigen Tieren gehören, die ihn überlebt haben. In engen Behältern in extrem großer Stückzahl transportiert und auch über längere Zeit gelagert, erlitten sie viel Stress. Parasiten und pathogenen Keimen waren sie lange und intensiv ausgesetzt. Ihre Wasserversorgung war über längere Zeit mehr als mangelhaft. Derart geschwächte bis kranke Tiere werden dann in manchen Geschäften z. T. unter falschen Artnamen zu stark überteuerten Preisen angeboten. Informationen zu den Tieren können selten erteilt werden, da sie dem Verkäufer selbst fehlen. Kann der Käufer die Gesundheit der Schlangen nicht wirklich beurteilen, sollte er in „Fachgeschäften" dieser Art besser keine Strumpfbandnattern kaufen. Die Gefahr, dabei an Todeskandidaten zu geraten, ist besonders bei Strumpfbandnattern nicht unerheblich. Es sei jedoch ausdrücklich gesagt, dass es auch andere, „echte" Zoofachgeschäfte gibt. Bei Strumpfbandnattern greifen sie nur auf Wildfänge zurück, wenn keine Nachzuchten angeboten werden. Eventuell kranke Tiere werden erst gesund gepflegt, bevor sie zum Verkauf stehen. Die allgemeinen, aber auch die speziellen Sachkenntnisse sind profund. In solchen Geschäften sind Anfänger wie etablierte *Thamnophis*-Züchter gleichermaßen gut als Kunden aufgehoben.

Strumpfbandnattern können auch direkt aus den USA bezogen werden. Wenngleich dieser Weg, an Tiere zu gelangen, für den durchschnittlichen *Thamnophis*-Halter sicherlich nicht der Regelfall sein wird, so kann er für Spezialisten eine durchaus interessante Alternative zu den genannten Quellen darstellen. Die genaue Vorgehensweise und unsere Erfahrungen dabei können ausführlicher nachgelesen werden (HALLMEN & CHLEBOWY 1999). Der Direktimport ist eine langwierige, vergleichsweise komplizierte und teure Möglichkeit, sich Strumpfbandnattern zu verschaffen. Dazu ist in aller Regel eine Kontaktperson in den USA notwendig. Es kann sich dabei um Privatpersonen, Züchter oder auch um Angestellte eines Terraristikfachgeschäftes handeln. Die Kontaktaufnahme mit diesem Personenkreis sowie weitere Absprachen werden durch das Internet wesentlich erleichtert. Des Weiteren muss eine Fluggesellschaft gefunden werden, die lebende Tiere befördert (LOVE 1999a). Dazu sind für die Ausfuhr aus den USA und die Einfuhr in das jeweilige Bestimmungsland einige Papiere zu besorgen und auszufüllen. Sind die Tiere dann glücklich in Europa gelandet, so geht auch hier erst alles seinen behördlichen Gang. Der zeitliche, organisatorische und vor allem auch der finanzielle Aufwand lohnen sich nur für wirklich seltene Arten/Unterarten oder Farbformen. Der Import von Arten/Unterarten, die unter den „Endangered Species Act" (ESA) fallen oder anderen Schutzbestimmungen unterliegen (LEVELL 1997), ist nicht gestattet.

Kauf einer Strumpfbandnatter

Der Kauf einer Strumpfbandnatter ist für viele sicherlich zunächst eine emotionale Entscheidung. In erster Linie muss einem das Aussehen des Tiers gefallen; das ist eine Frage des persönlichen Geschmacks. Daneben werden auch Größe, Alter und Geschlecht des Tiers eine Rolle bei der Entscheidung spielen. Möchte man mit seiner persönlichen Entscheidung zum Kauf dauerhaft zufrieden sein, so ist es unerlässlich, sich Eindrücke zum Gesundheitszustand des Tiers zu verschaf-

Musterung der Kopfregion vor dem Kauf von *Thamnophis elegans terrestris*   Foto: M. Hallmen

fen. Eigene Erkenntnisse sind dabei unbedingt über die eines Verkäufers zu stellen.

Hat man ein Tier in die engere Wahl genommen, so wird dessen Aussehen gemustert. Die Schlange sollte einen eher rundlichen Querschnitt haben. Eingefallene Tiere sind in der Regel bereits geschwächt und sollten nicht gekauft werden. Auch Hautveränderungen, wie z. B. Pusteln, Beulen (außer Fressbeulen), Verletzungen usw., können Anlass sein, vom Kauf Abstand zu nehmen. Die Augen gesunder Strumpfbandnattern sind außerhalb der Häutungsphase klar. Einseitig getrübte Augen können Anzeichen für alte Hautreste oder für eine Augeninfektionen sein. Schürfwunden an der Nase zeugen von zu enger Haltung und Stress, dem die Tiere beim Transport

ausgesetzt waren. Das Verhalten des Kandidaten im Terrarium sollte für Strumpfbandnattern normal sein, d. h., das Tier muss aktiv, interessiert und rege züngelnd auf Außenreize reagieren. Apathische Strumpfbandnattern sind meist kranke Strumpfbandnattern.

Nach der Musterung im Terrarium nimmt man das Tier in die Hand. Hierbei bewegt sich eine gesunde Strumpfbandnatter rege, und man fühlt in den Händen ihre Muskelspannung. Schlappe Tiere ohne Aktivität und Körperspannung scheiden vom Kauf aus. In der Hand kann man die Schlange nun näher betrachten. Die Kloake darf keine Kotreste, Verkrustungen oder Schwellungen aufweisen. Die Bauchschilde liegen glatt am Körper an; vom Körper abstehende Bauchschilde weisen auf eine zu feuchte Haltung hin. Es lohnt sich auch, die Haut auf winzig kleine, sich bewegende Punkte zu untersuchen. Sie könnten sich als Milben erweisen. Besonders am Augenrand sind sie gerne zu finden; geschwollene Augenränder sind meist ein untrügliches Anzeichen für ihre Anwesenheit. Ein Blick ins Maul verrät durch Schwellungen und an Käse erinnernde gelbe Flecken Maulfäule.

Sollte man eines oder gar mehrere der genannten negativen Anzeichen am persönlichen Wunschkandidaten entdecken, raten wir von einem Kauf ab. Das Tier kann noch so schön sein: Der Ärger, den man sich eventuell auch für andere Tiere oder gar eine ganze Terrarienanlage einhandeln kann, wiegt weitaus schwerer. Aber trotz der Hilfestellung dürfte eine Beurteilung des Gesundheitszustandes einer Strumpfbandnatter für den Anfänger nicht ganz einfach sein. Für ihn ist der Kauf auch eine Sache des Vertrauens zum Verkäufer, das sich nur in einem ausführlichen Beratungs- und Verkaufsgespräch entwickeln kann. Darin muss der Verkäufer seine fachliche Kompetenz glaubwürdig vermitteln. Wer Jungtiere bei einem Züchter kauft, der sollte sich überlegen, 1–2 Tiere mehr als ursprünglich vorgesehen zu kaufen. Zum einen besteht bei sehr kleinen Strumpfbandnattern immer die Gefahr, dass ein Tier stirbt; das wird auch erfahrenen *Thamnophis*-Haltern so gehen. Zum anderen sind 4–5 Schlangen ein besserer Ausgangspunkt für eine Zuchtgruppe als ein Pärchen.

Transport von Strumpfbandnattern
Strumpfbandnattern lassen sich grundsätzlich in der gleichen Weise transportieren wie andere Schlangen auch. Aber dennoch ist es stets auch ein besonderer Transport, erweisen sich die Tiere hier doch ebenso wie bei der Haltung im Terrarium als Könige der Ausbruchskünstler (ZERNECKE 2000). Erwachsene Strumpfbandnattern lassen sich gut in Leinenbeuteln transportieren. Sie müssen jedoch absolut dicht sein (z. B. keine Löcher, auf der ganzen Länge sauber verarbeitete Nähte), und der Verschluss muss dicht sein. Dazu

wird die Schlange in den Beutel gelegt. Danach verschließt man die Öffnung mit einer Hand so, dass die Finger einen Ring bilden. Mit der anderen Hand zieht man nun den Beutel durch diesen Ring, so dass sich der Raum für die Schlange im Beutel stetig verengt. Hat man die Schlange so mit ihrem ganzen Körper im unteren Drittel des Beutels sicher fixiert, kann der Beutel oberhalb der Hand mit einem stabilen Bindfaden fest zugeschnürt werden. Gummis sind zum Verschließen nicht geeignet. Sie sind dehnbar und können reißen. Kleinere Schlangen oder Jungtiere werden besser in kleinen Plastikdöschen mit Luftlöchern, wie sie für den Verkauf von kleinen Futtertieren Verwendung finden, befördert. Auch hier muss unbedingt die Dichtigkeit des Behältnisses und seines Verschlusses kontrolliert werden. In die kleinen Behälter können Fließpapier oder Kleintierstreu eingebracht werden, damit sich die Tiere etwas verstecken können. Es dürfen aber keine festen und harten Gegenstände mit eingepackt werden. Sie könnten die Tiere beim Transport erschlagen.

Transportbehälter für junge Strumpfbandnattern
Foto: M. Hallmen

Derart verpackt, können die Tiere zwar transportiert werden, sind aber noch aller Unbill der Witterung sowie Stößen und Erschütterungen ausgesetzt. Man sollte die Schlangen in eine größere Styroporkiste mit Deckel legen, um sie vor Hitze oder Kälte zu schützen. Darin können sie auch über mehrere Stunden im Auto transportiert werden. Erstickungsgefahr ist in der Regel nicht gegeben. Strumpfbandnattern können auch verschickt werden. Allerdings befördert die Deutsche Post mit Ausnahme von Wirbellosen keine lebenden Tiere mehr. Man muss sich inzwischen leider an recht teure Logistik-Unternehmen wenden, die Tiertransporte durchführen oder sich sogar darauf spezialisiert haben. Die Schlangen müssen sich dafür in einer stoßfesten und wärmeisolierenden Umverpackung befinden. Der Zeitpunkt des Versands wird dabei durch den Wetterbericht festgelegt. Für die Tage des Transportes müssen Temperaturen von 15–25 °C herrschen. Um ein Lagern beim Transporteur z. B. über das Wochenende zu verhindern, verschickt man die Tiere besser immer am Anfang der Woche. Bei grenzüberschreitenden Transporten sind die jeweils geltenden gesetzlichen Bestimmungen unbedingt zu beachten.

Strumpfbandnattern dürfen vor dem Transport nicht gefüttert werden; sie könnten das Futter beim Transport auswürgen. Hochträchtige Weibchen sind für einen Transport tabu.

Quarantäne

Nach dem Erwerb einer oder mehrerer Strumpfbandnattern ist der Wunsch groß, die neuen Lieblinge gleich in das für sie oft mühevoll hergerichtete Terrarium zu setzen. Es ist jedoch unbedingt ratsam, die Tiere zuvor für 4–8 Wochen in ein Quarantäneterrarium zu überführen. Dieses ist deutlich kleiner als das endgültige Terrarium und extrem kärglich eingerichtet: Es beinhaltet nur Zeitungs- oder Fließpapier als Bodengrund, einen Wasserbehälter aus Plastik und einen Unterschlupf ebenfalls aus Plastik oder aus Pappe. Als Quarantäneterrarien eignen sich besonders die im Handel erhältlichen Plastikterrarien mit

Abdeckung. Sie sind leicht zu transportieren und nach der Quarantänezeit einfach zu reinigen. Eine Wärmequelle muss ebenfalls zur Verfügung stehen. Aufgrund unserer langjährigen und z. T. leider auch sehr leidvollen Erfahrungen bei der Integration neu erworbener Strumpfbandnattern in unsere Terrarienbestände ist die Quarantäne für uns unabhängig von der Bezugsquelle ein absolutes Muss. Doch auch wer nicht um die Gesundheit bereits vorhandener Tiere zu bangen braucht, ist gut beraten, Quarantänemaßnahmen durchzuführen. Zahlreiche Krankheiten sind aus aufwändig gestalteten Terrarien nur unter allergrößten Mühen wieder zu „entfernen".

Während der Quarantänezeit müssen die Tiere intensiv daraufhin beobachtet werden, ob sie ein normales Verhalten zeigen. Manchmal werden prophylaktisch eine Wurmkur oder eine Behandlung gegen Flagellaten empfohlen. Wir führen eine medikamentöse Behandlung in Übereinstimmung mit tierärztlichen Empfehlungen in der Regel jedoch nur durch, wenn sich Verdachtsmomente für einen Befall mit Parasiten ergeben. Im Zweifelsfall kann eine Kotprobe, die nach vorheriger Absprache an einen Tierarzt geschickt wird, Aufschluss über eventuelle Darmparasiten geben. Der Fachmann wird dann auch gerne und kompetent über Behandlungsmethoden beraten. In regelmäßigen Abständen sollte während der Quarantänephase auch eine nächtliche Kontrolle der Körperoberfläche mittels einer Taschenlampe

„Steriles" Quarantäneterrarium   Foto: M. Hallmen

erfolgen. Milben sind gerne im Dunkeln unterwegs. Auch das Wiegen der Tiere kann Hinweise auf den Gesundheitszustand der Schlangen geben. Frisst ein Tier regelmäßig, nimmt dabei aber nicht an Gewicht zu oder gar ab, so kann das ein Hinweis auf Darmparasiten sein. Alle Handgriffe am Terrarium sollten sich auf das absolut notwendige Maß bescheiden. Die Tiere brauchen zur Um- und Eingewöhnung Ruhe. Unnötige Handgriffe können ein Tier durch Stress schwächen.

Wenn möglich, sollte ein Quarantäneterrarium in einem anderen Raum als andere vorhandene Terrarien stehen. Alle Gegenstände, die damit in Berührung kommen (z. B. Wasserbehälter, Verstecke, Pinzetten, Thermometer usw.), dürfen nicht in andere Terrarien gebracht werden. Sie könnten bis dahin noch nicht erkannte Krankheiten und Parasiten verschleppen. Aus demselben Grund sollten nach Kontakt mit der Quarantäneanordnung auch die Hände gründlich gewaschen oder besser noch mit einer Desinfektionslösung behandelt werden. Alternativ kann man auch Einweghandschuhe verwenden. Quarantäneterrarien werden immer nach den anderen Behältnissen versorgt – alles zur Minimierung eines Infektionsrisikos. Auch Ausweichbehälter, in die die neuen Tiere z. B. bei der Reinigung des Quarantäneterrariums gesetzt werden, müssen in die Quarantänemaßnahmen einbezogen werden.

3.3 Handhabung und Pflege

Handhabung
Die Handhabung von Strumpfbandnattern erfolgt grundsätzlich wie die von anderen Schlangen, hat aber aufgrund des lebhaften Temperamentes und einiger Verhaltensweisen zur Feindabwehr auch ihre Besonderheiten. Möchte man eine Strumpfbandnatter aus dem Terrarium nehmen, so sollte man sie zuvor an dem Platz, an dem sie sich gerade befindet, beruhigen, indem man sie mit der Handfläche berührt und sie mit sanftem Druck auf dem Untergrund fixiert. Anschließend

kann die Schlange in die Hand genommen und aus dem Terrarium gehoben werden. Strumpfbandnattern sollten stets nur im mittleren Körperabschnitt gehalten werden; in der Kopf- und Schwanzregion haben sie es nicht so gerne. Die Bewegungen des Tiers dürfen in der Hand nicht völlig eingeengt werden. Man hält das Tier vielmehr so, dass man seine Bewegungen begleiten kann. Der Kopf bleibt dabei frei, damit er die Umgebung entdecken kann. Strumpfbandnattern hält man am besten in einigen Windungen in der Hand. Das verhindert, dass hektische oder erschrockene Tiere schlagartig aus der Hand entweichen können. Sichere Anzeichen für ein falsches Halten einer Strumpfbandnatter sind ein weit ausholendes Hin- und Herschwingen des Tiers mit Kopf und Hals sowie ein rhythmisches Zucken mit der Schwanzspitze. Besonders beim Kopfschwingen ist darauf zu achten, dass das Tier nirgends anstößt und sich dabei verletzt. Das Zurücksetzen in das Terrarium erfolgt ebenfalls sehr behutsam, indem man die Schlange selbst aus der Hand in das Terrarium kriechen lässt. Aufgrund des Temperamentes der Strumpfbandnattern verbietet es sich von allein, die Tiere aus einem gänzlich falsch verstandenen Bewegungsbedürfnis heraus frei im Zimmer kriechen zu lassen. Sie werden sehr schnell und verschwinden zielsicher hinter dem am schwersten zu verrückenden Schrank des Hauses.

Strumpfbandnattern gewöhnen sich im Normalfall rasch an eine regelmäßige Handhabung durch den Menschen. Praktiziert man dies bereits mit Jungschlangen immer wieder, so werden viele von ihnen regelrecht zahm. Es kommt bei einigen Arten/Unterarten oder einzelnen Individuen aber auch vor, dass sie auf Dauer aggressiv und bissig bleiben. Wir beobachteten dieses Verhalten vermehrt bei Wildfängen. So hielten wir über Jahre ein Weibchen von *T. s. sirtalis* „Florida blue" und ein Männchen von *T. s. parietalis*, die ihre Aggressionen gegen uns niemals ablegten. Auch eines unserer Weibchen von *T. s. concinnus* zeigte sich dauerhaft bissig. Bei allen drei Tieren handelte es sich um Wildfänge. Für die Handhabung

Das richtige Halten einer Strumpfbandnatter (*Thamnophis elegans vagrans*) Foto: M. Hallmen

solcher Tiere sind Lederhandschuhe gut geeignet. Wir verwenden Handschuhe, die im Gegensatz zu z. B. Gartenhandschuhen auch die Unterarme vor Bissen schützen. Bissige Tiere sind bei uns ebenso wie bei anderen *Thamnophis*-Haltern die seltene Ausnahme. Die Bändernattern *T. proximus* und *T. sauritus* gelten als „Hektiker" unter den ohnehin schon lebhaften Strumpfbandnattern. Sie sind meist auch durch regelmäßiges Handeln nicht so zur Ruhe zu bekommen, wie andere Strumpfbandnattern; auch hier bestätigen rühmliche Ausnahmen immer wieder die Regel.

Für spezielle Eingriffe, wie z. B. die Kontrolle der Kopfregion oder das Entfernen einer nicht gehäuteten Brille, kann es in seltenen Fällen notwendig werden, die Strumpfbandnatter im „Schlan-

gengriff" zu fixieren. Dazu wird das Tier direkt hinter dem Kopf an der Innenseite des Zeigefingers mit dem Daumen arretiert. Doch auch der Körper sollte durch die Hand Halt bekommen, da sich das Tier sonst sehr stark windet und sich dabei verletzen kann.

Vergiftungserscheinungen oder allergische Reaktionen nach Bissen von Strumpfbandnattern sind äußerst selten. Weltweit sind bislang nur wenige schriftliche Berichte darüber bekannt. VEST (1981b), JANSEN (1987), MINTON & WEINSTEIN (1987) und GOMEZ et al. (1994) berichten jeweils über Vergiftungssymptome nach Bissen von *T. elegans*; HAYES & HAYES (1986) schildern einen vergleichbaren Fall von *T. sirtalis*. MUTSCHMANN (1995) führt einen weiteren Bericht über einen Biss von *T. s. similis* an. Ein neuerlicher Fall von Vergiftungserscheinungen nach dem Biss eines Männchens von *T. s. sirtalis* „Florida blue" ist ebenfalls schriftlich dokumentiert (KÜNZLI & HALLMEN 2000). Dabei zeigten sich über Tage hin typische Vergiftungserscheinungen nach zwei zeitlich weit auseinander liegenden Bissen. Die toxisch (eventuell auch allergen) wirkenden Stoffe sind Bestandteile des Speichels der Strumpfbandnattern. Je nach Grad der allergischen Erscheinungen oder Vergiftungen nach Bissen von Strumpfbandnattern ist unbedingt ein Arzt aufzusuchen. Die bislang beschriebenen Fälle lassen die Vermutung zu, dass es sich dabei um reine Vergiftungen (Intoxikationen) handelt (KÜNZLI & HALLMEN 2000). Einzig in PERLOWIN (1994) wird auf einige Berichte über allergische Reaktionen nach Bissen hingewiesen; es dürfte sich um persönliche Mitteilungen an den Autor handeln. Der einzige Bericht über einen Todesfall nach einer allergischen Reaktion auf den Biss einer Strumpfbandnatter stammt von GOULD (1998), der sich auf eine persönliche Mitteilung von GRENARD beruft. Doch um es noch einmal klar zu sagen: Die genannten Fälle sind seit über hundert Jahren weltweit die einzigen! Bei einem Blick auf die immense Anzahl von Strumpfbandnattern in menschlicher Obhut lässt sich feststellen, dass von ihnen praktisch keinerlei Gefahr für ihren Halter ausgeht!

Eine unangenehme, aber nicht gefährliche Eigenart aller Wassernattern (Natricinae) und damit auch der Strumpfbandnattern ist das Absondern übelriechender Stoffe. Bei diesem Feindabwehrverhalten wird auf Berührungsreize hin eine Mischung aus Kot und Exkreten der Analdrüsen aus der Kloake abgesondert. Was damit in Berührung kommt (z. B. Hände, Kleidung, Fußboden), stinkt für geraume Zeit nachhaltig! Daher sollten *Thamnophis*-Halter immer Haushaltstücher für ein schnelles Eingreifen in der Nähe des Terrariums parat halten. Bei uns steht für solche Fälle auch immer eine aufdringlich wohlriechende Seife zum Waschen der Hände bereit. Das Abwehrverhalten wird sich mit zunehmender Vertrautheit der Tiere

Schädelknochen und Zähne einer Strumpfbandnatter
Foto: M. Hallmen

Spuren der doppelten Zahnreihen des Oberkiefers nach dem Biss einer Strumpfbandnatter

Foto: M. Hallmen

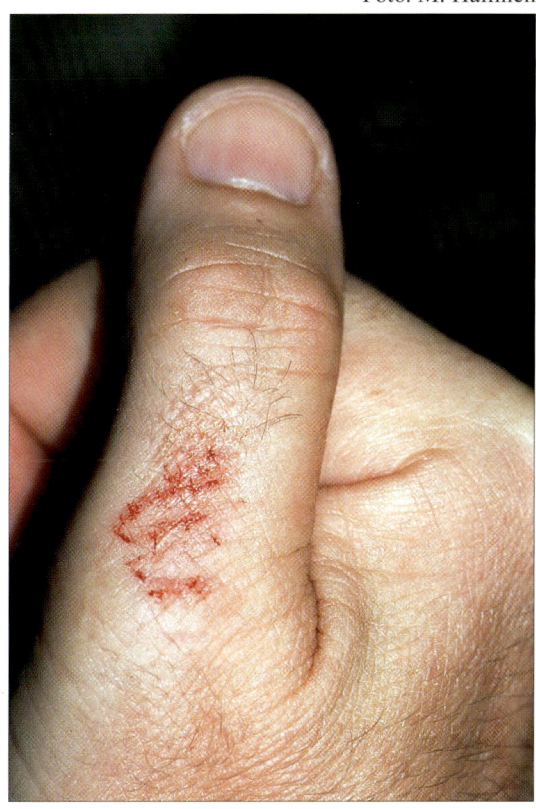

legen. Wer einen üblen Geruch an den Händen partout vermeiden will, dem sei die Verwendung von Einweghandschuhen empfohlen. Allerdings liegt es auch nicht jedem, seine Lieblinge durch Plastik hindurch anzufassen.

Pflege der Tiere

Der pflegerische Aufwand für Strumpfbandnattern ist sicherlich etwas höher als bei vielen anderen Schlangen (z. B. der Gattungen *Elaphe* oder *Lampropeltis*). Dies gilt es unbedingt vor dem Kauf eines solchen Tiers zu bedenken! Ursache hierfür ist in erster Linie die Ernährung der Tiere mittels Fisch, die in einer vermehrten Absonderung von Kot resultiert, der darüber hinaus auch sehr weich und geruchsintensiv ist.

Wichtigste Aufgabe für den *Thamnophis*-Halter ist die regelmäßige Reinigung der Terrarien. Sie ist in direktem Zusammenhang mit der Gesunderhaltung der Schlangen zu sehen. Wir lassen unseren Strumpfbandnattern mindestens alle 2–3 Tage einen „kleinen Service" angedeihen. Dabei wird das Wassergefäß aus dem Terrarium entfernt, gereinigt und mit frischem Wasser gefüllt. Außerdem werden so gut als möglich alle Kotreste, Häutungsrückstände u. Ä. aus dem Terrarium entfernt. Die Schlangen selbst werden einer Musterung auf ihr Verhalten, möglicher Häutungsstadien oder anderen Auffälligkeiten hin unterzogen. Dafür müssen sie nicht unbedingt aus dem Terrarium entnommen werden.

In größeren Abständen muss ein „großer Service" durchgeführt werden. Die Zeitintervalle für diese gründlichere Form der Reinigung sind nicht klar zu benennen. Sie hängen von der Zahl der Tiere, der Zahl der Fütterungen, der Jahreszeit und von vielen weiteren Faktoren ab. Der Pfleger muss selbst entscheiden, wann das Terrarium zu verschmutzt ist. Zuerst werden die Schlangen aus dem Terrarium entfernt und separat gesetzt. Für die Zeit der Reinigung kann man ihnen ein Bad in handwarmem Wasser gönnen. Anschließend werden alle Einrichtungsgegenstände (z. B. Wasserschalen, Verstecke, Wurzeln, Äste, Pflanzen usw.) entnommen, gründ-

lich gereinigt und wenn möglich desinfiziert. Der Bodengrund wird ebenfalls aus dem Terrarium entfernt. Alle Scheiben werden gereinigt. Anschließend muss ausreichend mit klarem Wasser nachgespült werden, um alle Reinigungsmittel restlos zu entfernen. Nun können frischer Bodengrund eingefüllt und alle Gegenstände wieder im Terrarium installiert werden. Als Letztes werden die Schlangen in das neu hergerichtete Terrarium gesetzt. Die Erfahrung zeigt, dass es vorkommen kann, dass Strumpfbandnattern nach einem großen Service für einige Tage (bis zu einer Woche) das Futter verweigern. Man sollte das vorab bedenken und die Tiere einige Tage vor dem Eingriff nochmals füttern. Trächtigen Weibchen wird der Stress einer Grundreinigung ihres Terrariums am besten nicht zugemutet.

Eine trockene Haltung von Strumpfbandnattern ist der Gesundheit der Tiere unbedingt zuträglich. Sie kann jedoch auch mit einem Nachteil behaftet sein: Die reduzierte Feuchtigkeit sorgt bei manchen Tieren dafür, dass sie sich nicht in einem Stück häuten, sondern dass sich die Haut in einzelnen Stücken löst. Dabei kann es vorkommen, dass es der Schlange nicht gelingt, alle Einzelstücke abzustreifen. Vor allem am Schwanzende und auf den Augen (Brille) können Hautstücke haften bleiben. Das kann bakterielle Infektionen oder, im Fall des Schwanzes, ein Absterben der Schwanzspitze zur Folge haben. Daher muss eine Strumpfbandnatter nach jeder Häutung auf ihr eventuell noch anhaftende Hautreste untersucht werden. Die Hautfetzen lassen sich meist durch ein Bad in handwarmem Wasser (ca. 30 °C) entfernen. Nebenbei nutzen die Tiere die feucht-warme Umgebung auch gerne zum Absetzen von Kot. Für diese Zwecke steht bei uns immer ein Plastikterrarium mittlerer Größe bereit. Nach einer Verweildauer von 20–30 Minuten im Wasserbad haben sich die Hautreste oft schon von selbst gelöst und sind im Wasser treibend zu erkennen. Andernfalls wird die Schlange dem Wasser entnommen, und die Hautreste werden mit der Hand behutsam abgestreift. Vorsicht ist bei sehr kleinen Tieren geboten: Beim Versuch, Hautreste zu entfernen, kann die Schwanzspitze schnell abreißen. Vorbeugend kann bei jungen wie älteren Tieren in den sichtbaren Vorstadien der Häutung ein- bis zweimal täglich die Luftfeuchtigkeit im Terrarium durch Besprühen der Einrichtungsgegenstände mit lauwarmem Wasser kurzzeitig erhöht werden. Das kann die Häutung unterstützen. Vom direkten Besprühen der Schlangen raten wir für die meisten Arten ab, weil dabei die Gefahr besteht, dass sich die Tiere durch ein zu rasches Abkühlen erkälten können. Auch vom regelmäßigen Besprühen der Schlangen oder des Terrariums raten wir aus unserer Sicht ab. Wir möchten unbedingt betonen, dass diese eine negative Folge der trockenen Haltung von Strumpfbandnattern das Risiko möglicher Erkrankungen bei zu feuchter Haltung um ein Vielfaches aufwiegt! Nur bei einigen wenigen ausschließlich in der Wüste vorkommenden Arten/Unterarten oder Populationen (z. B. bei *T. cyrtopsis*) kann das Besprühen des Terrariums als Ersatz für natürliche Regenfälle als Stimulus zur Paarung gerechtfertigt sein (BOL, pers. Mitlg. 2000).

Nach dem Arbeiten am Terrarium muss sich der Pfleger unbedingt die Hände mit Seife waschen – am besten gleich mit einer antibakteriellen, um nicht eventuelle Krankheitserreger in andere Terrarien zu übertragen. Wir desinfizieren uns die Hände zusätzlich mit einem alkoholhaltigen Desinfektionsmittel. Auch alle Utensilien, wie z. B. Bürsten, Tücher usw. müssen nach Möglichkeit regelmäßig desinfiziert oder sterilisiert werden. Die Verwendung von Haushaltstüchern erspart in diesem Zusammenhang einiges an Arbeit; sie werden nach Gebrauch einfach entsorgt. Reinigungsmaterialien, wie z. B. Bürsten, sind für den Haushalt tabu. Krankheitserreger könnten sonst auch auf den Menschen übertragen werden.

Die Frage nach der Versorgung der Tiere während Urlaubszeiten kann bei Strumpfbandnattern dadurch entschärft werden, dass man die Intervalle für den kleinen Service während solcher Zeiten getrost verlängern kann. Im Grunde kann man Strumpfbandnattern auch 2–3 Wochen ganz al-leine lassen; mit der Ausnahme, dass stets sauberes Trinkwasser zur Verfügung stehen muss. Für die wenigen Arbeiten muss man sich Nachbarn, Freunde, Mitglieder eines Terrarienvereins in der Nähe u. ä. Personen heranziehen. Die Arbeit der Urlaubsvertretung und auch das eigene Gewissen kann man dadurch erleichtern, dass alle zu erledigenden Arbeiten schriftlich fixiert werden. Es gilt auch, „Notfälle" – für die Urlaubsvertretung mehr als für die Schlangen – zu berücksichtigen, wie z. B. den Ausfall von Lampen. Reservelampen suggerieren dem Aushilfspfleger, dass alles durchdacht sei. Unerfahrenen Pflegern sollte man auch häufig genug sagen, dass sie eigentlich nichts falsch machen können; außer vielleicht, das Terrarium offenstehen zu lassen. Die wenigsten Schlangen verenden während des Urlaubs. Es ist jedoch sinnvoll, anstehende Geburten bei Strumpfbandnattern nicht in Urlaubszeiten fallen zu lassen – soweit das in der Hand des Pflegers liegt. Heikel kann sich für Nachbarn und andere Laien auch die Pflege ganz junger Strumpfbandnattern gestalten. Daher sollten nur Tiere in Pflege gegeben werden, die zuvor schon regelmäßig gefressen haben und kräftig genug sind. Es liegen jedoch auch gute Erfahrungen vor, wenn während des Sommers bei Abwesenheit des Pflegers in regelmäßigen Abständen alle Wärmequellen für 1–2 Wochen abgeschaltet werden (BOL, pers. Mitlg. 2000). Die Tiere verringern dann ihre Aktivitäten und reduzieren den Stoffwechsel. So überstehen sie die Zeit ohne weitere Pflege meist schadlos. Auch in der Natur sind Schlechtwetterperioden für die Tiere immer wieder Anlass für „kurze Pausen".

Ein wichtiger Bestandteil der Pflegearbeiten ist das Führen einer Schlangenkartei. Hier werden alle Veränderungen notiert, wie z. B. technischer Art, Verhaltensweisen, Geburten, Krankheiten und deren Behandlung, Neuzugänge und vieles mehr. Wir haben in unseren PCs für jede *Thamnophis*-Art und -Unterart Dateien angelegt, die am Jahresende als unser persönliches *Thamnophis*-Zuchtbuch ausgedruckt werden. So lassen sich Entwicklungen im Nachhinein auch über Jahre hinweg verfolgen.

3.4 Ernährung

Im Freiland zeichnen sich Strumpfbandnattern durch ein sehr breites Futterspektrum aus. Die Bandbreite reicht von Säugern, Reptilien, Amphibien und Fischen über Insekten und Würmer bis hin zu den Weichtieren. In Gefangenschaft wird man sich aus unterschiedlichen Gründen jedoch meist auf das Verfüttern einiger weniger Futterarten beschränken. Das wird durch den Umstand erleichtert, dass Strumpfbandnattern im Terrarium in der Regel äußerst gute Fresser sind.

Das Futterspektrum

Wenngleich Amphibien zum natürlichen Futterspektrum von Strumpfbandnattern gehören, so verbietet sich aus artenschutzrechtlichen Gründen eine Verfütterung in Zusammenhang mit der Terrarienhaltung. In Deutschland sind alle einheimischen Amphibien seit dem 1.1.1987 durch das Bundesnaturschutzgesetz und die Bundesartenschutzverordnung geschützt. Dem verantwortungsbewussten Halter von Strumpfbandnattern sollte dies Grund genug für die Einsicht sein, der Natur keine Amphibien zu entnehmen und sie an seine Schlangen zu verfüttern. Die Beschaffung von gezüchteten Amphibien ist unverhältnismäßig aufwändig und teuer. In Anbetracht der Tatsache, dass es zahlreiche billigere und wesentlich einfacher zu beschaffende Alternativen gibt, ist die Verfütterung von Amphibien über die erwähnten Verbote hinaus auch unsinnig. Zusätzlich birgt sie die Gefahr der Übertragung von Parasiten.

Die Wahl der Futtertiere für die eigenen Strumpfbandnattern hängt u. a. auch von persönlichen Voraussetzungen ab: So ist z. B. nicht jedes geeignete Futter überall erhältlich. Außerdem liegt es nicht allen Schlangenhaltern, lebende Mäuse zu verfüttern; oft gibt es dabei emotionale Hemmschwellen. Für manche fällt die Wahl beim Schlangenkauf sogar deshalb auf Strumpfbandnattern, weil sie auch mit toten Fischen oder Fischfilet als Nahrung auskommen. Finanzielle Überlegen werden für manche *Thamnophis*-Halter bei der Wahl des Futters ebenfalls eine Rolle spielen. Wer wie wir jeweils über 60 Strumpfbandnattern pflegt, für den ist die Fütterung der Tiere z. B. mit Forellenstreifen oder Mäusen auch ein zu überdenkender Kostenfaktor.

Fische

Fische entsprechen dem natürlichen Nahrungsspektrum vieler Strumpfbandnattern und stellen für Tiere in Gefangenschaft ein sehr gutes Futter dar. Sie werden von den meisten Arten/Unterarten gerne genommen, sind in der Regel leicht zu beschaffen und preiswert. Geeignet sind alle heimischen Kleinfische, wie z. B. Moderlieschen (*Leucaspius delineatus*) oder Elritzen (*Phoxinus phoxinus*). Um Fische der Natur entnehmen zu dürfen, müssen jedoch unbedingt die geltenden fischerei- und angelrechtlichen Bestimmungen eingehalten werden. In Angelgeschäften oder in Fischzuchtbetrieben sind Köderfische oder Jungfische für den Besatz von Gewässern zu beziehen. Der Zoofachhandel bietet eine breite Auswahl an exotischen Zierfischen, von denen sich die meisten ebenfalls als Futtertiere für Strumpfbandnattern eignen. Die Futterfische sollten besonders für noch nicht erwachsene Schlangen nicht zu hochrückig sein, da sonst Probleme beim Verschlingen der Beute auftreten können.

Strumpfbandnattern benötigen jedoch nicht unbedingt lebende Fische als Nahrung. Die meisten lassen sich auch gut mit tiefgekühlten und anschließend aufgetauten Fischen ernähren. Dabei kommen grundsätzlich ganze Fische ebenso in Frage wie einzelne Teile (z. B. Filets). Ein sehr guter Futterfisch ist der Stint (*Osmerus eperlanus*) (HALLMEN 1998a). Diese Kleinfische kommen sowohl im Süß- wie auch im Salzwasser vor. Die im Handel üblicherweise zu erstehenden Tiere sind 2–8 cm groß und werden oft in Brackwasserzonen der Ostsee gefangen. Der Zoofachhandel bietet Stinte tiefgefroren als große Blöcke (meist mehrere Kilogramm), als Tafeln (100 g) oder als einzeln eingefrorene Tiere in Tütchen (100 g) an. 1.000-g-Beutel einzeln eingefrorener Stinte sind in Deutschland leider selten zu be-

Thamnophis sirtalis parietalis frisst einen Stint

Foto: M. Hallmen

kommen. Bei Blöcken oder Tafeln ist die Portionierung auf einzelne Futtergefäße nicht immer einfach und nicht selten mit geruchsbelästigenden grobmechanischen Tätigkeiten verbunden (z. B. Zerteilen mit Hammer oder Axt). Einzeln eingefrorene Fische bieten den Vorteil, dass sie auch als einzelne ganze Fische auf Gefäße verteilt werden können. Stinte sind so klein, dass man sie nur für erst einige Wochen bis wenige Monate alte Strumpfbandnattern zerschneiden muss. Sehr schnell finden sich Fische in passender Größe, die auch von jüngeren Strumpfbandnattern komplett verschluckt werden können. Einen von LAUGHAM et al. (1971, in MUTSCHMANN 1995) berichteten Vitamin-E-Mangel (Steatosis) nach der ausschließlichen Ernährung von Strumpfbandnattern mit Stint über längere Zeit können wir nicht bestätigen. Einige *Thamnophis*-Halter (z. B. HUIJBERTS, pers. Mitlg. 2000) sowie wir selbst ernähren Tiere der unterschiedlichsten Arten/

Unterarten von Strumpfbandnattern schon über Jahre hinweg nur mit regelmäßig vitaminisierten Stinten, ohne dass die Tiere im Verhalten oder bei der Fortpflanzung Veränderungen gegenüber Vergleichstieren zeigten.

Als Futterfische bieten sich auch zahlreiche an den Fischtheken erhältliche Arten an. Sie lassen sich als Filets einfach portionieren, tieffrieren und über längere Zeit lagern. In gefrorenem Zustand sind sie leicht und sauber in kleinere Teile zu schneiden. In warmem Wasser aufgetaut, können sie innerhalb weniger Minuten verfüttert werden. Fisch aus der Tiefkühltruhe birgt auch keine Gefahr einer Infektion der Schlangen mit Fadenwürmern (Nematoden). Dennoch ist unserer Meinung nach das Verfüttern von Fischfilets nur als Notlösung anzusehen. Es handelt sich dabei im Vergleich zu ganzen Fischen um minderwertigeres Futter. Außerdem dürfen keine gesalzenen Fische als Futter für Strumpfbandnattern verwendet werden. Seefisch ist für die alleinige Fütterung von Strumpfbandnattern ebenfalls nicht geeignet. Er enthält ebenso wie alle Weißfische (Cyprinidae), wozu auch der Goldfisch (*Carassius auratus*) und der Karpfen (*Cyprinus carpio*) gehören, einen erhöhten Anteil an Thiaminase, ein Enzym, dass das für die Schlangen lebensnotwendige Vitamin B_1 abbaut. Die resultierende Krankheit der Schlangen kann tödlich verlaufen (siehe Krankheiten).

Strumpfbandnattern fressen Futterfische häufig mit dem Kopf voran; besonders kleinere Fische mit kleinen und wenig abstehenden Schuppen werden aber ebenso mit dem Schwanz zuerst gefressen. Mittelgroße bis ausgewachsene Schlangen sind zusätzlich in der Lage, mehrere kleine Fische auf einmal zu verschlingen. Werden sie in der Mitte gepackt, kann die Schlange sie im Maul knicken, so dass Kopf und Schwanz des Fisches gleichzeitig als letzte Teile des Futters ins Maul gezogen werden. Lediglich Fische mit stark ausgebildeten Schuppen, wie z. B. einige Barsche, werden immer mit dem Kopf voran verschlungen, damit die Beute besser in den Verdauungstrakt gleitet. Fische mit Schuppen, die zu hart sind und sich beim Darübergleiten mit den Fingern wie Sandpapier anfühlen, werden von Strumpfbandnattern zuweilen nicht angenommen oder während des Verschlingens bereits wieder ausgewürgt. Wir raten vom Verfüttern solcher Fischarten ab.

Beim Verfüttern von Fischen kann sich ein Problem ergeben, wenn die Tiere von lebendem Fisch auf tote Futterfische oder umgekehrt gewöhnt werden sollen. Die Tiere verweigern dann auch über längere Zeiträume zuweilen hartnäckig das Futter. Um sie von lebenden an tote Fische zu gewöhnen, kann man beim Füttern zu den lebenden Tieren in dasselbe Gefäß einige wenige tote Fische geben. Die Strumpfbandnattern werden mitunter aus Versehen einen der toten Fische schnappen und verschlingen. Mit der Zeit wird der Anteil an toten Fischen gesteigert, bis schließlich nur noch 1–2 lebende Fische als Stimulanz zum Fressen notwendig sind. Kurz darauf

werden die Schlangen dann auch ausschließlich tote Kost bereitwillig annehmen. Die Umgewöhnung kann mehrere Wochen bis einige Monate dauern. Sie hilft jedoch nicht bei allen Exemplaren. Strumpfbandnattern, die nur den Verzehr toter Fische kennen, sind häufig ebenfalls nicht ohne Weiteres an die aktive Jagd nach lebenden Fischen zu gewöhnen. So manche Besitzer von Schlangenfreianlagen machen häufig die Beobachtung, dass im Terrarium gezüchtete und mit Totfisch großgezogene Tiere nach dem Einsetzen in die Freianlage auch über Jahre hinweg keinerlei Anstrengungen unternehmen, lebende Fische aus in der Anlage befindlichen Teichen zu fangen (STRATHEMANN 1995a, BOL 1997a). Wer die Tiere an lebende Fische gewöhnen will, kann die oben beschriebene Methode in umgekehrter Reihenfolge anwenden. Es gilt jedoch aufgrund der geschilderten Gewöhnung einen ständigen Wechsel zu vermeiden und für sich selbst eine eher grundsätzliche Entscheidung über das Verfüttern von lebenden oder toten Fischen zu treffen. Wir haben früher Jungschlangen, die an Totfutter gewöhnt waren, lebende Fische angeboten. Sie waren fortan nur noch äußerst schwer – und manche gar nicht mehr – an tote Fische zu gewöhnen. So sollte ein kurzzeitiges preiswertes Angebot lebender Futterfische nicht dazu verleiten, die gewohnte Fütterung der Schlangen mit toten Fischen zu ändern. Nur wenn auf Dauer lebende Kleinfische günstig zur Verfügung stehen, sollte sich der *Thamnophis*-Halter auf eine Fütterung mit diesen Tieren einlassen.

Und hier noch einige kurze Tipps: Fische werden am besten als ganze Tiere verfüttert. Sie enthalten ein großes Spektrum an Vitaminen und Mineralstoffen. Das Füttern mit Filetstreifen erfordert eine regelmäßige zusätzliche Vitaminisierung. Bei Filetstreifen muss auf zu große Gräten geachtet werden, die die Tiere beim Transport im Verdauungstrakt verletzen könnten (MUTSCHMANN 1995). Neben gesalzenem Fisch ist auch zu fetter Fisch auf Dauer für die Gesundheit der Schlangen schädlich. Wer sich größere Fische z. B. bei Anglern besorgt, sollte sich die Entsorgung der Abfälle besonders im Sommer überlegen. Eine länger von der Sonne beschienene Mülltonne mit Fischabfall produziert innerhalb kürzester Zeit Hunderte von Fliegenlarven und einen sehr üblen Geruch; mit beidem schafft man sich weder bei den Lebensgefährten noch bei den Nachbarn Freunde!

Mäuse

Grundsätzlich kommen auch alle Arten von Kleinnagern zur Fütterung in Frage. In der Praxis wird für die meisten *Thamnophis*-Halter das Angebot des Zoofachhandels die Vorgabe sein, nach denen sie die Futtertiere auswählen. Auch hier gilt die Regel, die Schlangen nur mit solchen Futtertieren zu bedienen, die dauerhaft zur Verfügung stehen. In erster Linie dürften das Labormäuse (*Mus musculus*) sein. Viele Strumpfbandnattern fressen diese bereitwillig. Aufgrund der Ausgangsgröße der Schlangen kommen in der Regel nestjunge Mäuse in Frage; ausgewachsene Strumpfbandnattern verzehren jedoch auch kleinere erwachsene Mäuse. Der Fachhandel bietet diese Nager lebend oder als Tiefkühlkost an. Beim Verfüttern lebender Mäuse ist darauf zu achten, dass erwachsene Tiere den Schlangen durchaus Schaden zufügen können. Haben diese etwa keinen Hunger, so werden sie die Mäuse in Ruhe lassen; diese wiederum können die Schlangen aus Stress, Neugier oder Hunger heraus anknabbern oder beißen. Gefährliche Wunden mit späteren z. T. entstellenden Narben können die Folge sein. Wir verfüttern daher grundsätzlich nur tote Mäuse. Bei Wildfängen von Mäusen müssen artenschutzrechtliche Bestimmungen Beachtung finden. Außerdem besteht dabei die Gefahr, die Schlangen über die Futter-

tiere mit Krankheiten oder Parasiten zu infizieren. Außerdem sind sie häufig mit Giftstoffen belastet, weshalb wir alles in allem das Verfüttern von im Freiland gefangenen Mäusen ablehnen. Bei Labormäusen ist dieses Risiko weitaus geringer.

Strumpfbandnattern, die an Fisch als Futtertiere gewöhnt sind, gehen zumeist nicht spontan an Mäuse. Sie können jedoch in aller Regel umgewöhnt werden (s. u.). Dafür spricht, dass das Füttern heranwachsender Strumpfbandnattern mit Mäusen die größte Gewichtszunahme pro Zeit im Vergleich mit anderen Futtersorten verheißt. Weiterhin bieten Mäuse als Futter besonders für empfindliche Nasen den Vorteil, dass der von den Schlangen nach dem Fressen abgesetzte Kot etwas fester und weniger geruchsbelästigend ist, als derjenige nach dem Verzehr von Fisch. Auch die zusätzliche Vitaminisierung ist – zumindest wenn vormals gefrorene Mäuse nach dem Auftauen noch feucht sind – einfach durch Aufstreuen pulverförmiger Präparate möglich. Die Vitamine können aber auch in flüssiger Form mittels einer Spritze in die toten Futtermäuse injiziert werden. Als geringfügige Nachteile ergeben sich: Das Auftauen tiefgefrorener Mäuse dauert meist etwas

Melanistischer *Thamnophis sirtalis sirtalis* frisst eine „Fellmaus"
Foto: M. Hallmen

länger als das von kleinen Futterfischen. Mäuse mit deutlich sichtbarem Gefrierbrand sollten nicht mehr verfüttert werden. Futtermäuse sind in der Beschaffung etwas teurer als Futterfische.

Regenwürmer

Regenwürmer sind sehr gut zur Fütterung von jungen Strumpfbandnattern oder als Beifutter für größere Tiere geeignet. Als Arten eignen sich der Regenwurm (*Lumbricus terrestris*), Laubregenwürmer der Gattung *Allobophora* oder Vertreter der Gattung *Dendrobena*. Vorsicht ist bei Tieren der Gattung *Eisenia* angebracht; von ihnen sind einige Arten giftig. Regenwürmer können im eigenen Garten oder an anderen Orten der Natur entnommen werden. Nach Regenfällen ist der Fang besonders ergiebig. Es ist jedoch unbedingt darauf zu achten, dass die Regenwürmer nicht an Stellen gesammelt werden, die mit Unkraut-, Schädlingsbekämpfungsmitteln oder Abgasen belastet sind. Auch in Misthaufen sammeln sich je nach Beschickung Giftstoffe an. Eine gute Bezugsquelle für Regenwürmer sind Angelfachgeschäfte. Dort stehen häufig sogar unterschiedliche Größen zur Auswahl. Wir bevorzugen Vertreter der Gattung *Dendrobena*. Im Kühlschrank sind sie über viele Tage haltbar.

Regenwürmer können lebend oder tot an Strumpfbandnattern verfüttert werden. Manche Tiere würgen lebende Würmer jedoch nach kurzer Zeit wieder aus. Um Regenwürmer abzutöten, übergießt man sie für kurze Zeit mit kochendem Wasser. Für neugeborene Strumpfbandnattern sollte man sie in ca. 0,5–1 cm große Stücke schneiden. Regenwürmer werden von vielen *Thamnophis*-Haltern geschätzt, um heikle Fresser

Jungtier von *Thamnophis sirtalis semifasciatus* beim Verschlingen eines Regenwurmes   Foto: M. Hallmen

ans Futter zu bekommen. Sie stellen für viele neugeborene Tiere oder für Wildfänge das erste Futter dar, das sie in Gefangenschaft zu sich nehmen. Ein zu verschmerzender Nachteil ist dabei, dass der Kot nach Regenwurmverzehr sehr flüssig ist. Von Regenwürmern als alleinigem Futter über längere Zeit raten wir ab. Regenwürmer enthalten nur wenige Vitamine und Mineralstoffe, und das für die Strumpfbandnattern wichtige Calcium (Ca) müsste der Nahrung beigemengt werden.

Weitere Futterquellen

Neben den bislang genannten und am weitesten verbreiteten Futtersorten sind noch zahlreiche weitere für die Terrarienhaltung von Strumpfbandnattern bekannt. So kann man die Tiere z. B. auch mit in Streifen geschnittenem Rinderherz oder anderen mageren Fleischsorten füttern. Ebenso werden manchmal Küken, Jungvögel, Schnecken, Insekten und deren Larven, Asseln, Hundert- und Tausendfüßler und vieles mehr als Futter von Strumpfbandnattern angenommen. Dabei gilt es jedoch, eine mögliche Infektion mit Krankheiten und Parasiten bei Futtertieren aus dem Freiland zu bedenken. Manche Strumpfbandnattern fressen sogar Katzen- und Hundefutter aus der Dose.

In den USA befindet sich eine ganze Reihe unterschiedlicher, künstlich hergestellter Futtersorten für Strumpfbandnattern auf dem Markt. Sie sind in aller Regel mit Fisch versetzt, um die Tiere geruchlich zum Fressen zu animieren und bieten den Vorteil nachvollziehbarer und kontrollierter Inhaltsstoffe. Zusätzliche Vitaminisierungen und Mineralisierungen entfallen. Sie sind sogar differenziert für Jungschlangen, trächtige Weibchen oder als normales Aufbaufutter erhältlich. Auf dem europäischen Markt sind diese Produkte zur Zeit jedoch noch nicht sehr verbreitet. Die wenigen Erfahrungen, die wir mit diesen Futtersorten kennen, belegen, dass die Tiere sie gerne annehmen. Jedoch allein aus Preisgründen ist nur schwer vorstellbar, dass sich das „Dosenfutter" für Strumpfbandnattern in breiten Kreisen durchsetzen wird.

Thamnophis ordinoides beim Fressen einer Nacktschnecke　　　　　　　　　　　Foto: M. Hallmen

Futtergabe

Strumpfbandnattern können auf unterschiedliche Art und Weise gefüttert werden: Im einfachsten Fall wird das Futter z. B. auf einen Stein, eine

Futterschale mit Stinten und nestjungen Mäusen
　　　　　　　　　　　　　　　　Foto: M. Hallmen

Jonas Hallmen füttert die Schlangen in der Freianlage mit Fischen an einem langen Stab   Foto: M. Hallmen

Wurzel oder auf ein Rindenstück in das Terrarium gelegt. Die Tiere werden es bald über ihren Geruchssinn wahrnehmen und in aller Regel zügig mit der Futteraufnahme beginnen. Um den Geruch auf Einrichtungsgegenständen auch noch nach Stunden zu vermeiden, wird den Schlangen das Futter in Schalen, Näpfen oder ähnlichen Behältnissen geboten. Nach kurzer Gewöhnungszeit ist es auch möglich, die Tiere einzeln von der Pinzette zu füttern. Bei ausgewachsenen Exemplaren sollte dabei auf eine ausreichende Länge der Pinzette geachtet werden. Wenn sich mehrere Strumpfbandnattern in einem Terrarium befinden, ist mit dieser Methode eine bessere Kontrolle über die Nahrungsaufnahme einzelner Tiere möglich. Strumpfbandnattern lassen sich auch gut von längeren Stöcken, Spießen oder ähnlichen Hilfsmitteln füttern. Dies ist besonders bei der

gezielten Fütterung über etwas weitere Distanzen hin, wie z. B. in Freianlagen, äußerst praktikabel (STRATHEMANN 1995a, HALLMEN 2001).

Da Strumpfbandnattern wie alle Schlangen nicht in der Lage sind, ihre Beute zu zerkleinern, muss die Größe der einzelnen Futterbrocken der Größe der jeweiligen Tiere angepasst sein. Während ausgewachsene Strumpfbandnattern gierig z. B. 2–3 Stinte auf einmal verschlingen, muss selbst ein kleiner Futterfisch für Jungschlangen häufig mehrfach zerteilt werden. Sollen Tiere von Geburt an an Mäuse als Kost gewöhnt werden, so wird man in der Anfangszeit nur Arme, Beine oder Schwänze von nestjungen Futtertieren anbieten können. Selbst Regenwürmer müssen für neugeborene Strumpfbandnattern noch mehrfach zerteilt werden. Ausgewachsene Strumpfbandnattern sind hingegen in der Lage, auch ausge-

Fütterung im Freiterrarium mittels einer Futterschale   Foto: M. Hallmen

wachsene Mäuse oder größere Jungforellen zu sich zu nehmen.

Strumpfbandnattern verdauen bei vergleichbarer Umgebungstemperatur schneller als Schlangen, die von Natur aus hauptsächlich Säugetiere. Daher müssen sie auch im Terrarium häufiger gefüttert werden. 1–2 Fütterungen pro Woche sind für ausgewachsene Tiere ausreichend. Dennoch verkraften die Schlangen Fütterungspausen von 3–4 Wochen problemlos (z. B. während eines Urlaubs). Auch bei häufigeren Fütterungen (z. B. täglich oder alle zwei Tage) gehen viele Strumpfbandnattern noch bereitwillig an das angebotene Futter. Die Tiere sollten jedoch nicht zu rasch wachsen, um allen Organen ausreichend Zeit zu ihrem speziellen Wachstum zu lassen. Überfütterte Tiere neigen auch zur Verfettung, mit den Begleiterscheinungen der Trägheit, einer gemin-

derten Fortpflanzungsbereitschaft und Krankheiten. Eine Ausnahme bilden trächtige Weibchen. Ihnen sollte durchaus häufiger Futter angeboten werden. Wir raten als Faustregel zu folgenden Fütterungsabständen: Babys 2–3 Tage, halberwachsene 3–4 Tage und erwachsene Strumpfbandnattern 6–7 Tage.

Die Erfahrung zeigt, dass sich Strumpfbandnattern auch in Gemeinschaftshaltung meist nach 30 Minuten satt gefressen haben. Manche Halter entnehmen das Futter nach dieser Zeitspanne. Wir lassen unsere Futtergefäße meist länger im Terrarium; bei toten Futtertieren häufig sogar über Nacht, damit auch scheuere Tiere die Gelegenheit zu einer ungestörten Futteraufnahme bekommen. Während warmer bis heißer Sommerwochen wird eine Fütterung über Nacht auch der zuweilen nachtaktiven Lebensweise der Tiere gerecht. Der

Nahrungsbedarf einer Strumpfbandnatter hängt von ihrer Körpergröße, ihrer Aktivität und diese wiederum von der Umgebungstemperatur ab. Unter Terrarienbedingungen werden die Tiere in aller Regel schnell groß und haben stets eine optimale Umgebungstemperatur. Die Menge des Futters ist bei uns immer so bemessen, dass sich die Tiere satt fressen können (nur 1–2 Fütterungen pro Woche vorausgesetzt). Die Schlangen stoppen die Nahrungsaufnahme dann von sich aus. Eine auf Dauer knapper bemessene Futtermenge dürfte den Tieren jedoch auch nicht schaden.

Der Ankauf von Strumpfbandnattern mit Fressgewohnheiten, die man über kurz oder lang nicht aufrecht erhalten kann, macht es manchmal erforderlich, Tiere an zur Verfügung stehende Futter umzugewöhnen. Das ist grundsätzlich möglich. Zunächst sollten die Schlangen im neuen Terrarium futterfest auf ihr gewohntes Futter gemacht werden. Daher empfiehlt es sich, beim Kauf gleich eine gewisse Menge davon mit zu erwerben. Nach 2–3 Wochen kann damit begonnen werden, das alte Futter mit dem zukünftigen Futter zu mischen. Dabei steigert man dessen Mengenanteil mit jeder Fütterung. Nach 3–5 Wochen sind die Tiere meist umgewöhnt und akzeptieren das neue Futter ohne weitere Beimengungen des Ausgangsfutters. So können Strumpfbandnattern z. B. von Fisch- zu Mäusefressern werden oder umgekehrt. In gleicher Weise verfährt man, wenn man die Tiere an abwechselnde Futtergaben gewöhnen will. Haben sich die Schlangen an Mischfutter gewöhnt, werden sie die einzelnen Futterbeigaben auch in Reinform akzeptieren. Eine Umgewöhnung der Futtervorlieben birgt jedoch auch immer ein Restrisiko des Scheiterns. Daher sollte davon nur aus echten Zwängen heraus Gebrauch gemacht werden.

Strumpfbandnattern gehen beim Fressen mit den jeweiligen Futterbehältern nicht gerade sorgsam um. Sie kriechen in und unter sie oder stoßen mit hektischen Bewegungen dagegen. Dabei fallen diese leicht um. Da der Inhalt – zumindest bei Fischfressern – nicht sehr angenehm riecht, kann man durch die Wahl schwerer und massiger Futterbehälter vorbeugen.

Um ein zu schnelles Austrocknen des Futters zu verhindern, geben wir zum Futter zusätzlich eine kleine Menge Wasser in den Behälter. Wenn das Futter über einige Stunden oder gar über Nacht im Terrarium verbleibt, kann es schnell übel riechen. Besonders beim Verfüttern von Fisch ist die Geruchsbelästigung bei längerer Verweildauer im Terrarium oft beträchtlich. Es ist daher darauf zu achten, dass der Futterbehälter nicht auf Heizmatten, Heizkabel oder in den Lichtkegel eines Spotstrahlers gestellt wird. Eine solche Platzierung beschleunigt und potenziert die Geruchsbelästigung unnötig.

Fütterung von Jungtieren
Grundsätzlich kann man Jungschlangen zur ersten Fütterung das Futter der Elterntiere in angemessener Größe anbieten. Dennoch kann es vorkommen, dass Neugeborene das angebotene Futter auch über Tage hinweg verweigern. In solchen Fällen ist es sinnvoll, grundsätzlich das ganze zur Verfügung stehende Repertoire an Futtermitteln auszuprobieren. Wir konnten in solchen Fällen regelmäßig gute Erfahrungen mit Stückchen toter Regenwürmer als Erstfutter machen. Zeigten sich die Jungschlangen darauf futterfest, so wurden sie nach der oben beschriebenen Methode im Laufe einiger Wochen auf Fische oder Mäuse umgewöhnt.

Die von einer Schlange aufgenommene Futtermenge hängt u.a. von ihrer Körpergröße ab. Große Schlangen fressen mehr als kleine. Das gilt jedoch nur für die absolute Futtermenge. Im Verhältnis zur Körpermasse frisst eine junge Schlange deutlich mehr als ein ausgewachsenes Tier. Daher können junge Strumpfbandnattern täglich Nahrung zu sich nehmen. Aus unserer Erfahrung heraus raten wir jedoch davon ab. Wir erhöhen die für erwachsene Tiere übliche Zahl der Fütterungen lediglich um eine auf 2–3 Fütterungen pro Woche. Auch wenn man verleitet ist, die knapp 20 cm kleinen und nur 2–3 g wiegenden „Würmchen" durch eifriges Füttern möglichst rasch heranwachsen sehen zu wollen: Zu häufiges Füttern birgt Gefahren für die Tiere. So wächst z.B. bei manchen Arten/ Unterarten die Leber bei zu raschem Wachstum nicht schnell genug mit, wodurch der Körper nicht mehr von allen giftigen Stoffwechselendprodukten befreit wird (MUTSCHMANN, pers. Mitlg. 2000). Die größten und kräftigsten Jungschlangen sterben dann vollkommen unerwartet, obwohl – besser: gerade weil – sie vielleicht noch am Vortag gut ans Futter gingen. Besonders bei melanistischen Tieren von *T. s. sirtalis* mussten wir diese Erfahrung machen.

Melanistisches Jungtier von *Thamnophis sirtalis sirtalis* beim Fressen kleingeschnittener Regenwürmer   Foto: M. Hallmen

In einem Knäuel aus 20 oder mehr neu geborenen Strumpfbandnattern geht schnell der Überblick verloren, welches der Tiere bereits gefressen hat und welche Tiere eine Nahrungsaufnahme längere Zeit verweigern. Es ist daher hilfreich, wenn zu Beginn der Jungenaufzucht zwei kleinere Aufzuchtterrarien zur Verfügung stehen. Alle nachweislich unter Beobachtung fressenden Tiere können dann in das zweite Behältnis umgesetzt werden. Übrig sind alsbald nur noch die wenigen Tiere, bei denen sich die Futteraufnahme möglicherweise schwieriger gestalten könnte. Durch ihre Isolation ist eine intensivere Beobachtung und ein angemessenerer Umgang mit den Tieren möglich.

Für neu geborene Strumpfbandnattern müssen die Futterstücke in den ersten Wochen sehr klein geschnitten werden. Dazu sind gefrorene Futtertiere besser geeignet als aufgetaute. Einige *Thamnophis*-Züchter fertigen in einem gewöhn-

Junger *Thamnophis sirtalis parietalis* frisst Schildkrötenfutter
          Foto: M. Hallmen

lichen Küchenmixer einen Fischbrei an, der von den Jungschlangen einfach aufzunehmen ist. Gute Erfahrungen bei der Jungenaufzucht konnten wir auch mit tiefgefrorenem Wasserschildkrötenfutter machen (HALLMEN 1998b). Es ist von weicher Konsistenz, einfach zu verfüttern und mit seinen Vitamin- und Mineralzusätzen ein sehr ausgewogenes und gesundes Futter.

Probleme bei der Fütterung
Bei der Fütterung von Strumpfbandnattern, die zu mehreren in einem Terrarium gehalten werden, kann es vorkommen, dass sich zwei oder mehrere Tiere in dasselbe Futtertier verbeißen. So ist es bei der Fütterung von Stint häufig zu beobachten, dass eine Schlange den Kopf, eine andere den Schwanz der Beute packt. Beide Tiere schie-

ben den Fisch nach und nach in ihren Schlund, so dass sich ihre Kiefer in der Mitte des Futterfisches treffen. Sie lassen nun jedoch nicht los, sondern beginnen ein „Tauziehen" um den Fisch, und dasjenige Tier, das durch Zufall seine Kiefer zuerst über diejenigen des Konkurrenten bringt, verschlingt ihn mitsamt dem Futtertier. Will man keine Schlangen auf diese Art und Weise verlieren, so ist es unbedingt notwendig, die Tiere während der ersten 30 Minuten der Fütterung nicht aus den Augen zu lassen. Verbeißen sich Tiere ineinander, so greifen wir ein, indem wir durch sanften Druck die „Siegerschlange" veranlassen, ihr Opfer wieder loszulassen bzw. auszuwürgen. Es wird für solche Situationen auch empfohlen, beide Tiere mit einem Strahl kalten Wassers zu trennen (COOTE 1993). Viel Zeit zum Reagieren

Zwei *Thamnophis sirtalis tetrataenia* haben sich beim Fressen ineinander verbissen   Foto: M. Hallmen

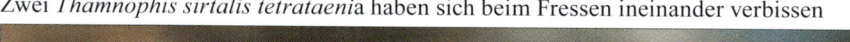

Verschluckte Buchenspäne können bei Jungtieren zu Problemen führen   Foto: M. Hallmen

bleibt dabei in aller Regel nicht! In unserem Bei-spiel sind es pro Fütterung bei über 60 Strumpf-bandnattern immer einige, denen wir so das Le-ben retten müssen. Manche Strumpfbandnat-ternhalter vermeiden derartige Gefahren, indem sie ihre Tiere zur Fütterung separat setzen. Das ist sicherlich hilfreich, jedoch nur bei einer ver-gleichsweise geringen Zahl gehaltener Schlangen in einem zeitlich vertretbaren Rahmen möglich.

Beim Verschlingen von Mäusen, besonders je-doch beim Verzehr von Fischen nehmen die Tie-re auch alle an den Futtertieren haftenden Ge-genstände mit auf. Je nachdem, wie intensiv die Strumpfbandnattern ihre Beutetiere zuvor im Ter-rarium herumgeschleift haben, sind diese nicht selten mit Bodengrund regelrecht paniert. Bei Sand kann das durch scharfkantige Quarzkörner zu Verletzungen des Verdauungstraktes führen. Verschluckte Buchenspäne können insbesonde-re bei jüngeren Schlangen den Verdauungstrakt blockieren und für Verstopfungen sorgen. So soll-te man bei der Auswahl des Bodengrundes be-denken, dass er prinzipiell immer im Magen der Schlangen landen kann.

Strumpfbandnattern sind nicht selten gierige Fresser. Sie schnappen dabei nach allem, was nach dem gewohnten Futter riecht. So kommt es mitunter vor, dass die Tiere nach Artgenossen beißen, wenn diese z. B. in der Kopfregion, aber auch am Rest des Körpers nach Futter riechen.

Selbst hierbei besteht durchaus die Gefahr, Tiere zu verlieren. Wir konnten auch beobachten, wie sich in seltenen Fällen Tiere an verschiedenen Körperstellen selbst bissen, die zuvor im Futter-napf den Geruch des Futters angenommen hat-ten. Derartige Versuche dauerten aber niemals lange, weil die Schlangen ihren Fehler rasch und schmerzlich bemerkten. Auch die Futterbehälter sind vor den gierigen Bissen der Schlangen nicht sicher. Selbst Teile des Bodengrundes oder alte im Terrarium liegende Häute werden mitunter fälschlich als Futter verschlungen (s. u.).

Auch Strumpfbandnattern verweigern zuwei-len das Futter. Das muss den Halter nicht immer gleich besorgt stimmen. Es handelt sich dabei um ein vollkommen normales Verhalten, wenn z. B. eine Häutung kurz bevorsteht, sich ein Weibchen unmittelbar vor der Geburt befindet oder die Tie-re sich anschicken, bald in Winterstarre zu fallen bzw. gerade zuvor aus ihr erwacht sind. Allein ein neues ungewohntes Terrarium kann bereits Grund genug dafür sein, dass eine Strumpfbandnatter über einige Tage bis wenige Wochen die Aufnah-me von Futter verweigert. Das beharrliche Hun-gern der Tiere kann jedoch auch ein Anzeichen für ein zu geringes Wärmeangebot sein. Ersten Symptomen der unterschiedlichsten Krankheiten können ebenfalls Hungerperioden vorausgehen. Wer seine Tiere über längere Zeit aufmerksam pflegt, ist jedoch meist in der Lage, die Ursachen für eine Futterverweigerung zu erkennen. Es kann ebenfalls vorkommen, dass Strumpfbandnattern das Futter nach wenigen Stunden oder gar nach wenigen Tagen wieder auswürgen. Häufig kann dies als Hinweis auf eine zur Verdauung nicht ausreichende Wärme gedeutet werden.

Für Schlangen, die über längere Zeit aus uner-sichtlichen Gründen eine Futteraufnahme ver-weigern und an den Folgen zu leiden beginnen, kennen die Schlangenhalter als letztes Mittel die Maßnahme der Zwangsfütterung. Die Meinun-gen über ihre Sinnhaftigkeit sind durchaus ge-teilt. Glücklicherweise sind Strumpfbandnattern in aller Regel sehr gute Fresser, und eine Zwangs-fütterung muss bei ihnen vergleichsweise selten

Vorsicht bei der Zwangsfütterung von Strumpfbandnattern!   Foto: M. Hallmen / J. Chlebowy

angewandt werden. Dennoch kommt es hin und wieder vor, dass z. B. neu erworbene Schlangen keine der in aller Vielfalt angebotenen Futtersorten akzeptieren. Ist man nach geraumer Zeit mit seinem Schlangenlatein am Ende und weiß sich keinen weiteren Rat mehr, dann – und nur dann – ist eine Zwangsfütterung zu erwägen. Die Wahl für den richtigen Zeitpunkt einer solchen Maßnahme ist nicht einfach. Einerseits soll das betreffende Tier möglichst lange die Chance bekommen, selbstständig zu fressen. Andererseits ist es ratsam, mit einer möglichen Zwangsfütterung nicht zu warten, bis die Schlange bereits sichtbar an Unterernährung leidet. Eine Zwangsernährung könnte durch den für das Tier damit immer verbundenen Stress dann sogar für den vorzeitigen Tod verantwortlich sein. Eine allgemein gültige Regel für den richtigen Zeitpunkt einer Zwangsfütterung gibt es demnach nicht. Beim Vorgang selbst ist viel Fingerspitzengefühl und Erfahrung in der Handhabung von Schlangen erforderlich, und es ist sinnvoll, sich die Technik zuerst von einem erfahrenen Terrarianer zeigen zu lassen. Mit der einen Hand wird die Schlange in der Kopfregion ergriffen und zwischen den Fingern fixiert. Die andere Hand führt langsam und behutsam das Futtertier in das Maul der Schlange ein. Dabei muss anfänglich erst das Maul des Tiers geöffnet werden. Hilfreiche Werkzeuge beim „Stop-

fen" sind abgerundete Pinzetten, runde Glasstäbe oder auch einfach der Kopf eines Bleistiftes, um das Futter tief in den Schlund zu schieben. Das Futtertier wird so weit wie möglich in die Speiseröhre befördert und anschließend mit den Fingern durch massierende Streichbewegungen vorsichtig in Richtung Magen gedrückt. Je ruhiger und stressfreier der Vorgang abläuft, desto höher ist die Wahrscheinlichkeit, dass die Schlange das Futtertier auch bei sich behält.

Nach der Zwangsfütterung muss der Schlange unbedingt über mehrere Tage ausreichend Wärme zur Verfügung stehen. Ansonsten können sich in den Eingeweiden der Schlange durch unvollständigen Abbau der Nahrung Gifte bilden, die schnell lebensbedrohlich für das Tier werden können. Es bleibt festzuhalten: Die Zwangsfütterung sollte nur das letzte aller möglichen Mittel sein, die Ultima ratio. Sie kann auch nur kurzzeitig Ernährungsprobleme beheben. Eine länger andauernde Ersatzlösung für die natürliche Nahrungsaufnahme kann sie in keinem Fall sein. Die Zwangsfütterung von Jungschlangen oder gar neugeborener Tiere ist eine sehr heikle Angelegenheit. Der Stress und die Verletzungsgefahr machen sie zu einer risikoreichen Maßnahme. Die besten Erfolge werden mit Einwegspritzen erreicht, an deren Spitze ein ca. 2 cm langes weiches Stück Gummischlauch befestigt ist (z. B. Schlauch der alten Fahrradventile). Vorab wird z. B. mittels eines Mixers ein Brei aus toten Futtertieren (etwa Fischen) hergestellt und leicht vitaminisiert. Die Spritze wird dann mit diesem Futterbrei gefüllt, der Schlauch vorsichtig in die Speiseröhre der jungen Schlange eingeführt und der Brei langsam und behutsam hinein gedrückt. Auch in diesem Fall darf die Futtermenge nicht überdosiert werden.

Vitaminisierung
Grundsätzlich erleiden Strumpfbandnattern beim Verfüttern ganzer Futtertiere (z.B. Fische oder Mäuse) keinen Vitamin- oder Mineralstoffmangel. Auch abwechslungsreiches Futter sorgt für einen ausgewogenen Ernährungszustand. Werden

jedoch nur Teile von Futtertieren (z. B. Fisch-filet, Rinderherz u. Ä.) angeboten, können sich auf Dauer Symptome einer Unterversorgung mit Vitaminen einstellen. In solchen Fällen muss dem Futter von Zeit zu Zeit ein Vitaminpräparat zuge-setzt werden. Auch bei einer häufigen oder aus-schließlichen Verwendung von Tiefkühlfisch ist der Zusatz von Vitaminen anzuraten.

Der Fachhandel bietet Vitaminpräparate in flüs-siger und fester Form an. Flüssigpräparate können dem Trinkwasser beigemischt werden. Dabei ist jedoch kaum eine Kontrolle der effektiv aufge-nommenen Vitaminmenge möglich. Beim Inji-zieren der Lösung in ein Futtertier mittels einer Spritze sind sowohl die Menge der Lösung als auch die effektive Aufnahme durch die Schlan-ge wesentlich besser zu überblicken. Feste Vita-minmischungen werden meist in Form von Pul-ver über alle in einem Futterbehälter befindli-chen Tiere gestreut. Das ist die einfachste Form der Vitaminisierung. Sie wird von den meisten *Thamnophis*-Haltern angewendet. In der Regel enthalten die angebotenen Vitaminpräparate eine ausgewogene Mischung unterschiedlichster Mineralstoffe und Vitamine (Multivitaminprä-parate). Für die spezielle Ernährungsweise der Strumpfbandnattern sind insbesondere die An-teile an Vitamin B$_1$ und E wichtig. Daher reichern wir – ebenso wie zahlreiche andere *Thamnophis*-Halter – die im Handel gekauften Vitaminpulver außerdem z. B. noch mit Vitamin B$_1$ an.

Eine zusätzliche Vitaminisierung des Futters für Strumpfbandnattern ist nicht bei jeder Füt-terung notwendig. Wir verabreichen unseren Tieren seit Jahren bei jeder zweiten bis drit-ten Fütterung Vitamine. Diese sollten aller-dings auch nicht überdosiert werden. Über ein gut mit Stinten gefülltes Futtergefäß verstreu-en wir eine Messerspitze Vitaminpulver. Die Menge bei der Injektion von Flüssigvitaminen in Futtertiere sollte nach den Herstelleranga-ben dosiert und die errechnete Gesamtmenge auf möglichst viele Futtertiere verteilt werden. MUTSCHMANN (1995) warnt in diesem Zusam-menhang vor einer Überdosierung besonders

der Vitamine A und D. Sie können Schäden aufgrund der Überkonzentration an Vitaminen (Hypervitaminosen) verursachen, die sich nur schwer behandeln lassen.

Sonderfall Keratophagie

Das Fressen der alten abgestreiften Haut (Kerato-phagie) ist bei Schlangen nur selten zu beobach-ten. KUCH (1998) berichtet, dass weltweit nur 19 Fälle aus den Familien der Boidae, Colubridae, Elapidae und Viperidae dokumentiert seien. Der erste für Strumpfbandnattern bekannte Fall geht auf Beobachtungen zurück, die wir an einem Weibchen von *T. s. sirtalis* „Florida blue" machten (HALLMEN 1998c). Dabei konnten wir beobachten, wie das Weibchen eine ca. 30 cm lange Haut, die von der Häutung am Vortag noch im Terrarium lag, verschlang. Zuvor hatte sich die Haut beim Fressen eines Fisches an die feuchte Oberfläche des Futtertiers geheftet und war für die Schlange unmerklich mit ins Maul geraten. Nach drei Tagen kam die Haut nahezu unverdaut im Kot des Tiers wieder zum Vorschein. Auch bei der Aufzucht von Jungschlangen, die wir oft mit über 20 Indi-viduen in einem gemeinsamen Terrarium pflegen, konnten wir gelegentlich beobachten, wie Häute oder Teile davon an Futterbrocken anhaftend mit verschlungen wurden. Inzwischen haben einige erfahrene *Thamnophis*-Züchter diese Beobach-tung für Jungschlangen bestätigt (z. B. BOL, pers. Mitlg. 1999). Ein weiterer Fall von Keratophagie bei einem unserer ausgewachsenen Männchen von *T. sirtalis tetrataenia* ist bislang noch nicht veröffentlicht.

KUCH (1998) diskutiert unterschiedliche Erklä-rungsansätze für die bislang bekannten Fälle von Keratophagie. Nach unseren Beobachtungen kom-men bei Strumpfbandnattern nur zwei mögliche Gründe für das Verschlingen abgestreifter Häute in Frage: Die Haut lagert sich an das Futter an und wird von der Schlange unabsichtlich mit gefressen. Oder die Haut hatte intensiven Kontakt zu Futter-tieren und riecht nach ihnen. Die Strumpfband-natter hält sie irrtümlich für Futter und verschlingt sie. Die Häufigkeit von Keratophagien scheint nach

Keratophagie bei *Thamnophis sirtalis tetrataenia*   Foto: M. Hallmen

unseren Erfahrungen und denen anderer *Tham-nophis*-Halter höher als bei anderen, nicht Fisch oder Amphibien fressenden Schlangengattungen. Das mag an der Ernährungsweise von Strumpf-bandnattern liegen. An ihrem meist feuchten Fut-ter (z. B. Fisch) bleiben abgestreifte Häute häufig haften.

3.5 Vermehrung

Die erfolgreiche Vermehrung von Strumpfband-nattern ist für viele die Krönung bei der Haltung dieser Schlangengattung. Ob sie alleiniges und unbedingtes Ziel einer Haltung sein muss, wollen wir dahingestellt sein lassen und hier nicht wei-

ter diskutieren. Aber der Halter wird durch einen Zuchterfolg schon in gewisser Weise „geadelt", ist die Vermehrung von Strumpfbandnattern doch meist ein objektives Kriterium für eine gelungene Haltung. Strumpfbandnattern sind dabei für den Anfänger wie für den Fortgeschrittenen gleicher-maßen dankbar. Der Terrarienneuling findet unter ihnen Arten/Unterarten, die sich sehr bereitwillig vermehren. Darüber hinaus bieten sie den Vorteil lebendgebärend zu sein; alle Probleme bei der Zeitigung von Reptilieneiern spielen bei der Ver-mehrung von Strumpfbandnattern keine Rolle. Für den Fortgeschrittenen finden sich in der Gat-tung *Thamnophis* noch zahlreiche Vertreter, die in Gefangenschaft selten oder noch nie vermehrt wurden; die Anzahl, über die noch keine Zuchtberichte veröffentlicht wurde, ist weitaus höher. Unabhängig von der Motivation für die Zucht ist der Anblick von eben geborenen *Thamnophis*-Babys für den Anfänger wie für den Fortgeschrittenen immer wieder aufs Neue ein emotional fesselndes Erlebnis.

Unterscheidung der Geschlechter

Die Voraussetzung für die Vermehrung ist es, Tiere beider Geschlechter zu besitzen, und die sollte man daher sicher unterscheiden können. Bei Strumpfbandnattern ist das im Vergleich zu anderen Schlangen eher einfach. Bei fast allen Arten/Unterarten unterscheiden sich beide Geschlechter bei ausgewachsenen Schlangen auffallend in der Größe: Die Männchen sind in der Regel deutlich kleiner als die gleichaltrigen Weibchen. Folglich sind alle wirklich großen Strumpfbandnattern Weibchen. Der Größenunterschied der Geschlechter bildet sich bei vielen Vertretern der Gattung *Thamnophis* schon innerhalb des ersten Jahres aus. Als Ausnahme von dieser Regel ist z. B. *T. s. tetrataenia* bekannt; bei ihm verlaufen die Entwicklungen von Körperlänge und -gewicht bis zum Ende des ersten Jahres und darüber hinaus lange Zeit parallel (WEISS-GEISSLER & GEISSLER 1995, WEISS-GEISSLER 1995, HALLMEN 1999a).

Weitere Unterscheidungsmerkmale sind die Länge und die Proportionen der Schwänze. Männchen haben relativ etwas längere Schwänze als Weibchen. Bei den Schwänzen der männlichen Schlangen findet sich im vorderen Drittel eine leichte Verdickung, die von den eingestülpten Geschlechtsorganen, den Hemipenes, herrührt. Bei den Weibchen verjüngt sich der Schwanz von Beginn an ab der Kloake gleichmäßig bis zur Schwanzspitze hin. Lediglich von einigen in europäischen Terrarien gehaltenen ausgewachsenen Weibchen von *T. s. tetrataenia* ist uns bekannt (ZWARTEPOORTE, pers. Mitlg. 1999, FESSER, pers. Mitlg. 1999), dass sie ebenso wie die von uns gehaltenen Tiere unmittelbar hinter der Kloake eine 1–1,5 cm lange Verdickung zeigen, die von einer permanenten Schwellung der Analdrüsen stammt.

Schwanzunterseite eines Männchens von *Thamnophis sirtalis parietalis*   Foto: M. Hallmen

Diese ist anhand ihrer geringen Länge und eher kugeligen Gestalt leicht von den länglicheren Verdickungen der Männchen zu unterscheiden. Die Unterscheidung der Geschlechter von Strumpfbandnattern anhand der genannten Merkmale erfordert jedoch etwas Übung. Nicht alle Tiere lassen sich vom Laien trotz anatomischer Schemazeichnungen in einer Entweder-Oder-Entscheidung eindeutig einem Geschlecht zuordnen. Die Entscheidung kann jedoch durch den direkten Vergleich gleichaltriger Tiere deutlich erleichtert werden. Wer beim Kauf die Gelegenheit dazu hat, sollte sie unbedingt nutzen und die jeweils „deutlichsten" Männchen und Weibchen kaufen. Bei jungen Strumpfbandnattern können oft nur Spezialisten das Geschlecht mit einer hinreichenden Wahrscheinlichkeit bestimmen.

Eine vom Ergebnis her ziemlich sichere Methode der Geschlechtsbestimmung von Strumpfbandnattern ist das Sondieren. Dabei wird eine Knopfsonde aus Metall in einem Winkel der Kloake schwanzwärts eingeführt. Sie dringt dabei entweder in den eingestülpten etwas längeren Hemipenis eines Männchens ein, oder sie hat in weitaus geringerer Tiefe bereits das Ende der Vagina-Höhle eines Weibchens erreicht. Dringt die Sonde 8–10 Unterschwanzschilde (Subcaudalia) tief ein, handelt es sich um ein männliches Tier; trifft man bereits nach 3–4 Unterschwanzschil-

Weibchen

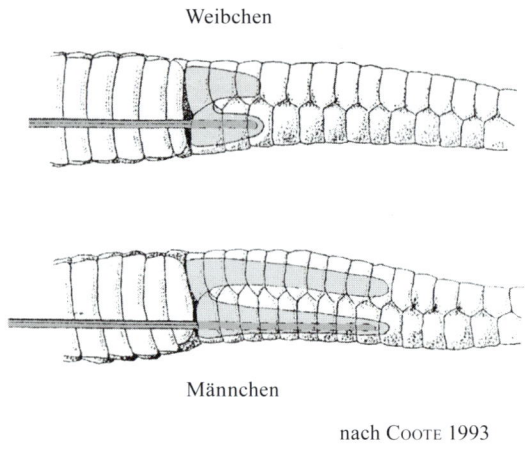

Männchen

nach COOTE 1993

Eindringen der Sonde beim Sondieren

kommen, wie sie im Fachhandel erhältlich sind; Eigenkonstruktionen bergen ebenfalls ein erhebliches Verletzungsrisiko. Die Sonde sollte vor der Untersuchung immer mit einem Gleitmittel (z. B. Vaseline) versehen werden. Die Größe der jeweiligen Sonde richtet sich nach der Größe der Schlange. Der Fachhandel bietet Sets mit unterschiedlich großen Sonden an. Jede Sonde ist vor und nach dem Gebrauch unbedingt zu sterilisieren. Beim Sondieren selbst ist „eine dritte Hand" hilfreich.

Bei sehr jungen Strumpfbandnattern ist während der ersten 4–6 Lebenswochen die Muskulatur zur Kontrolle der Hemipenes noch nicht vollständig ausgebildet. Das kann man sich ebenfalls zur Geschlechtsbestimmung zunutze machen, indem man durch rollende Streichbewegungen von der Schwanzspitze aus in Richtung Kloake versucht, die Hemipenes vorsichtig heraus zu massieren („popping"). Bei männlichen Jungschlangen treten sie daraufhin oft deutlich sichtbar aus. Bei weiblichen Tieren sind nur zwei rötliche Punkte zu sehen, die die Öffnungen der Analdrüsen darstellen. Selbstredend ist auch bei dieser Methode ein Höchstmaß an Geschicklichkeit und Übung vorauszusetzen, um ernsthafte Verletzungen der Schlangen zu vermeiden. Es ist ebenfalls ein versierter *Thamnophis*-Halter zu konsultieren.

den auf Widerstand, so hat man es mit einem weiblichen Tier zu tun. Die Sondierung ist aber unbedingt eine Sache des Feingefühls und der Erfahrung; sie sollte nur von erfahrenen *Thamnophis*-Haltern oder vom Tierarzt durchgeführt werden. Sonst besteht bei dieser Methode ein beträchtliches Risiko, die Schlange schwerwiegend zu verletzen. Bei der Sondierung dürfen immer nur professionelle Geräte zum Einsatz

Vorsicht beim Sondieren von Strumpfbandnattern!
Foto: M. Hallmen / J. Chlebowy

Das „popping" von Jungschlangen bleibt dem Fachmann überlassen

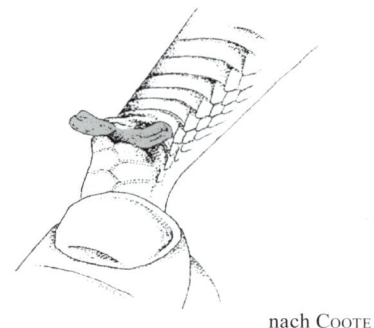

nach COOTE 1993

Überwinterung

Die meisten Strumpfbandnattern stammen aus Klimaregionen, die durch stark ausgebildete Jahreszeiten geprägt sind. In ihnen gibt es regelmäßige Veränderungen der Temperaturen und der Feuchtigkeit. Extremverhältnisse zwingen die Strumpfbandnattern zu Ruhephasen. Nach wissenschaftlichen Erkenntnissen ist die Ruhephase über Winter für zahlreiche Arten/Unterarten eine Notwendigkeit für eine Fortpflanzung. Viele *Thamnophis*-Halter leiten daraus auch für die Terrarienhaltung eine Notwendigkeit zur kalten Überwinterung der meisten Arten/Unterarten ab, wenn sie auf Dauer erfolgreich gezüchtet werden sollen. Für Strumpfbandnattern nicht nur warmer Klimate ist jedoch bekannt, dass sie sich auch ohne eine kalte Winterpause bester Gesundheit erfreuen und über Jahre hinweg erfolgreich züchten. Wir überwintern manche unserer Strumpfbandnattern ohne echte Winterstarre. Dabei werden die Lichter und Wärmequellen schrittweise ausgeschaltet. Die Raumtemperatur sinkt nicht unter 15 °C. Wir stimmen mit den meisten Autoren und Haltern von Strumpfbandnattern überein, dass eine kalte Überwinterung auf Dauer zum Wohlergehen der Tiere beiträgt. Sie ist andererseits jedoch sicherlich nicht in allen Fällen eine notwendige Voraussetzung für die erfolgreiche Vermehrung von Strumpfbandnattern (VAN HET MEER 1996).

Für eine erfolgreiche künstliche Überwinterung werden eine unterschiedliche Beleuchtungsdauer (Fotoperiode) und verschiedene optimale Temperaturen gehandelt. Beide Faktoren hängen in erster Linie vom Verbreitungsgebiet der jeweiligen Art/Unterart ab. Nördlichere Vertreter brauchen längere Winterpausen und kühlere Temperaturen (z. B. bis zu vier Monate bei 4–8 °C) als weiter südlich vorkommende Strumpfbandnattern, die ihre Ruhephase lieber kürzer und bei wärmeren Temperaturen verbringen (z. B. 4–6 Wochen bei 10–15 °C). Nach unseren Erfahrungen kommt es bei der Terrarienhaltung von Strumpfbandnattern jedoch nicht so wesentlich auf eine individuell angepasste Dauer und „persönliche" Vorzugstem-

peraturen an. Auch einem *T. s. parietalis* aus Kanada genügen 4–6 Wochen Winterpause, und *T. marcianus* aus Texas überdauert unbeschadet eine Überwinterung von mehr als zehn Wochen. Es ist bedeutend wichtiger, dass eine kühle Überwinterung richtig und konsequent durchgeführt wird!

Etwa 2–3 Wochen vor der Überwinterung wird die Fütterung der Tiere eingestellt. Es ist wichtig, dass die Tiere ausreichend Zeit bekommen, ihren Darm zu entleeren. Ansonsten können Futterreste während der Winterpause in Fäulnis übergehen und die Schlangen vergiften. Um das Entleeren des Darmes zu fördern, können die Schlangen zusätzlich zwei- bis dreimal in lauwarmem Wasser gebadet werden. Während der Umstellungszeit werden auch die Wärmequellen stufenweise reduziert und die Beleuchtungsdauer schrittweise verringert. Die Strumpfbandnattern werden die Anzeichen verstehen und sich entsprechend immer passiver verhalten. Nach drei Wochen sollte die endgültige Überwinterungstemperatur erreicht sein. Wir raten für die meisten Arten zu einer Temperatur von 8–10 °C. Werden diese Temperaturen nicht erreicht, besteht die Gefahr, dass die Tiere nicht wirklich in Winterstarre fallen. Die Strumpfbandnattern sind dann zwar merklich ruhiger, aber dennoch sind sie hin und wieder aktiv. Sie nehmen keine Nahrung auf, weil sie keine ausreichende Wärme für die Verdauung vorfinden; sie zehren andererseits bei den gelegentlichen Aktivitäten von ihren Körperreserven, was die Tiere schwächt. Wenn dann gegen Ende der Winterpause langsam die Temperaturen erhöht werden, kann das für manche Individuen zu spät kommen. Für die meisten Strumpfbandnattern gilt: Nur, wenn die Tiere in eine echte Winterstarre verfallen, sind alle Körperfunktionen so sehr reduziert, dass sie über Wochen nahezu kein Gewicht verlieren und die Ruhephase unbeschadet überstehen.

Die Überwinterung kann im Sommerterrarium erfolgen; vorausgesetzt, es werden in ihm nach Abschalten aller Wärmequellen und der Beleuchtung durch die Absenkung der Raumtemperatur die notwendigen Temperaturen konstant bereitgestellt. Für die Tiere bietet das den Vorteil, dass sie die Umgebung kennen und gewohnte Versteckmöglichkeiten weiter nutzen können. Es ist aber auch möglich, Strumpfbandnattern zur Überwinterung in kleinere Überwinterungskisten zu überführen. Sie sollten mit Laub, Moos oder lockerer Erde gefüllt sein, damit sich die Tiere darin zur Winterstarre eingraben können. Das Material schützt die Tiere vor eventuellen Temperaturschwankungen. Es kann gelegentlich oberflächlich angefeuchtet werden. Eine ausreichende Belüftung sorgt dafür, dass es auch während der Überwinterung nicht zu Nässe kommt. Ein Gefäß mit frischem Trinkwasser muss in jedem Behälter während der Winterpause zur Verfügung stehen, da die Schlangen auch während der Ruhephase trinken. Soweit zumindest die bislang gängige „Lehrmeinung".

Dem stehen nahezu entgegengesetzte Erfahrungen einiger *Thamnophis*-Halter gegenüber. So ist z. B. bekannt, dass zahlreiche Strumpfbandnattern über Jahre hinweg in kleinen, sehr feuchten und äußerst spärlich belüfteten Plastikboxen im Kühlschrank bei 4–8 °C erfolgreich über 9–20 Wochen überwintern (BOL, pers. Mitlg. 2000). Die Boxen enthalten ein feuchtes bis nasses Gemisch aus Laub und Kleintierstreu; ein Wasserbehälter fehlt. Beim Öffnen des Deckels zeigt Kondenswasser an dessen Unterseite eine ausreichende Feuchtigkeit an. Arten/Unterarten wie *T. elegans vagrans*, *T. radix*, *T. sirtalis parietalis*, *T. s. semifasciatus* oder *T. s. sirtalis* überwintern auf diese Weise nahezu ohne Gewichtsverlust. Selbst bei Nachzuchten desselben Jahres ist die Sterberate äußerst gering. Sind die Überwinterungsboxen nicht ausreichend feucht, treten regelmäßig Infektionen der Atemwege auf, die zum Verlust von Tieren führen können.

Wir deuten die derzeit vorliegenden Erfahrungen so: Bei Überwinterungstemperaturen von 4–8 °C ist die absolute Luftfeuchtigkeit recht gering. Kommt noch eine längere Überwinterungsdauer hinzu, so erweist sich die Luftfeuchtigkeit bei zu trockenem Substrat über den gesamten Zeitraum als zu niedrig, und es können gesundheitliche Probleme für die Schlangen entstehen.

Werden Strumpfbandnattern hingegen zwischen 10–15 °C und zudem über einen Zeitraum von nur wenigen Wochen überwintert, ist die durch ein Wassergefäß entstehende Luftfeuchtigkeit ausreichend, und die Tiere können sich aufgrund der etwas höheren Temperaturen leichter aktiv Wasser aus ihm verschaffen. Unser Fazit: Je kälter und länger die Überwinterung, desto feuchter das Gefäß; je „wärmer" und kürzer die Überwinterung, desto trockener kann das Überwinterungsgefäß sein. Dennoch sind auf dem Gebiet der Überwinterung von Strumpfbandnattern allgemein sowie für einzelne Arten/Unterarten noch viele Erfahrungen zu sammeln und zu diskutieren, bevor das für manche *Thamnophis*-Freunde „ungute Gefühl" bei der Überwinterung ihrer Lieblinge souveräner Sicherheit basierend auf solider Kenntnis weicht.

Als Überwinterungsräume kommen Keller, Garagen, Dachböden, Gartenhäuser u. Ä. in Frage. Sie müssen jedoch unbedingt frostfrei bleiben. Während der Kältestarre der Tiere sind Störungen zu vermeiden. Dennoch sollte eine wöchentliche Kontrolle der Behälter und der Schlangen erfolgen. Die Tiere müssen auf mögliche Anzeichen von z. B. Atemwegsinfektionen inspiziert werden.

Nach Ablauf der Ruheperiode werden die Beleuchtung und die Wärmequellen über einen Zeitraum von 2–3 Wochen wieder angeschaltet und die Dauer ihrer Tagesleistung schrittweise erhöht. Die erste Fütterung darf erst erfolgen, wenn alle Wärmequellen wieder normal in Betrieb sind. Die Schlangen zeigen nicht selten nach der Überwinterung ein erhöhtes Bedürfnis zur Wasseraufnahme, dem unbedingt Rechnung getragen werden muss. Eventuell ist dies angesichts der obigen Diskussion um den Feuchtigkeitsgehalt des Überwinterungsbehälters im Sinne BOLs als Indiz

Oben: Lange Winter herrschen im Lebensraum von *Thamnophis elegans vagrans*   Foto: H. Siebert
Unten: *Thamnophis elegans vagrans*
Foto: M. Hallmen

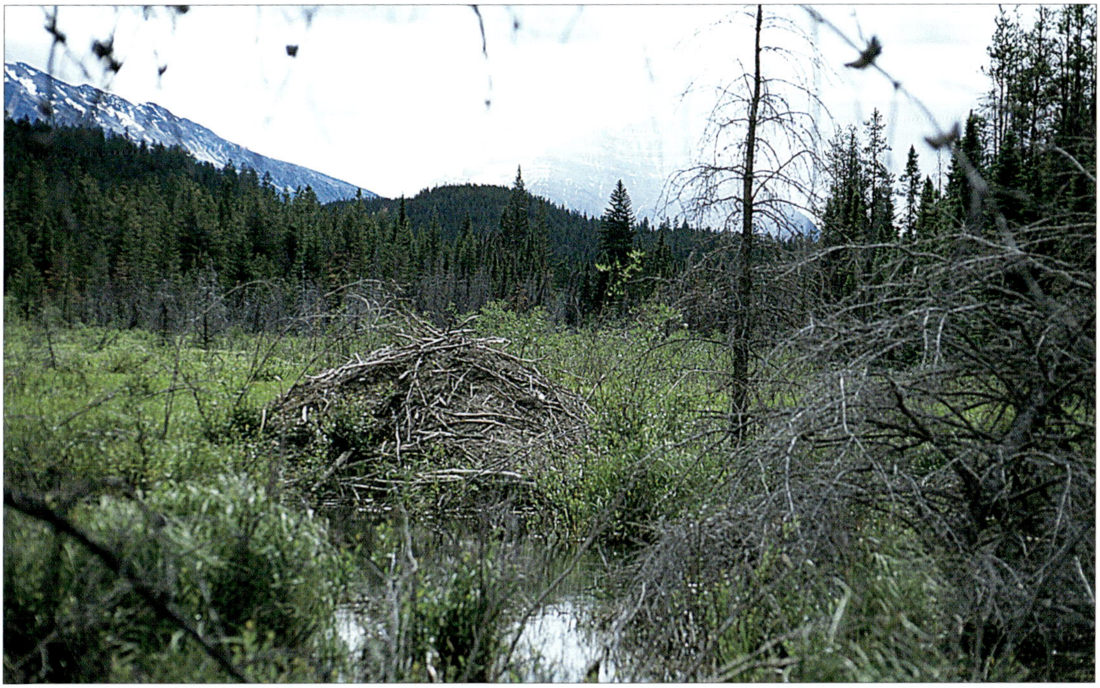

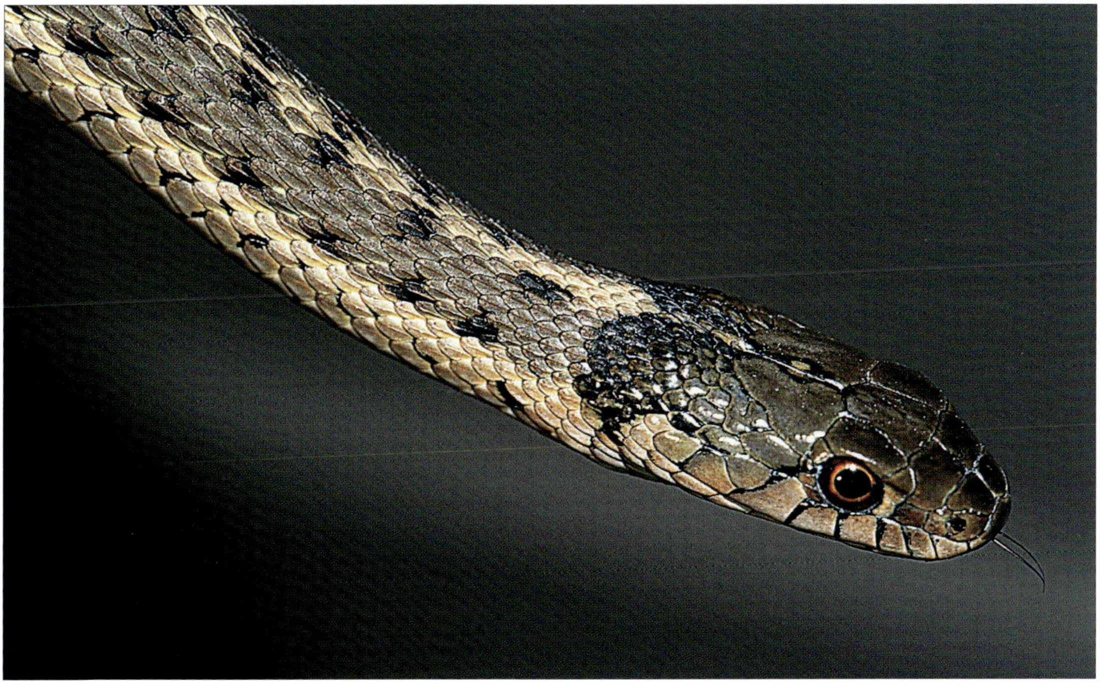

für eine zu trockene Haltung während der Überwinterung zu deuten. Das aufgenommene Wasser regt die Verdauung an (MUTSCHMANN 1995) und ist damit eine Voraussetzung für die erste Nahrungsaufnahme.

Der Zeitpunkt, zu dem man Strumpfbandnattern in ihre Winterpause überführt, ist variabel. Wir beginnen mit den Vorbereitungen so, dass unsere Tiere Ende November mit der Winterstarre beginnen; Anfang Januar beenden wir die Winterpause. Das hat den Vorteil, dass die Geburten sehr früh im Jahr anfallen und wir die Tiere bis zur Urlaubszeit schon gut gefüttert haben, so dass diese kein ernstes Problem für ihr Überleben mehr darstellt.

Eine warme Überwinterung, d. h., alle Wärmequellen und die Beleuchtung bleiben durchgängig auf Sommerbetrieb, ist für Jungschlangen in ihrem ersten Winter sowie für alle schwachen und kranken Tiere zu empfehlen, wenngleich auch positive Erfahrungen bei einer kalten Überwinterung von Jungschlangen vorliegen (BOL, pers. Mitlg. 2000). Trächtige Weibchen müssen unbedingt vor einer Phase der Abkühlung ihre Jungen gebären. Andernfalls sind auch sie warm zu überwintern. Bevorstehende Häutungen müssen zuerst abgewartet werden, bevor ein Tier kühleren Temperaturen ausgesetzt wird. Bei warmer Überwinterung wird auch die regelmäßige Fütterung beibehalten.

Paarung und Trächtigkeit
Für die Vermehrung von Strumpfbandnattern müssen bestimmte Vorbedingungen erfüllt sein: Die Zuchttiere müssen ein Mindestalter von zwei Jahren haben. Obwohl auch gut genährte einjährige oder noch jüngere Tiere sich bereits fortpflanzen können, sollte der verantwortungsbewusste Züchter eine gewisse Reife der Geschlechtsorgane seiner Zuchttiere abwarten. Außerdem ist es für das Weibchen günstig, wenn es über Körperreserven für die Zeit der Trächtigkeit, aber auch für die ersten Tage und Wochen nach der Geburt verfügt. Um vorzeitige Paarungen zu unterbinden, müssen die Schlangen für die Dauer der ersten beiden Jahre nach Geschlechtern getrennt gehalten werden. Anschließend können die Tiere je nach Terrariengröße in Paaren oder kleineren Zuchtgruppen von 2–3 Paaren gehalten werden. Vorbedingung ist auch, dass alle zur Zucht in Frage kommenden Tiere gut genährt und in bestem gesundheitlichen Zustand sind. Weiterhin ist darauf zu achten, dass typische Merkmale von Unterarten erhalten bleiben, d. h. nur Tiere der gleichen Unterart zur Paarung kommen.

Eine kalte Überwinterung als möglicher Stimulus für eine erfolgreiche Paarung wurde bereits genannt. Doch auch die Erhöhung der Terrarientemperatur und die Ausdehnung der Beleuchtungsdauer können eine Rolle spielen (SWEENEY 1992). Eine kurzzeitige nach Geschlechtern getrennte Haltung der Schlangen nach der Winterpause kann sich nach MUTSCHMANN (1995) ebenfalls positiv auf das Paarungsverhalten auswirken, wenngleich diese Methode weder von uns noch von den meisten anderen *Thamnophis*-Haltern praktiziert wird. In zahlreichen Berichten wird als bester Zeitpunkt für ein Zusammensetzen von Männchen und Weibchen die Zeit unmittelbar nach der ersten Häutung des Weibchens im Anschluss an die Winterpause angegeben. Die Produktion von Sexuallockstoffen (Pheromone) ist zu diesem Zeitpunkt am höchsten, was sich in spontanem und bereitwilligem Paarungsverhalten ausdrückt. Man kann jedoch auch der Auffassung sein, dass dies unnatürlich sei, da sich viele Arten im Freiland unmittelbar nach dem Verlassen des Winterquartiers begatten. Wir setzen unsere Tiere daher – sofern wir die Geschlechter zuvor überhaupt getrennt hatten – direkt nach der Überwinterung zusammen. Damit ist auch gewährleistet, dass es nicht nach der Häutung des Weibchens für Paarungen eventuell bereits zu spät sein kann (BOL, pers. Mitlg. 2000).

Nach der Winterpause sind Paarungsaktivitäten am häufigsten zu beobachten. Unter günstigen Terrarienbedingungen sind jedoch auch Herbstpaarungen nicht selten. Sie können sogar noch zu einer zweiten Geburt innerhalb eines Jahres führen. Strumpfbandnattern paaren sich meist mehrfach. Daher lässt man die Tiere nach einer beobachteten Paarung trotzdem noch eine gewisse Zeit zusammen. Es können auch gezielte Paarungen mit mehreren Männchen nacheinander erfolgen. Der Eisprung (Ovulation) erfolgt bei Strumpfbandnattern meist nach der Begattung. Die Eizellen werden von den im Samenbehälter (Receptaculum seminis) der Weibchen gespeicherten Samen befruchtet. Der Samen ist dort über eine erstaunliche Zeit haltbar; Befruchtungen im Folge-

Paarung melanistischer *Thamnophis sirtalis sirtalis*   Foto: M. Hallmen

jahr aufgrund von Herbstpaarungen sind durchaus möglich. Es kommt vor, dass Wildfänge noch nach Monaten der Einzelhaltung im Terrarium Junge bekommen. Es ist bekannt, dass Spermien bis zu 58 Monate befruchtungsfähig bleiben können. BLACKBURN (1992) weiß sogar von einem Fall zu berichten, bei dem ein isoliert lebendes Weibchen nach fünf Jahren lebende Junge zur Welt brachte. Es muss jedoch auch gesagt werden, dass alle Erkenntnisse über verzögerte Befruchtungen in den USA an Wildfängen gemacht wurden. Lediglich MUTSCHMANN weiß über einen Fall aus seiner Praxis bei *T. s. sirtalis* zu berichten (MUTSCHMANN 1995). Im Terrarium dürfte dieses Phänomen nur sehr selten auftreten, und uns ist – außer dem genannten – kein einziger Fall bei Nachzuchten bekannt, in dem ein Weibchen nach dem Tod des entsprechenden Männchens im Herbst des Folgejahrs Junge zur Welt gebracht hätte.

Der Erfolg einer oder mehrerer Paarungen lässt sich in der Regel erst an der Gewichtszunahme des Weibchens erkennen. Das Ertasten der Dotterkugeln bereits 1–2 Wochen nach der Befruchtung bleibt Spezialisten vorbehalten. Die trächtigen Weibchen sollten nun ausreichend Futter erhalten,

das regelmäßig mit Vitaminen und Mineralstoffe angereichert wird. Die Dauer der Trächtigkeit von Strumpfbandnattern richtet sich nach zahlreichen äußeren Faktoren; einer der wichtigsten ist die Umgebungstemperatur. Daher ist die Tragzeit im Freiland mit schwankenden Witterungseinflüssen meist länger als unter Terrarienbedingungen, die dem Temperaturoptimum recht nahe kommen. Das mag einer der Hauptgründe dafür sein, dass die Dauer der Trächtigkeit bei Strumpfbandnattern mit 62–71 Tagen (SCHMIDT 1996), 70–95 Tagen (MUTSCHMANN 1995) oder 95–135 Tagen (MARA 1995a) sehr unterschiedlich angeben wird. Wir gehen bei unseren Zuchtgruppen als Richtwert von einer Tragzeit von 2 ½ bis 3 Monaten aus.

Gegen Ende der Tragzeit werden besonders ältere Weibchen sichtbar kräftiger. Das Wärmebedürfnis steigt merklich; die Tiere liegen häufiger und für längere Zeit z. B. im Lichtkegel von Spotstrahlern. Gegen Ende nehmen die Weibchen keine Nahrung mehr auf, wandern unruhig umher oder graben sich ein. Wenn man eine bevorstehende Häutung ausschließen kann, ist das für den Pfleger ein sicheres Anzeichen für die in den nächsten Tagen erfolgende Geburt.

Das ist der späteste Zeitpunkt, erste Vorbereitungen für die Geburt zu treffen. So sollte ein Aufzuchtterrarium für die zu erwartenden Jungschlangen eingerichtet und bereitgestellt werden. Bei uns besteht es aus einem kleinen bis mittelgroßen Plexiglasterrarium oder aus einem Glasterrarium mit den Maßen 25 × 25 × 30 cm (L × B × H) mit einer doppelten Lage Fließpapier auf dem Boden, einer flachen Wasserschale und in der Länge halbierten Papprollen (z. B. alten Klopapierrollen). Auch die Beheizung über einen Spotstrahler (nicht zu heiß) oder eine Heizmatte für die Hälfte des Terrariums sollte bereits vorhanden sein.

Geburt

Geburten bei Strumpfbandnattern in Terrarien können tagsüber, aber auch nachts erfolgen. Wir beobachteten sie bislang etwas häufiger am Tage. Es ist gut, sich auf die Geburt vorzubereiten, indem man das Aufzuchtterrarium für die Jungen sowie einige Utensilien, wie z. B. Haushaltstücher, eine Pinzette oder Schere, ein Plexiglasterrarium für die erste Aufnahme der Jungen u. Ä. bereitstellt. Die Zahl der zu erwartenden Jungen kann je nach Alter und Größe des Muttertiers stark schwanken. Weibchen von *T. sirtalis parietalis* mit 85 Jungen (MUTSCHMANN 1995) oder 81 Jungtieren (BOL pers. Mitlg. 2000) dürften im Rekordbereich liegen; es; es können aber auch nur fünf Jungtiere geboren werden. Die Durchschnittszahl liegt bei ca. 20 Jungen pro Wurf.

Es wird empfohlen, Weibchen gegen Ende der Trächtigkeit mit Blick auf eine ungestörte Geburt separat zu halten (MARA 1995a). Andere meinen, dass z. B. männliche Tiere für die Geburt nicht

Geburt bei *Thamnophis sirtalis sirtalis* (melanistisch) Foto: M. Hallmen

entfernt werden müssen (SWEENEY 1992). Wir haben beides bereits mehrfach und gleichermaßen erfolgreich praktiziert. Es ist nicht einfach zu entscheiden, ob mögliche Mitbewohner im ursprünglichen Terrarium oder die komplett neuen Verhältnisse in einem Geburtsterrarium mehr Stress für das werdende Muttertier bedeuten. Unseres Erachtens ist das gewohnte Terrarium dem Wohlbefinden des trächtigen Weibchens am zuträglichsten. Sicherlich sollten größere Eingriffe am Terrarium, wie z. B. Großputzaktionen, während der Trächtigkeit der Weibchen unterbleiben. Zur Geburt kann auch eine zusätzliche Geburtskiste mit feuchtem Substrat (z. B. Moos) hilfreich sein (SWEENEY 1992, COOTE 1993, PERLOWIN 1994). Über ein Eingangsloch gelangt das Muttertier in die Kiste, in der die feuchte Umgebung zum Absetzen der Jungen anregt. Als Kiste eignen sich z. B. alte Eisbehälter mit Deckel o. Ä. Wir verwenden derartige Geburtskisten nicht. In ihnen ist die Geburt nicht zu kontrollieren, und Eingriffe sind nur schwer möglich. Außerdem besteht aufgrund der Enge die Gefahr, dass Jungtiere vom Alttier erdrückt werden.

Die Geburt selbst ist wie bei allen Tieren auch bei Strumpfbandnattern ein besonderes und faszinierendes Ereignis. Peristaltische Wellen in Richtung Kloake überziehen den Körper des Weibchens. Einige dieser Einschnürungen pressen die Jungen aus der Kloake. Wir konnten beobachten, dass bei einem Pressvorgang bis zu drei Jungtiere gleichzeitig abgesetzt werden. Je nach Anzahl der Jungen kann der Geburtsvorgang weit über eine Stunde dauern. Konnte man der Geburt nicht beiwohnen, so ist sie anschließend häufig nicht anhand der im Terrarium umherkriechenden Jungen

zu erkennen, sondern an den überall verteilten Resten der Eihäute oder eventuellen Wachseier und Totgeburten. Die Jungen verstecken sich nach der Geburt rasch, und man sieht sie erst auf den zweiten Blick.

Junge Strumpfbandnattern werden in einer durchsichtigen Haut geboren, der Eihülle. Sie kann beim Geburtsvorgang selbst aufplatzen, aufgrund von Bodenunebenheiten reißen oder von den jungen Schlangen aktiv durchstoßen werden. Bleibt die Haut jedoch nach der Geburt intakt und die Jungen können sich nicht selbst aus ihr befreien, drohen sie darin zu ersticken. In solchen Fällen leisten wir „aktive Geburtshilfe", indem wir nach einigen Minuten des Abwartens den Jungen aus der Eihülle helfen. Mittels einer Pinzette, einer kleinen Schere oder mit den Fingern zerreißen wir die Hülle, woraufhin die Jungen die Eihülle meist rasch verlassen. Bei trockener Haltung bleiben anschließend manchmal Teile der Eihaut an den Jungen haften und trocknen an ihnen fest. Zusätzlich häuten sich die Tiere direkt nach der Geburt ein erstes Mal. Wir holen daher alle Jungtiere nach der Geburt aus dem Terrarium und überführen sie in ein vorbereitetes Plexiglasterrarium, in dem sich gut angefeuchtetes Fließpapier befin-

Junge Strumpfbandnattern vor dem Verlassen der Eihülle   Foto: M. Hallmen

Die erste Häutung erfolgt unmittelbar nach der Geburt   Foto: M. Hallmen

det. Aufgrund der Feuchtigkeit schaffen es die jungen Strumpfbandnattern dann meist selbst, die Reste der Eihüllen oder ihre erste Haut abzustreifen. Die Jungen richtig zu baden, stellt ein Risiko für die Tiere dar, da sie noch sehr wenig ausdauernde Schwimmer sind. Wenn der Halter

Feuchtes Fließpapier als Häutungshilfe   Foto: M. Hallmen

bei der Geburt nicht dabei sein kann, so müssen die Jungen alleine mit der Situation fertig werden; die meisten schaffen das auch. Es ist anschließend dennoch empfehlenswert, die Jungschlangen aus dem Terrarium zu fangen, weil sie von erwachsenen Tieren erdrückt werden könnten. Dass erwachsene Strumpfbandnattern Jungtiere fressen (COOTE 1993), konnten wir unter Terrarienbedingungen bei den von uns gehaltenen Arten/Unterarten noch nicht direkt beobachten; wir haben es bislang auch nie von befreundeten *Thamnophis*-Haltern gehört. In einem Fall sahen wir jedoch, wie ein melanistisches Weibchen von *T. s. sirtalis* seinen Jungen ganz offenkundig nachstellte, was sehr eindeutig als Fressabsicht zu erkennen war. Das Männchen verhielt sich den Jungen gegenüber neutral. Auch bei Strumpfbandnattern, denen dieses Verhalten in besonderem Maße nachgesagt wird (z. B. *T. elegans vagrans*), konnte es bislang im Terrarium noch nicht beobachtet werden (BOL, pers. Mitlg. 2000). Es liegt uns jedoch eine Schilderung vor, bei der sich einige wenige Jungschlangen von *T. e. terrestris* gegenseitig auffraßen (LOVING, pers. Mitlg. 1999).

Nach dem Geburtsvorgang wird das Weibchen noch für einige Stunden im Terrarium belassen, bevor der Geburtsbehälter einer gründlichen Reinigung unterzogen wird. Dabei werden alle Reste von Eihüllen, eventuelle unbefruchtete Eier (Wachseier) oder Totgeburten sorgsam entfernt und ausgezählt, um einen Überblick über die vom Muttertier insgesamt angesetzten Eier zu bekommen.

Bei der Geburt von Strumpfbandnattern können auch Jungschlangen mit Missbildungen auftreten. Häufig sind es irreparable Verkrümmungen der Wirbelsäule. Auch Jungen mit doppelten Köpfen sind bekannt (MUTSCHMANN 1995, KÜNZLI, pers. Mitlg. 2000). Jungschlangen, die Schädigungen dieser Art aufweisen, sind meist nicht lange lebensfähig oder werden schon tot geboren. Vorkommnisse dieser Art sind bei Strumpfbandnattern durchaus nicht selten und brauchen den Pfleger nicht zu beunruhigen. Missgebildete Junge sollten aber stets den weitaus kleineren Teil der geborenen Tiere ausmachen. Gründe für derartige Erscheinungen können Haltungsbedingungen sein (z. B. zu hohe oder zu niedrige Temperaturen während der Trächtigkeit). Auch zu junge Weibchen zeigen eine erhöhte Zahl missgebildeter Nachkommen. Bei zahlreichen seltener gehaltenen Arten/Unterarten spielen aber mit Sicherheit auch genetische Degenerationen aufgrund von Inzuchteffekten eine Rolle.

Melanistisches Jungtier von *Thamnophis sirtalis sirtalis* mit Wirbelsäulenverkrümmung und ohne Kopf
Foto: M. Hallmen

Manchmal tritt auch bei Strumpfbandnattern gegen Ende der Trächtigkeit eine „Legenot" ein. Dabei können die Eier oder die reifen Embryonen den Mutterleib nicht verlassen. Regelmäßige warme Bäder und Massagen helfen manchmal, die Eier zu lösen. In den meisten Fällen sollte jedoch rasch ein Tierarzt um Rat gefragt werden.

Aufzucht der Jungen

Unter den Jungen gibt es hin und wieder Tiere, die lebensschwach sind. Je nach Art/Unterart kann es sich dabei um bis zu ein Drittel eines Wurfes handeln (MUTSCHMANN 1995). Sehr zum Leidwesen und Erstaunen des Pflegers sterben oft nicht die schwächsten, sondern die kräftigsten der Jungen. Das kann ein Anzeichen für Mineralstoffmangel oder für eine Überfütterung der Tiere sein. In den ersten Tagen nach der Geburt ist die Sterblichkeit unter den Jungen auch unter Terrarienbedingungen am höchsten. Es muss eine tägliche Kontrolle auf tote Tiere hin erfolgen.

Die ersten Wochen und Monate können 20 Jungtiere und mehr in einem Terrarium gehalten werden. Sie einzeln oder in kleineren Gruppen von 3–4 Jungen zu halten (PERLOWIN 1994), ist aus unserer Sicht aufgrund der oft erheblichen Wurfgrößen nicht praktikabel und auch nicht notwendig. Zum Abstreifen der letzten Reste der Eihaut wird der Bodengrund des Aufzuchtterrariums (am besten Fließpapier) während der ersten Tage bis nach der ersten Häutung der Jungschlangen regelmäßig leicht angefeuchtet. Die Wassergefäße im Aufzuchtterrarium dürfen anfangs noch nicht sehr tief sein. Flache Schalen sind besser geeignet als hohe Behälter, da ganz junge Strumpfbandnattern noch nicht sehr ausdauernd schwimmen können. Das Aufzuchtterrarium sollte nicht zu groß gewählt werden. Je größer das Terrarium, desto scheuer werden die Tiere.

Die Erstfütterung von jungen Strumpfbandnattern kann grundsätzlich mit dem Futter der erwachsenen Tiere erfolgen. Es versteht sich jedoch von selbst, dass die Futterbrocken entsprechend zerkleinert sein müssen. Wenn die Jungen mehrere Tage lang noch kein Futter angenommen haben, so sind Regenwürmer meist das erste Futter, an das die Jungschlangen gehen. Anschließend können sie dann schrittweise an anderes Futter gewöhnt werden (siehe Fütterung). Die ersten Jungen nehmen 2–3 Tage nach der Geburt Futter auf (COOTE 1993). Die Erstfütterung nach 1–2 Wochen (PERLOWIN 1994, SCHMIDT 1996) kommt nach unseren Erfahrungen für zahlreiche Jungen zu spät. Eine zusätzliche Mineralisierung des Futters sollte frühestens nach 2–3 erfolgreichen Fütterung durchgeführt werden. Der Geruch der Präparate könnte die Jungschlangen sonst von der ersten Futteraufnahme abhalten. Der Organismus junger Strumpfbandnattern zeigt sich noch überaus empfindlich gegen eine Überdosierung von Vitaminpräparaten; sie sollten daher wie bei den erwachsenen Tieren nur alle 2–3 Fütterungen zu-

gesetzt werden. Die Futtermenge muss immer so dosiert werden, dass auch scheuere Junge noch Futter vorfinden, wenn die aktiveren Tiere sich satt gefressen haben.

Junge Strumpfbandnattern wachsen in der Regel sehr schnell. Bei den meisten Arten/Unterarten bildet sich auch von Beginn an der typische Größenunterschied der Geschlechter aus. Sollten größer werdende Tiere kleinere Geschwister beim Fressen unterdrücken, dann können Tiere gleicher Größe separiert und gemeinsam weiter gepflegt werden. Das Wachstum der Jungschlangen kann über Messungen der Körperlänge und des Gewichtes kontrolliert werden. Die Körperlänge lässt sich gut anhand der abgestreiften Häute ermitteln. Die Häute werden beim Abstreifen in feuchtem Zustand zwar meist gedehnt, was

Jungtiere von *Thamnophis sirtalis parietalis*　　　　　　　　　　Foto: M. Hallmen

dazu führt, dass sie in der Regel länger sind, als das Tier selbst. Aber das relative Wachstum der Häute ist als Anhaltspunkt für die Beurteilung des Wachstums der Tiere gänzlich ausreichend. Zum Messen des Gewichtes wird die Schlange in einem Beutel ausbruchssicher verwahrt. Das Gewicht selbst kann dann einfach mit einer Briefwaage, Küchenwaage, Federwaage o. Ä. ermittelt werden. Alle Daten sollten schriftlich festgehalten werden. Das Stopfen sehr kleiner Strumpfbandnattern, die nicht ans Futter gehen, ist eine heikle Sache. Sie dürfen keinesfalls mit festen Futterbrocken zwangsgefüttert werden; sie könnten daran ersticken. Besser geeignet ist die Zwangsfütterung mit einem Nahrungsbrei mittels einer Spritze (siehe Fütterung).

Wohin mit den Jungen?
Viele Strumpfbandnattern gebären regelmäßig und meist zahlreiche Junge. Daraus kann sich für den ein oder anderen Halter im Laufe der nachfolgenden Wochen und Monate rasch ein Problem ergeben. Die wenigsten Züchter werden ihren kompletten Nachwuchs auf Dauer selbst behalten können. Verwandtschaft und Freundeskreis sind selten genug Ansprechpartner für den Erwerb von Strumpfbandnattern. Am besten versucht man, private Interessenten für den Nachwuchs zu finden. Man kann sie in Fachzeitschriften anbieten oder direkt auf einer der zahlreichen Reptilienbörsen verkaufen. Bei Direktverkauf gibt man dem Käufer noch Pflegetipps oder Informationen über die Gewohnheiten des Tieres mit auf den Weg. Außerdem kann man sich einen Eindruck über den Käufer verschaffen. Wir geben unsere Tiere nicht an jeden Interessenten ab! Auf der andern Seite verdanken wir eine Unzahl von Kontakten zu gleichgesinnten Freunden der Strumpfbandnattern ursprünglich dem Verkauf von Tieren. Aus den Gesprächen können sich lang anhaltende Freundschaften sowie neue Gelegenheiten zum Kauf oder Tausch von interessanten Tieren ergeben.

Auch der Zoofachhandel kann eine Möglichkeit zur Abgabe von jungen Strumpfbandnattern sein.

Sie werden dort immer wieder gerne genommen. Das ist grundsätzlich auch sinnvoll, wird mit jeder im Handel verkauften Nachzucht doch ein Vielfaches an Wildfängen eingespart. Dennoch ist auch bei der Abgabe der Jungen an den Fachhandel das jeweilige Geschäft kritisch zu überprüfen. Ungepflegte Terrarien mit kranken Insassen verheißen auch für unsere Nachzuchten nichts Gutes. Dieser Eindruck wird häufig genug noch durch eine inakzeptable Art des Umganges und der Vermarktung der Tiere ergänzt. Am besten kennt man den jeweiligen Zoofachhändler und sein Geschäftsgebaren schon über Jahre. Ob man als Entgelt Bargeld oder benötigte Materialien bzw. Futter erhält, erscheint uns sekundär, wenn wir die Schlangen gut aufgehoben wissen.

3.6 Vergesellschaftung

Die Arten und Unterarten der Gattung *Thamnophis* können in aller Regel problemlos untereinander vergesellschaftet werden. Die vorübergehende Haltung mehrerer Arten und Unterarten in einem gemeinsamen Terrarium z. B. aus Gründen akuten Platzmangels ist bei Schlangenhaltern durchaus üblich. Auch zur Vorbereitung gezielter Paarungen werden Männchen und Weibchen nach Geschlechtern getrennt über Wochen und Monate in artübergreifenden Gruppen gemeinschaftlich gehalten. Ähnliches gilt für Rassen oder Farbvarianten, die für gezielte Neuzüchtungen im Rahmen eines Zuchtprogramms oder vor dem Hintergrund einer notwendigen Blutauffrischung gekreuzt werden sollen. Die Aufzucht von Jungen unterschiedlicher Arten von Strumpfbandnattern kann ebenfalls über Wochen und Monate gemeinschaftlich erfolgen. Alle diese Formen der Vergesellschaftung sind jedoch in der Regel zeitlich begrenzt und erfüllen einen züchterischen Zweck.

Eine dauerhafte Gemeinschaftshaltung unterschiedlicher Arten und Unterarten von Strumpfbandnattern ist unter Züchtern meist verpönt. Grund hierfür sind die bereits in der F_1-Generation (also der ersten Nachfolgegeneration) zu erwartenden Mischlinge. Und in der Tat: Das Argument wiegt schwer, kommt doch eine zunehmende Vermischung der Unterarten und Farbformen faktisch ihrer Auflösung gleich. Daher sollten alle Tiere einer Art oder Unterart nur unter ihresgleichen gehalten werden und zur Fortpflanzung gelangen. Dies gilt in ganz besonderem Maße für seltene Arten und Unterarten. Wir stimmen mit diesem züchterischen Ideal in Wort und Tat ausdrücklich überein! Dennoch halten wir es für legitim, die Haltung von Strumpfbandnattern auch unter anderen Gesichtspunkten als rein züchterischen Ansätzen zu betreiben. So eröffnet eine dauerhafte Gesellschaftshaltung unterschiedlicher Arten und Unterarten von Strumpfbandnattern eine nicht zu leugnende ästhetische Dimension. Welcher *Thamnophis*-Freund könnte sich des Anblicks und der Schönheit entziehen, die von einem sich gemeinschaftlich sonnenden Schlangenknäuel ausgeht, in dem sich das Blau von *T. sirtalis similis* mit dem Rot von *T. s. parietalis*, dem Schwarz einer melanistischen *T. s. sirtalis* und dem Gelb des Rückenstreifens von *T. radix* zu einem einmalig bunten Potpourri vereint? Darüber hinaus werden einige Arten auch in der Natur z. B. in gemeinschaftlichen Verstecken gefunden.

Unabhängig von den Beweggründen für eine kürzere oder längerfristige Vergesellschaftung von *Thamnophis*-Arten und -Unterarten bedarf es für ein solches Vorhaben besonderer Voraussetzungen. In dem Terrarium müssen nicht nur eine erhöhte Anzahl an Tieren, sondern auch die dazu gehörigen vermehrten Versteckmöglichkeiten sowie ein vergrößertes Wasserbecken ausreichend Platz finden. Weiterhin ist darauf zu achten, dass die Größe der ausgewählten Tiere zueinander passt. Werden zu kleine Tiere zusammen mit ausgewachsenen Schlangen gehalten, besteht ein erhöhtes Risiko, dass die kleinen Schlangen bei der Futteraufnahme von den adulten Tieren versehentlich mit gefressen werden (siehe Kapitel Fütterung). Eventuell unterschiedlichen ökologischen Bedürfnissen der einzelnen Arten und Unterarten (z. B. in der Feuchtigkeit oder der Optimaltemperatur) ist durch eine stärkere Dif-

ferenzierung der Terrarieneinrichtung Rechnung zu tragen. Einer unerwünschten Bastardisierung kann vorgebeugt werden, in dem nur Tiere gleichen Geschlechtes vergesellschaftet werden. Zum Zweck der Paarung müssen die Tiere nach Art/Unterart getrennt in separate Zuchtterrarien gebracht werden. Bei der Gemeinschaftshaltung unterschiedlicher Arten und Unterarten beiden Geschlechtes sind Mischlinge kaum zu vermeiden.

Bei jeder Form der Vergesellschaftung zeigen die Tiere in aller Regel keine gegenseitigen Aggressionen. Wir hielten z. B. über mehrere Jahre adulte Tiere unterschiedlichen Geschlechtes von *T. radix* und melanistischen Tieren von *T. s. sirtalis* oder auch semiadulte melanistische *T. s. sirtalis*, *T. s. parietalis*, *T. s. semifasciatus* und *T. s. sirtalis* zusammen. Hier zeigten sich ebenso wie bei der Gemeinschaftshaltung von adulten *T. s. fitchi*, *T. s. sirtalis* „fire garter" und *T. s. parietalis* in keiner Verhaltensweise Unterschiede zu einer Haltung nach Arten/Unterarten getrennt. Auch BRUCHMANN (1997) machte mit einer länger andauernden Gemeinschaftshaltung von *T. elegans vagrans* und *T. e. virgatenuis* im Terrarium gute Erfahrungen. Einzige Ausnahme könnten nach eigenen Beobachtungen die Bändernattern (*T. proximus* und *T. sauritus*) bilden. Ein adultes Weibchen von *T. p. orarius* lebte während einer achtmonatigen Gemeinschaftshaltung mit einem Zuchtpaar von *T. sirtalis parietalis* auffällig versteckt, ging nur selten ans Futter und verhielt sich allgemein sehr scheu. Nachdem das Tier durch Neuerwerb von Terrarien in Einzelhaltung überführt werden konnte, änderte sich sein Verhalten innerhalb kurzer Zeit und glich sich dem seiner Artgenossen an. Es scheint demzufolge durchaus möglich, dass Bändernattern mit ihrem von Natur aus schreckhafteren und scheueren Verhalten durch die Anwesenheit anderer *Thamnophis*-Arten gehemmt werden. Darauf gilt es bei einer Vergesellschaftung von Strumpfbandnattern zu achten.

Strumpfbandnattern lassen sich auch zusammen mit Arten anderer Gattungen pflegen. Im

Reizvolles Farbenspiel (*Thamnophis sirtalis tetrataenia* [Kopf rechts] und *Thamnophis proximus orarius* [Kopf links])

Foto: M. Hallmen

Zimmerterrarium konnten *T. sirtalis parietalis* und *Nerodia fasciata* nachweislich ohne Probleme zusammen gehalten werden (SCHMIDT 1997a). Auch für Freianlagen liegen ausnahmslos positive Erfahrungen vor. So berichtet BOL (1996) von einer erfolgreichen Gemeinschaftshaltung von *T. s. sirtalis*, *T. s. parietalis* und *T. s. semifasciatus*, und KREYERHOFF (pers. Mitlg. 1998) hält *T. s. parietalis* gemeinsam mit *T. radix* zusammen in einer Freianlage. Eine noch größere Arten- und Gattungsdiversität konnten STRATHEMANN (1995a) und wir (HALLMEN 2001) gemeinsam in Freiterrarien halten. Selbst mit Giftschlangen (z. B. *Vipera berus*, *Vipera aspis*, *Vipera ammodytes*), Echsen (z. B. *Lacerta viridis*) oder Wasserschildkröten (z. B. *Emys orbicularis*) lassen sich Strumpfbandnattern

u. U. vergesellschaften (HALLMEN 1997a). Allerdings zeigt das Beispiel einer versuchten Vergesellschaftung von jungen Smaragdeidechsen (*Lacerta viridis*) und ausgewachsenen *T. s. sirtalis*, dass die Größenverhältnisse der Tiere zueinander passen müssen (BOL, pers. Mitlg. 2000). In besagtem Beispiel stürzte sich *T. s. sirtalis* sofort auf die kleineren Smaragdeidechsen, die nur im letzten Moment vor den Strumpfbandnattern gerettet werden konnten. Doch auch im Terrarium gestaltete sich eine kurzzeitige Vergesellschaftung von *Thamnophis*-Arten mit z. B. *Natrix natrix*, *Natrix tessellata* oder *Natrix maura* bei uns als grundsätzlich problemlos. Andernorts dürften ähnlich positive Erfahrungen mit der Gemeinschaftshaltung von Tieren der Gattung *Thamnophis* und Schlangen

Die Würfelnatter *Natrix tessellata*   Foto: M. Hallmen

anderer Gattungen im Terrarium vorliegen. Voraussetzung ist lediglich, dass alle beteiligten Arten ähnliche ökologische Ansprüche haben und grundsätzlich gegenüber anderen Schlangen verträglich sind.

3.7 Krankheiten

Jeder verantwortungsbewusste Terrarianer ist nach Kräften bemüht, Schaden von seinen Pfleglingen abzuwenden. Doch auch bei noch so guter Pflege lassen sich Krankheiten manchmal nicht vermeiden. Und dem Anfänger sei es ein Trost: Auch die besten und altgedientesten unter den Terrarianern sind vor diesem Übel nicht gefeit! Daher ist es sicherlich sinnvoll, sich zumindest einige Grundkenntnisse über die häufigsten Krank-

heiten von Strumpfbandnattern anzueignen, um Probleme rechtzeitig erkennen und Gegenmaßnahmen einleiten zu können. Nicht alle Krankheiten können jedoch vom Pfleger diagnostiziert oder behandelt werden. In manchen Fällen wird ein Gang zum Tierarzt unvermeidbar sein.

Grundvoraussetzung für eine rechtzeitige Erkennung von Krankheiten bei Strumpfbandnattern ist eine regelmäßige Kontrolle auf veränderte Verhaltensweisen. Verweigern die Tiere wiederholt das Futter, liegen sie nur noch teilnahmslos im Terrarium oder verhalten sich im Gegenteil eher nervös bis hin zur Aggressivität, sind das häufig erste Anzeichen für beginnende Krankheiten; sie dürfen nicht übersehen oder gar bewusst ignoriert werden. Je früher eine Krankheit erkannt wird, desto leichter ist sie zu behandeln! Häufig kann eine sichere Diagnose nicht ohne eine gewisse Labortechnik erstellt werden (z. B. Kotuntersuchungen oder Analysen des Blutes, Nachweise von Bakterien oder Pilzen). Besonders der Anfänger sollte daher nicht zögern, sich mit seinen kranken Tieren einem Tierarzt anzuvertrauen.

Die im Folgenden aufgeführten Krankheiten bei Strumpfbandnattern sind nur ein kleiner Ausschnitt der allein bei der Gattung *Thamnophis* bekannten Fülle. Zum weiteren Studium sei bereits an dieser Stelle auf die Werke von z. B. GABRISCH & ZWART (1995) oder ISENBÜGEL & FRANK (1999) verwiesen; die fundiertesten speziell auf Strumpfbandnattern bezogenen Ausführungen finden sich in MUTSCHMANN (1995). Doch auch nach gründlichem Studium der Literatur ist man noch kein Tierarzt. Auch der richtige Umgang mit Giften, die viele der hier angeführten Präparate für die Schlangen wie für deren Halter darstellen, will gelernt sein. Es gilt dabei die Grundregel: Viel hilft nicht viel! Alle Präparate müssen richtig dosiert werden!

Vitamin-B$_1$-Mangel

Eine bei Strumpfbandnattern häufig auftretende Vitaminmangelerkrankung (Hypovitaminose) ist das Auftreten von Vitamin-B-Mangelerscheinungen. Sie äußern sich in typischen krampfartigen Bewegungen, bei denen Kopf und Hals nach hinten auf den Rücken geworfen werden (Opisthotonus). Häufig sind sie auf die ausschließliche Ernährung der Tiere mit tiefgekühltem Fisch zurückzuführen (SWEENEY 1992). Dieser enthält einen erhöhten Anteil an Thiaminase, ein Enzym, das Thiamin (Vitamin B$_1$) abbaut. Besonders hoch ist die Gefahr von Mangelerscheinungen auch beim Verfüttern von Fischen aus der Familie der Weißfische (Cyprinidae – siehe Ernährung). Diese Fische enthalten bereits eine natürlich bedingte Anreicherung von Thiaminase. Vorbeugend sollte Tiefkühlfisch als Futtervorrat für Strumpfbandnattern nicht zu lange gelagert werden. Darüber hinaus lässt sich der Mangel an Vitamin B$_1$ durch die regelmäßige Gabe von Vitaminpräparaten in aller Regel gut

ausgleichen. Einige erfahrene Züchter reichern ihre Mulitvitaminpräparate darüber hinaus zusätzlich mit Vitamin-B-Komplexen oder, wie wir und z. B. auch BOL (pers. Mitlg. 1999) mit reinem Vitamin B$_1$ an. SWEENEY (1992) und MUTSCHMANN (1995) empfehlen ein kurzzeitiges Erhitzen des Fisches vor dem Verfüttern auf mindestens 60–80 °C. Dabei wird die chemische Struktur der Thiaminase zerstört. Wir wenden diese Technik nicht an und verlassen uns bislang mit Erfolg auf eine vorbeugende regelmäßige Gabe von mit Vitamin B$_1$ angereicherten Futterfischen. Die Behandlung von Vitamin-B$_1$-Mangelerscheinungen erfolgt durch die Gabe thiaminhaltiger Präparate. Sie werden am sichersten in flüssiger Form (z. B. Bryonon N) über eine Kanüle in den Mund (oral) verabreicht. Pulverförmige Präparate z. B. auf dem Futter werden von bereits erkrankten Schlangen nicht immer aufgenommen. Bei rechtzeitiger Erkennung und Therapie sind die Symptome meist rasch wieder verschwunden. Wird der Vitamin-B$_1$-Mangel jedoch zu spät diagnostiziert und behandelt, verläuft er in der Regel tödlich (HALLMEN 1999b).

Zurückwerfen des Kopfes bei Vitamin-B$_1$-Mangel
Foto: M. Hallmen

Milben

Milben sind einer der Außenparasiten (Ektoparasiten), die bei Strumpfbandnattern regelmäßig zum Problem werden. Meist handelt es sich dabei um die Schlangenmilbe *Ophionyssus natricis*. Milben sind nicht zu verwechseln mit Zecken, die deutlich größer werden und seltener als Außenparasiten an Strumpfbandnattern zu finden sind – zumindest bei Tieren auf dem europäischen Markt. Milben sind als winzig kleine, rotbraune bis schwarze und bewegliche Punkte auf der Haut der befallenen Schlange zu sehen. Sie können sich vermehrt um die Augen herum aufhalten, wo sie eine Schwellung der Augenregion verursachen können. Da die Schlangenmilben nachtaktiv sind, empfehlen wir besonders bei Neuzugängen während der Quarantänezeit 1–2 nächtliche Inspektionen der Haut mit der Taschenlampe. Bei starkem Befall der Schlangen ist ein „weißes Puder" auf deren Haut zu erkennen. Dabei handelt es sich um Nymphen oder Häutungsreste der Milben (MUTSCHMANN, pers. Mitlg. 2000). Die Milben ernähren sich vom Blut der Schlangen und können in hoher Anzahl ihre Wirte erheblich schwächen; unter Terrarienbedingungen kann der Befall auch tödlich enden. Darüber hinaus besteht die Gefahr, dass die Milben als Überträger (Vektoren) für Infektionskrankheiten fungieren. Sie verbreiten sich rasch auch in benachbarten Terrarien und können sich zu einer wahren Geißel von Terrarienanlagen entwickeln.

Die befallenen Schlangen müssen schnellstmöglich isoliert und in eine „Sterilhaltung" überführt werden. Eine gründliche Inspektion weiterer Terrarien ist unerlässlich. Das alte Terrarium muss gänzlich entleert und alle Einrichtungsgegenstände, die nicht sterilisiert werden können, entsorgt werden. Das Terrarium und die verbleibende Einrichtung werden gründlich gereinigt, desinfiziert oder sterilisiert und mit neuem Bodengrund versehen wieder eingerichtet. Die Behandlung im „Sterilterrarium" kann durch einen der Größe des Terrariums angepassten Streifen eines Insektenstrips mit Dichlorphos erfolgen, wie er in jeder Drogerie zu erwerben ist. Aus ihm

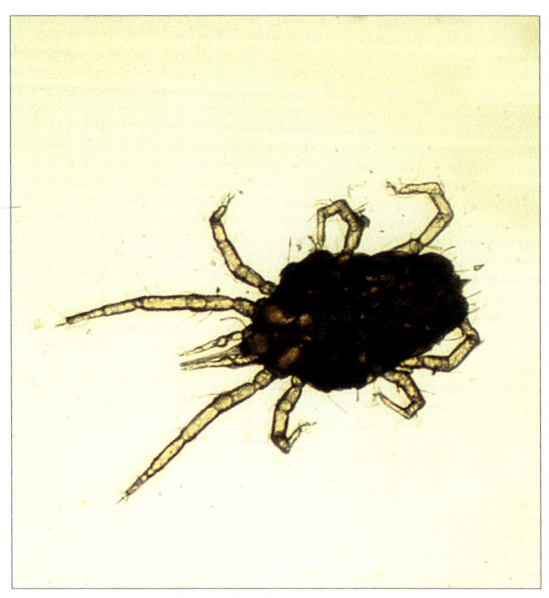

Die Schlangenmilbe *Ophionyssus natricis*
Foto: F. Mutschmann

gasen die Wirkstoffe aus, die die Milben abtöten. Damit sich die Stoffe nicht im Trinkwasser der Schlange lösen und von ihr auf diesem Weg aufgenommen werden, darf sich während der Behandlung kein Wassergefäß im Terrarium befinden. Um den direkten Kontakt der Schlange mit

Bekämpfung von Milben bei *Thamnophis sirtalis tetrataenia*
Foto: M. Hallmen

dem Insektenstrip zu vermeiden, wird er in ein kleines Gefäß mit ausreichend vielen Löchern gesteckt (z. B. Tee-Ei, leere Filmdose mit Löchern). Er kann auch von außen auf die Belüftungsgitter gelegt werden. Die Schlange wird vier Tage behandelt, anschließend wird der Streifen für drei Tage entfernt. Während dieser Zeit schlüpfen aus den verbliebenen Milbeneiern die Nymphen, die dann anschließend mit einer abermals vier Tage dauernden Behandlung mit einem neuen Insektenstrip abgetötet werden. Die Behandlung darf nicht über einen zu langen Zeitraum erfolgen, da sonst die Gefahr besteht, resistente Milben heran zu züchten (COOTE 1993).

Wir behandeln unsere Schlangen gegen Milben mit einer 0,5- bis 1%igen Lösung von Neguvon. Sie wird im Quarantäneterrarium auf das Tier aufgesprüht. Die Behandlung wird im Abstand von 1–2 Wochen wiederholt. Auch hierbei darf sich kein Trinkwasserbehälter im Terrarium befinden. Die Behandlung erwies sich bislang zwar immer als erfolgreich, wir hatten jedoch in jüngster Zeit Probleme bei von Milben befallenen Jungschlangen; einige Tiere gingen nach der Behandlung ein. Eine Behandlung mit Frontline, das wegen seiner hohen Lösungsmittelkonzentration im Verhältnis 1:1 mit Wasser verdünnt wurde, vertrugen die Jungschlangen deutlich besser. Nach Auskunft von MUTSCHMANN (pers. Mitlg. 2000) wandern die Wirkstoffe beider Präparate durch die Haut in den Körper der Schlangen, wo sie die Funktion der Nervenzellen schädigen. Auch eine Schädigung der Embryonen durch Neguvon ist bekannt (KUNZ, pers. Mitlg. 2000). Da der Abbau von Neguvon im Körper der Tiere länger dauert als der von Frontline, scheint Letzteres die bessere Alternative. Auch die Behandlung mit Frontline muss nach 1–2 Wochen wiederholt werden.

Unabhängig von der Behandlungsmethode müssen stets auch das Terrarium (das „Sterilterrarium" zur Behandlung wie auch das normale Aufenthaltsterrarium) und alle seine Einrichtungsgegenstände mit in die Behandlung einbezogen werden!

Darmparasiten

Ein ebenfalls häufig bei Strumpfbandnattern auftretendes Problem sind Darmparasiten. Als Innenparasiten (Endoparasiten) befallen sie unterschiedliche Stellen des Magen-Darm-Traktes. Besonders Wildfänge sind mit Darmparasiten behaftet. Mögliche Symptome sind: Futterverweigerung, Gewichtsverlust, Apathie, Erbrechen von Futter oder Dehydrierung (Austrocknung). Als Erreger kommen z. B. Saugwürmer (Trematoden), Bandwürmer (Cestoden), Fadenwürmer (Nematoden), Einzeller (Protozoen) und viele mehr in Frage. Sie sind nur über eine Kotprobe vom Tierarzt sicher zu bestimmen. Generell schwächen sie den Allgemeinzustand der befallenen Strumpfbandnatter und erhöhen dadurch das Risiko, dass die Tiere an weiteren Infektionen erkranken. Die Krankheitserreger werden von den kranken Tieren über den Kot ausgeschieden. Folglich sind verdächtige Tiere schnellstmöglich zu isolieren und unter Quarantänebedingungen zu halten; es besteht Ansteckungsgefahr.

Als Behandlung gegen den Großteil der parasitischen Vielfalt im Magen-Darm-Bereich von Strumpfbandnattern wird die Gabe von Panacur empfohlen. 25 mg pro kg Körpergewicht werden einmal alle 1–2 Wochen oral verabreicht. Nach 2–3 Behandlungen sollten sich in der Kotprobe

Kotausstrich von *Thamnophis sirtalis parietalis* mit Amöbenzysten und Nematodeneiern

Foto: F. Mutschmann

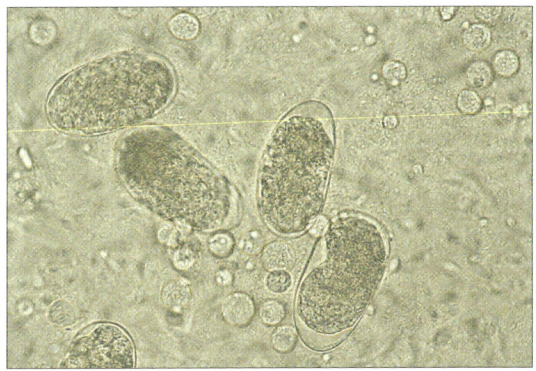

keine Erreger mehr nachweisen lassen. Speziell gegen einige Vertreter der Geißeltierchen (Flagellaten) und der Wechseltierchen (Amöben) wird Flagyl ebenfalls in der Konzentration von 25 mg pro kg Körpergewicht mit dem Futter oder über eine Sonde gegeben. Die Behandlungen erfolgen alle zwei Wochen, bis die Kotprobe den Erfolg bestätigt.

Bläschenkrankheit

Die Bläschenkrankheit, die fälschlich auch als „Pocken" bezeichnet wird, tritt bei Strumpfbandnattern vergleichsweise häufig auf. Sie ist fast immer auf eine zu feuchte Haltung zurückzuführen, insbesondere, wenn der Bodengrund des Terrariums dauerhaft zu feucht ist. Die Krankheit selbst stellt eine bakterielle Infektion dar, die sich in klaren oder milchig trüb gefüllten Bläschen oder Schwellungen auf der Haut äußert. Wird sie rechtzeitig erkannt, so kann es ausreichen, den Bodengrund sofort zu wechseln und fortan trocken zu halten. Zusätzlich wird die Haut einmal täglich mit Betadin-Lösung abgerieben. Alternativ kann die Haut auch ein- bis zweimal täglich mit Wasserstoffperoxid (H_2O_2) gereinigt werden. Größere Bläschen können zuvor mit einem sterilen Skalpell vorsichtig aufgeschnitten werden. Mit der nächsten Häutung verschwinden die Symptome dann meist. Bei stärkerem Befall über die gesamte Körperoberfläche der Schlangen muss ein Tierarzt hinzugezogen werden. Unbehandelt kann die Krankheit tödlich verlaufen.

Maulfäule

Die Maulfäule (Infektiöse Stomatitis, Stomatitis ulcerosa) ist zumeist eine Mischinfektion, an der z. B. Bakterien der Gattungen *Aeromonas* und *Pseudomonas* regelmäßig beteiligt sind (MUTSCHMANN, pers. Mitlg. 2000). Sie äußert sich in Schwellungen des Kiefers, die dafür sorgen, dass das Tier sein Maul nicht richtig schließen kann. Im Maul finden sich gelbliche Stellen, die in ihrem Aussehen an Käse erinnern. Die Kopfregion der Schlangen ist nicht selten von einem fauligen Geruch umgeben. Ursache für die Maulfäule kann eine unausgewogene Ernährung sein, insbesondere der Mangel an den Vitaminen A und C. Die Krankheit ist hochgradig infektiös. Befallene Tiere sind sofort zu isolieren und unter Quarantäne zu stellen. Hände und Gerätschaften müssen nach Kontakt mit dem Tier oder seinem Terrarium desinfiziert werden. Zur Behandlung wird dem Tier ein- bis zweimal täglich der Mundraum mit einer 3%igen Lösung von Wasserstoffperoxid mittels eines Tupfers ausgewaschen. Eine antibiotische Behandlung durch einen Tierarzt auf der Grundlage eines Resistogrammes ist bei der Maulfäule unabdingbar (MUTSCHMANN, pers. Mitlg. 2000). Es könnten auch für den Menschen gefährliche Mikroorganismen vorhanden sein. Um eine Wiederholung zu vermeiden, muss die Ernährung der Schlangen umgestellt werden.

Atemwegserkrankungen

Erkrankungen der Atemwege, wie z. B. Lungenentzündungen, treten meist nur bei bereits geschwächten Strumpfbandnattern auf. Besonders trifft das für Wildfänge nach langem Transport mit einer Unzahl von Tieren in viel zu engen Behältern zu. Sie treten jedoch auch auf, wenn es während der Sommermonate über längere Zeit zu kalt war oder während der Winterpause die für die Winterstarre geeigneten Temperaturen überschritten wurden. Die Tiere zeigen dann eine auffällig schwere Atmung bei manchmal geöffnetem Maul; der Kopf kann zusätzlich angehoben sein. Die Schlangen niesen auch häufig. Derartige Erkrankungen sind ansteckend, und der Verlauf der Krankheit endet ohne Behandlung oft tödlich. Bei Anfangssymptomen wird im Quarantäneterrarium die Temperatur erhöht, um die Abwehrkräfte des kranken Tieres zu stärken. Sollte sich nicht rasch Besserung einstellen, bleibt nur eine Behandlung mit Antibiotika durch den Tierarzt.

Verletzungen

Strumpfbandnattern können bereits von Natur aus Verletzungen aufweisen (z. B. Bissspuren von Fressfeinden). Da solche Tiere jedoch meist nicht in den Handel gelangen, sind die Verletzungen von Terrarientieren in aller Regel durch falsche Haltungsbedingungen verursacht. Immer wieder erleiden Strumpfbandnattern beim Transport mechanische Stöße und Quetschungen, oder sie fügen sich aufgrund stressbedingter Fluchtreaktionen selbst Verletzungen zu. Diese äußern sich oft in Schürfwunden im vorderen Kopfbereich. Während der Eingewöhnungsphase – besonders von Wildfängen – reagieren Strumpfbandnattern manchmal mit unkontrollierten Fluchtversuchen. Da die Tiere eventuell noch nicht mit den Eigenschaften von Glas vertraut sind, kann es dabei zu heftigen Zusammenstößen kommen. Unter Terrarienbedingungen kann es wegen unsachgemäßer Anordnung von Lampen im Innenbereich des Behälters oder falsch eingestellter Wärmequellen zu Verbrennungen der Schlangen kommen. Im Terrarium lose herumliegende Gegenstände (z. B. Steine) können die Tiere ebenfalls verletzen. Bisse von anderen Tieren im selben Terrarium sind bei Strumpfbandnattern z. B. bei der Fütterung durchaus üblich.

In den meisten Fällen ist Vorbeugen die beste Behandlung. Alle aufgelisteten Gefahrenquellen gilt es durch technische Maßnahmen oder durch Verhaltensweisen des Pflegers zu vermeiden. Hat sich dennoch eine Verletzung ergeben, so wird sie vorsichtig mit Wasserstoffperoxid gereinigt. Anschließend kann man antiseptische und antibiotische Salben auf die Wunde aufbringen. Die Behandlung ernsterer Verletzungen ist dem Tierarzt vorbehalten.

Häutungsprobleme

Bei Strumpfbandnattern kann es in Gefangenschaft zu Häutungsproblemen (Dysecdyse) kommen. Die nicht gehäuteten Stellen sind meist deutlich als farblich stumpfe Körperstellen zu erkennen und finden sich vermehrt an der Schwanzspitze sowie auf den Hautschuppen der Augen (Cornealschilde), der Brille. Die alten Teile der Haut hemmen das Wachstum (z. B. Schwanzspitze), was zum teilweisen Absterben des Körperteils führen kann. Sie sind aber auch Ansatzpunkte für bakterielle Infektionen. Im Fall der Augen kann

In seiner eigenen Haut ersticktes melanistisches Jungtier von *Thamnophis sirtalis sirtalis*

Foto: M. Hallmen

das bis zur Erblindung eines Tieres führen. Auf trockene Haltungsbedingungen als Ursache für derartige Störungen der Häutung wurde bereits an anderer Stelle eingegangen. Verletzungen und Verbrennungen können ebenfalls der Grund für eine nicht vollständige Häutung sein. Fehlen Gegenstände mit rauer Oberfläche im Terrarium, so kann die Schlange keinen Ankerpunkt für ihre alte Haut finden, und es kann ebenfalls zu Störungen, im Extremfall – wie bei uns einmal beobachtet – zum Ersticken des Tieres in seiner eigenen Haut kommen. Verfettete und träge Tiere machen zuweilen kaum noch Anstalten, ihre alte Haut loszuwerden. Doch auch im umgekehrten Fall haben schwache Tiere Mühe, sich ihrer Haut in einem Stück zu entledigen.

Vorbeugend kann man die Tiere während der erkennbaren Vorstadien der Häutung ein- bis zweimal täglich mit handwarmem Wasser besprühen. Das erleichtert dem Tier eine komplette Häutung. Manche Halter bieten ihren Tieren auch eine „feuchte Kiste" als Hilfe an, in die die Schlange durch ein Loch hineinkriechen kann und in der sich feuchtes Fließpapier, Moos oder ähnliches Material befindet. Ist die Häutung bereits vorüber, und es müssen noch verbliebene Hautreste entfernt werden, kann man die Schlange für 20–30 Minuten in einen mit laufwarmem Wasser befeuchteten Leinenbeutel überführen. Die Feuchtigkeit hilft, die alten Hautfetzen zu lösen. Den gleichen Effekt hat ein feuchtes Handtuch, durch das man die Schlange kriechen lassen kann. Wir baden unsere Tiere häufig für 20–30 Minuten in ca. 30 °C warmem Wasser. Auch das Bestreichen der alten Haut mit Speiseöl (z. B. Olivenöl) kann die Ablösung fördern. Bei dem Vorschlag von MARA (1995a), die Brille durch das Beträufeln mit Mineralöl zu lösen, dürfte es sich wohl um einen Übersetzungsfehler handeln; Mineralöl wäre für die Tiere schädlich. Gleichgültig, auf welche Weise man die Haut der Schlange anfeuchtet, man wird in manchen Fällen nicht umhinkommen, die nun eingeweichten Hautreste mit der Hand vorsichtig zu entfernen. Besondere Vorsicht ist dabei beim Entfernen der Brille geboten. Der Kopf muss beim behutsamen Lösen mit einer Pinzette gut

fixiert werden, damit keine Verletzungen durch ruckhafte Bewegungen des Kopfes entstehen können. Wer darin nicht geübt ist, kann im Fall von Häutungsproblemen an den Augen auch die nächste Häutung abwarten. Wenn er bis dahin die Haltungsbedingungen so verändert hat, dass das Tier mehr Feuchtigkeit erhält, wird sich die Brille in den meisten Fällen mit der neuen Haut zusammen lösen. Im anderen Fall muss dringend ein Tierarzt aufgesucht werden.

Einige Selbstverständlichkeiten bei der Behandlung von kranken Strumpfbandnattern seien abschließend noch einmal hervorgehoben: Bei allen ansteckenden Krankheiten müssen die kranken Tiere schnellstmöglich isoliert und unter Quarantänebedingungen gehalten werden. Das Terrarium ist täglich zu reinigen und zu desinfizieren. Um Ansteckungen zu vermeiden, werden

Häutungsprobleme im Kopfbereich bei *Thamnophis sirtalis parietalis*   Foto: M. Hallmen

stets die gesunden vor den kranken Schlangen versorgt. Anschließend werden die Hände und alle Utensilien desinfiziert. Die meisten Präparate mit Pyrethroiden sind auch für Reptilien hochgiftig! Sie dürfen nicht eingesetzt werden.

Beim Tierarzt

Tierärzte gibt es viele. Doch einschränkend muss gesagt werden, dass aufgrund notwendiger Spezialisierungen nicht alle in der Diagnose und Behandlung von Reptilienkrankheiten geübt sind. Anschriften von Tierärzten, die mit Reptilien Erfahrung haben, bekommt man z. B. in guten Zoofachgeschäften, bei Terrarienvereinen oder von zoologischen Gärten. Eine Liste ist auch bei der Geschäftsstelle der DGHT erhältlich oder im Internet unter www.dght.de abzurufen. Auch erfahrene *Thamnophis*-Liebhaber kennen in der Regel geeignete Tierärzte oder erweisen sich selbst als gute „Ärzte" für Strumpfbandnattern.

Einen Besuch beim Tierarzt kann der Halter dadurch vorbereiten, dass er sich bereits im Vorfeld Antworten auf folgende vom Tierarzt sicher gestellte Fragen zu Herkunft, Haltung und Verhalten des Tieres überlegt: Seit wann ist die Schlange in meinem Besitz? Woher stammt sie (Wildfang oder Nachzucht)? Wie alt ist sie? Wie sind die Haltungsbedingungen des Tiers (Temperaturen, Feuchtigkeit, Wärmequellen)? Wird die Schlange einzeln gehalten oder lebt sie vergesellschaftet? Werden im Haushalt noch weitere Reptilien gepflegt? Wann hat sie das letzte mal welches Futter gefressen? Seit wann sind erste Anzeichen für eine Krankheit zu erkennen? Gibt es auffällige Verhaltensänderungen? Wurden in jüngster Zeit Haltungsbedingungen verändert? Wurden Medikamente verabreicht? Die Beantwortung

dieser und ähnlicher Fragen kann dem Tierarzt wertvolle Hinweise zur Diagnose liefern. Die Informationen helfen somit dem Tier und weisen den Halter als pflichtbewusst und kompetent aus.

Eine wichtige Methodik für den Terrarianer ist das sachgerechte Abliefern oder Verschicken einer Kotprobe. Die folgenden Hinweise nach MUTSCHMANN (pers. Mitlg. 2000) sind die Voraussetzung für eine veterinärmedizinische Analyse des Schlangenkotes: Die Probe muss möglichst frisch sein. Sie darf keinesfalls austrocknen, da sonst keine Einzeller nachweisbar wären. Deshalb muss die Probe so verpackt werden, dass jeglicher Wasserverlust durch Verdunstung oder Auslaufen ausgeschlossen ist. Geeignet sind Kotröhrchen aus der Medizin, entsprechende Gefäße des Tierarztes oder auch leere Filmdosen. Die Gefäße sollten steril sein. Die Probe muss kühl gelagert werden; sie darf jedoch nicht gefroren sein. Wird die Probe mit der Post transportiert, ist es sinnvoll, sie per Express zu versenden. Wichtig ist die korrekte Beschriftung der Probe mit Datum, Artname, Vorgeschichte des Tieres, Verdachtsmomenten auf eine Krankheit, eventuellen Vorbehandlungen, möglichen Desinfektionen usw.

Thamnophis sirtalis tetrataenia beim Ultraschall   Foto: M. Hallmen

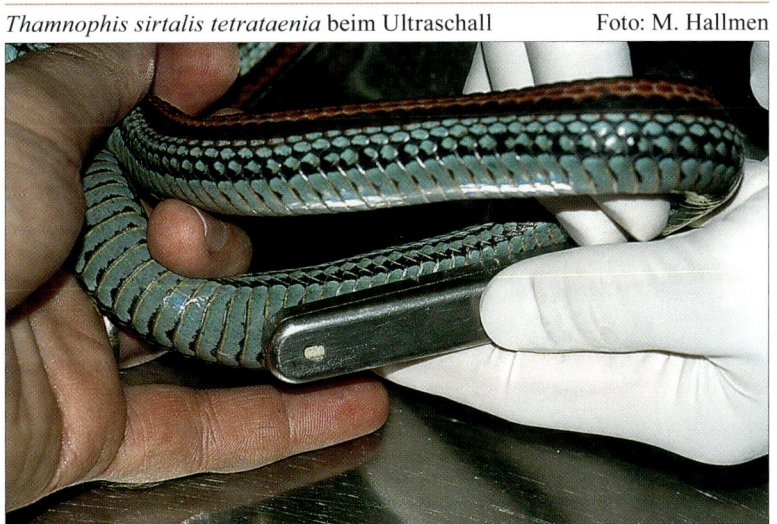

4. Haltung von Strumpfbandnattern im Freiterrarium

Für die Freunde z. B. mitteleuropäischer oder nordamerikanischer Reptilien sind Freianlagen aufgrund der recht naturnahen Haltungsbedingungen nicht selten die Erfüllung ihrer Terrarianerträume. So steigt auch die Zahl der Freianlagen (hier: Ganzjahresanlagen einschließlich Überwinterung) für Schlangen stetig an. Darunter befinden sich professionelle Anlagen, wie z. B. die der Zoologischen Gärten in Zürich (Schweiz), Serpentarium Blankenberge (Belgien) oder Scheidegg (Deutschland) (HALLMEN 1997a), aber auch eine wachsende Zahl von kleineren Anlagen im privaten Bereich (z. B. STRATHEMANN 1995a, b, BOL 1997a, b, HALLMEN 2000a, b, 2001, KREYERHOFF pers. Mitlg. 1998).

Warum eine Schlangenfreianlage für Strumpfbandnattern?
Die Faszination eines Schlangenfreiterrariums für Strumpfbandnattern geht von den Möglichkeiten zu sehr naturnahen Tierbeobachtungen aus. Künstliche Vorgaben wie Beleuchtungsdauer oder Wärmequellen fallen weg. Das Terrarium ist dem Rhythmus des Tagesablaufs sowie allen Erscheinungsformen der Jahreszeiten ausgesetzt. Wind und Wetter in ihrer vollen Spannbreite wirken nahezu ohne menschlichen Einfluss auf die Anlage ein. Folglich stellen sich die im Freiterrarium gehaltenen Tiere auf die natürlichen Rhythmen ein. Alle Lebensäußerungen der Tiere verlaufen synchron zum Wettergeschehen und den Jahreszeiten. Natürliche Verhaltenszyklen werden sichtbar.

Ein weiterer Vorteil einer Schlangenfreianlage ist ihre Größe. Sie erlaubt es je nach Zusammenstellung, mehrere Arten zu vergesellschaften. Dabei können bei entsprechender Einrichtung durchaus Arten unterschiedlichster Biotopansprüche in einer Anlage gehalten werden.

Allen Fotografen unter den Reptilienhaltern bietet die Freianlage ideale Voraussetzungen.

Schwierigkeiten mit Kunstlicht oder unnatürlich wirkenden Bildarrangements gibt es nicht mehr. Lichtverhältnisse, Verhalten und Lokalitäten sind nahezu naturidentisch. Hinzu kommt eine zumeist geringere Fluchtdistanz der Tiere im Vergleich zum Freiland. Fotos aus natürlich eingerichteten Freianlagen sind von echten Freilandbildern nicht zu unterscheiden. Weitere der seltenen Tipps zur Fotografie von Reptilien sind in STRATHEMANN (2000a) nachzulesen.

Doch es sind auch Nachteile mit der Schlangenhaltung in Freianlagen verbunden. Ihr Bau erfordert zuweilen einen nicht unerheblichen Aufwand an Zeit und Geld. Darüber hinaus können sich die naturnahen Bedingungen auch negativ auf die Insassen auswirken, denn die Haltung ist den Mechanismen der natürlichen Selektion (z. B. harte Winter, lange Regenperioden, Parasitenbefall usw.) ein Stück näher gerückt. Als Konsequenz ergeben sich meist geringere Lebenserwartungen der Tiere sowie geringere Zuchterfolge im Vergleich zur Haltung in Zimmerterrarien (einzige Ausnahme: eventuell *T. ordinoides*).

Wahl des Standortes
Die richtige Wahl des Standortes für die Schlangenfreianlage ist von entscheidender Bedeutung. Dabei gilt es zunächst, die Dauer und Intensität der Sonneneinstrahlung zu maximieren. 5–6 Stunden Bestrahlungsdauer scheinen als Minimum ausreichend. Ganztägige intensive Sonneneinstrahlung schadet bei ausreichend Versteckmöglichkeiten in aller Regel nicht.

Ein wichtiger, wenn auch nur selten beeinflussbarer Faktor ist der Bodenuntergrund. Günstig ist ein trockener, sandiger Untergrund, in den Regenwasser auch während langer Schlechtwetterperioden rasch und ausreichend versickern kann. Lehmige, gegen Wasser abdichtende Böden sorgen für Staunässe im Freiterrarium. Das führt zu erhöhtem Krankheitsrisiko für die Tiere. Auch

Schlangenfreianlage von M. Hallmen   Foto: M. Hallmen

dauerhafte Unterkühlungen können aus Staunässe resultieren. Derartige meist fette Böden können den Einbau einer Drainageschicht notwendig werden lassen.

Weitere Kriterien für die Standortwahl sind z. B. die Nähe zu Nachbargrundstücken, regelmäßiger Besucherverkehr, spielende Kinder, herbstlicher Laubfall großer Bäume, Einsehbarkeit durch Neugierige und last aber not least eine Möglichkeit, sich in Muße vor das Terrarium zu setzen und in aller Ruhe Beobachtungen durchführen zu können.

Materialien und Bau der Umrandung
Wesentlich für den erfolgreichen Betrieb einer Schlangenfreianlage für Strumpfbandnattern ist die Umrandung. Sie muss glatt sein, um das Ausbrechen der Schlangen zu verhindern. Ausbruchssicherheit ist mit Rücksicht auf die Nachbarschaft oberstes Gebot; selbstverständlich wäre es auch für die Schlangen in den meisten Fällen ungesund. Die Umrandung muss jedoch auch die heimische Natur vor einer Faunenverfälschung schützen, da zahlreiche *Thamnophis*-Arten in unserem Klima überlebensfähig sind. Zusätzlich muss sie witterungsbeständig sein, was eine Beständigkeit gegen UV-Strahlung einschließt. Als Materialien kommen grundsätzlich z. B. Glas, Eternit, Metallbleche, Hartplastiktafeln, Plexiglas, Beton, Mauerwerk oder auch Teichfolie in Frage. Alle Materialien vereinen in ihren Eigenschaften und bei der Verarbeitung Vor- wie Nachteile. Jedes Außenterrarium soll und muss anderen Bedürfnissen Rechnung tragen, so dass es unmöglich

Schlangenfreianlage von S. Bol   Foto: M. Hallmen

rechtwinklig nach innen stehende ca. 10 cm breite Kante ist umstritten. Jungschlangen nehmen insbesondere bei nassen Glasscheiben auch dieses Hindernis mit Bravour.

Die Umrandungen können in das Erdreich eingegraben oder einbetoniert werden. Die Tiefe von frostsicheren Betonfundamenten kann dabei je nach Standort von 30 cm bis 100 cm variieren. Da Strumpfbandnattern in der Regel selten im Erdreich wühlen, muss die Umrandung nicht allzu tief im Boden verankert werden. Mittelgrober Kies am Fuße der Umrandung hindert die Schlangen am Graben.

ist, das am besten geeignete Material zu nennen. Schließlich mögen bei der Entscheidung auch die sehr unterschiedlichen Kosten eine nicht unerhebliche Rolle spielen.

Die Höhe der Umrandung richtet sich nach der Länge der darin zu haltenden Schlangen. 80–90 cm dürften für die meisten Strumpfbandnattern ausreichen. Die Notwendigkeit einer zusätzlichen Ausbruchssicherung durch eine am oberen Ende

Innengestaltung

Die Gestaltung des Innenbereiches des Schlangenfreiterrariums für Strumpfbandnattern ist nicht nur Geschmackssache. Es sind auch einige grundlegende Anforderungen der Tiere zu berücksichtigen. Es muss z. B. eine ausreichende Anzahl von Versteckmöglichkeiten für die Schlangen vorgesehen werden. Das Terrarium sollte warme und kühlere ebenso wie trockene, feuchte oder gar nasse Plätze bieten. Außerdem muss eine Möglichkeit zur frostsicheren Überwinterung der Tiere eingebaut werden.

Die aufwändige Installation einer Drainage unter der kompletten Außenanlage ist hingegen eher fakultativ. Bei trockenen Böden ist sie in aller Regel nicht nötig. Selbst bei nassem Untergrund kann es ausreichen, nur einen Teil der gesamten Anlage mit einer Drainageschicht zu versehen. Auch die Bepflanzung muss sowohl den Bedürfnissen der Schlangen als auch ästhetischen Gesichtspunkten Rechnung tragen. Man kann die „Bepflan-

Schlangenfreianlage von H. Kreyerhoff   Foto: H. Kreyerhoff

zung" der Natur überlassen, indem man wartet, was sich im Lauf der Zeit von selbst an Pflanzen ansiedelt. Diese Methode hat den Vorteil, dass sie nichts kostet und noch dazu Pflanzen liefert, die an den jeweiligen Mikrostandort bestens angepasst sind. Bei selbst gewählter Bepflanzung können gezielt bestimmte Habitate von nördlichen bis hin zu mediterranen Gefilden (BRUECKERS 1998) simuliert werden. Bei allen Maßnahmen sollte jedoch Grundregel sein, den Innenteil der Anlage möglichst vielgestaltig anzulegen.

Überwinterungshilfen

Um die Schlangen in einer Freianlage sicher über die strengsten Wintermonate Januar und Februar zu bringen, sind unbedingt zusätzliche Überwinterungshilfen notwendig. STRATHEMANN (1995a, b) verwendet einen 80 cm tief in die Erde gegrabenen und mit Schichten unterschiedlicher Lockermaterialien angefüllten frostsicheren Überwinterungsbunker. Er sollte bei wasserstauendem Untergrund in jedem Fall über eine Drainage verfügen. Zusätzlich ist für alle Fälle der Einbau einer mit Thermostat geregelten Heizschleife denkbar, der die Temperatur im Überwinterungsbunker konstant auf 4–6 °C hält.

LÜCKE überwintert seine ca. 100 Schlangen in einer 80 m² großen Freianlage auf einer Höhe von 800 m ü. NN am Rand der Alpen mittels oberirdisch angelegter großer Haufen aus abwechselnden Schichten von Ästen und Laub (HALLMEN 1997a). Dabei scheint sich die Schneeschicht in diesen Höhenlagen als zusätzliche Isolierung günstig auszuwirken. Diese Methode kommt jedoch nur bei etwas größeren Freianlagen in Betracht, da Überwinterungshaufen bei einer Höhe von ca. 1 m Platz benötigen und nicht zu dicht an der Umrandung des Terrariums installiert werden dürfen, um ein Ausbrechen der Schlangen im Herbst und Frühjahr zu verhindern. Unabhängig von den angeboten Hilfen werden dennoch immer einige Tiere in anderen, oft nicht für diesen Zweck eingerichteten Unterschlüpfen z. T. mit Erfolg überwintern.

Großanlage des Reptilienzoos in Scheidegg
Foto: M. Hallmen

Das Hibernaculum ist 1 m tief   Foto: M. Hallmen

Querschnitt durch das Überwinterungsquartier (Hibernaculum)

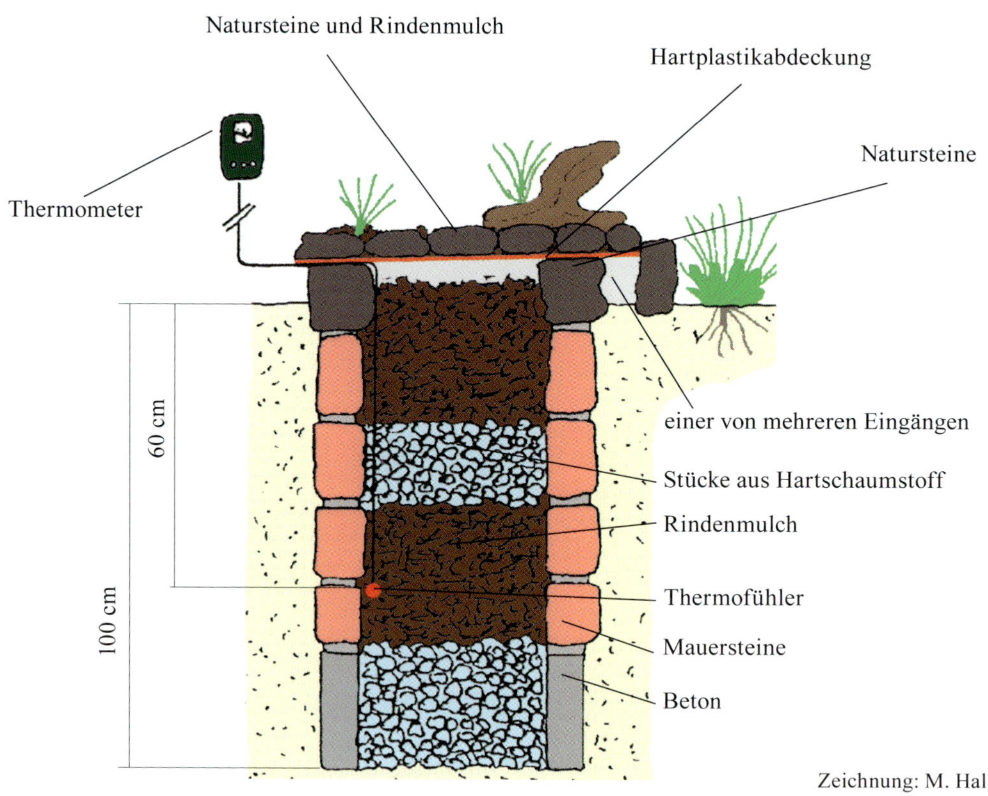

Natursteine und Rindenmulch

Hartplastikabdeckung

Natursteine

Thermometer

60 cm

100 cm

einer von mehreren Eingängen

Stücke aus Hartschaumstoff

Rindenmulch

Thermofühler

Mauersteine

Beton

Zeichnung: M. Hallmen

Das Hibernaculum ist mit leichten und isolierenden Materialien aufgefüllt

Schlechtwetterschutz

Langjährige Erfahrungen (STRATHEMANN, pers. Mitlg. 1998) haben gezeigt, dass insbesondere über längere Zeit verregnete und kühle Frühjahre der Gesundheit der Schlangen in Freianlagen sehr schaden können. Daher empfiehlt es sich für solch lang anhaltende Schlechtwetterperioden, eine Möglichkeit vorzusehen, zumindest einen Teil der Anlage durch eine Abdeckung trockener zu gestalten. Unter extremen Bedingungen kann sogar die zeitweilige Installation eines Wärmestrahlers hilfreich werden. Aufbauend auf der Methode von KAMP (unveröf.) entwickelte STRATHEMANN (2000b) eine Art „Folienheizung" speziell für Schlangenfreianlagen. Dabei werden durchsichtige Folien in das Freiterrarium eingebracht, unter denen sich die Schlangen bei ungünstigen Witterungsverhältnissen schnell zu schützen und zu wärmen suchen. Denn trotz aller naturnahen Gegebenheiten in einem Schlangenfreiterrarium sollten unsere Pfleglinge dennoch nicht allen Extremen der natürlichen Selektion ungeschützt ausgesetzt sein. Die genannten Maßnahmen zum Schlechtwetterschutz werden jedoch nur für wochenlang andauernde widrige Wetterumstände angeraten. Sie können für solche Fälle fest installiert oder flexibel angebracht werden.

Schutzmaßnahmen vor Räubern

Wenngleich sich ausgewachsene Strumpfbandnattern in aller Regel recht gut verteidigen können, sind Verluste durch Katzen, Marder oder Vögel traurige Erfahrungswerte. Vor diesen Gefahren müssen die Tiere bewahrt werden. Über kleinere Anlagen kann z.B. ein Netz gespannt oder eine Gerüstkonstruktion mit einem Drahtgitter gelegt werden. Es sollten dabei jedoch nur Materialien verwendet werden, die die notwendige Luftzirkulation bei direkter Sonneneinstrahlung nicht behindern. Plexiglasdächer, die die komplette Anlage abdecken, verursachen einen Hitzestau und bedeuten mehr Gefahr für das Leben der Tiere als der ursprüngliche Schutzgrund. Zur besseren Durchsicht durch das Gittermaterial empfehlen wir, es schwarz zu färben. Wer häufig einen ungehinderten Einblick in sein Schlangenfreiterrarium möchte, der wird

die Schutzgitter oder -netze so mobil anbringen, dass sie leicht und schnell ab- wie anmontiert werden können.

Eine weitere Möglichkeit, die Strumpfbandnattern in der Freianlage vor Prädatoren zu schützen, ist ein um die ganze Anlage herum angelegter Käfig aus Maschendraht. Insbesondere für größere und professionelle Anlagen bietet diese Konstruktion den Vorteil, die Schutzmaßnahmen für einen ungehinderten Direkteinblick nicht dauernd entfernen und wieder anbringen zu müssen.

Geeignete Arten

Die Arten und Unterarten der Strumpfbandnattern, die ganzjährig in einem Freiterrarium gehalten werden können, werden entscheidend durch das Klima ihres natürlichen Verbreitungsgebietes bestimmt. So können z. B. *T. butleri* (STRATHEMANN 1986), *T. elegans* oder *T. ordinoides* (STRATHEMANN 1995c) in aller Regel gut über viele Jahre im Freien gehalten werden; *T. ordinoides* vielleicht sogar besser als im Zimmerterrarium (BOL, pers. Mitlg. 2000). Bei Arten wie

Thamnophis sirtalis semifasciatus im Freiterrarium 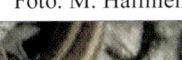 Foto: M. Hallmen

Thamnophis sirtalis parietalis im Freiterrarium   Foto: M. Hallmen

z. B. *T. sirtalis*, die über ein sehr großes Verbreitungsgebiet verfügen, ist es wichtig, nur nördlich vorkommende Unterarten oder Farbvarianten in die Freianlage zu setzen, so z. B. *T. s. sirtalis, T. s. parietalis* oder *T. s. semifasciatus*. Gleiches gilt für *T. proximus, T. sauritus* und *T. radix*. Auch bei deren Unterarten empfiehlt es sich, bei Wildfängen immer nach der Herkunft der Tiere und bei Nachzuchten nach der Herkunft der Elterntiere zu fragen. Nur Blutlinien, deren Ausgangstiere kältere Klimate gewohnt waren, sind sichere Überwinterer in Freianlagen.

Erfahrungen mit Freianlagen für Strumpfbandnattern

Den Berichten einiger Besitzer einer Schlangenfreianlage für Strumpfbandnattern (z. B. STRA-THEMANN 1995a, b, BOL 1997a, b, HALLMEN 1997a, KREYERHOFF, pers. Mitlg. 1998) konnten wir im Frühjahr 1999 durch den Bau einer eigenen kleinen Anlage von 7 m² weitere Erfahrungen hinzufügen (HALLMEN 2000a, b, 2001). Die Taktik, die beiden betroffenen Nachbarn von Beginn an in die Absichten und die Baupläne einzubeziehen, ging in diesem Fall voll auf. Andere Erfahrungen zeigen, dass die nachbarschaftsrechtliche Seite ebenso wie das Verhalten von Seiten der Behörden schnell einen erheblichen Schatten auf Projekte dieser Art werfen können (z. B. RÖSSEL in RAUH 2000). Daher sollten geltende gesetzliche Bestimmungen der Gemeinden, Landkreise oder der Bundesländer unbedingt vorab erfragt und ihre Relevanz für das Vorhaben gründlich geprüft werden.

Die erste Auffälligkeit beim Betreiben einer Schlangenfreianlage für Strumpfbandnattern ist die größere Natürlichkeit im Verhalten der Tiere. Für den Terrarianer ergeben sich daraus positive Aspekte, wie z. B. naturidentische Beobachtungen der Verhaltensweisen im Lauf der Tages- und Jahreszeiten. Aber auch die negativen Seiten einer Freilandhaltung von Strumpfbandnattern werden schnell offenkundig. Die Schlangen sind für den Halter beispielsweise nicht mehr zu jedem Zeitpunkt verfügbar. Besonders, wenn Tiere auf Häutungsprobleme, Krankheiten oder Ähnliches kontrolliert werden sollen, können Tage oder gar Wochen, in denen sich die Tiere nicht zeigen, eine manchmal für die Schlangen tödliche Verzögerung bedeuten. So konnten wir ein Tier, das an Vitamin-B$_1$-Mangel litt, erst drei Wochen nach Erstbeobachtung der Symptome aus der Anlage fangen. Im Zimmerterrarium kam bald jede Hilfe zu spät.

Faktoren wie Wärme oder Feuchtigkeit, die sich im Zimmerterrarium meist mit einfachen Mitteln an das Optimum für das Wohlergehen der Schlangen annähern lassen, sind im Freiterrarium nicht so einfach zu beeinflussen. Erfahrungen von STRATHEMANN (1995b) wie auch von uns weisen darauf hin, dass das erfolgreich zu überwinternde Artenspektrum nicht unbedingt auf die nur in nördlicheren Klimaten der USA und Kanadas vorkommenden Arten beschränkt bleiben muss. So konnten z. B. *T. p. proximus* (nördliches Vorkommen) sowie *T. m. marcianus* erfolgreich überwintert werden. In unserem Fall handelt es sich jedoch um ein direkt an die Hauswand gebautes und in dessen Windschatten gelegenes Freiterrarium, das wärmeliebenden Arten zumindest etwas entgegenkommt. Die Vergesellschaftung mit Ringelnattern (*Natrix natrix*) und Würfelnattern (*Natrix tessellata*) erwies sich als vollkommen unproblematisch.

Bei der Inneneinrichtung des Freiterrariums konnten wir die gleichen Erfahrungen wie BOL (pers. Mitlg. 1999) machen. Im ersten Sommer bei noch schütterem Bewuchs waren die Strumpfbandnattern nur sehr wenig zu sehen. In den zahl-

Aufschlussreiche Temperaturmessungen in der Anlage
Foto: M. Hallmen

reichen Verstecken aus Steinhöhlen konnten sich die Tiere über die Erwärmung der Steine ausreichend mit gleichmäßiger Wärme versorgen, ohne sich direkt der Strahlung aussetzen zu müssen. Wie noch unveröffentlichte Messreihen in unserem Freiterrrarium ergaben (HALLMEN 2001), halten Steinverstecke im Sommer auch während der heißen Tages- und der kühleren Nachtzeiten eine für die Schlangen angenehme Vorzugstemperatur. Mit zunehmendem Bewuchs von Freianlagen sind die Schlangen dann auch regelmäßig zum Sonnenbaden an den oft gleichen Plätzen zu beobachten.

Das 1 m tiefe Überwinterungsquartier (Hibernaculum) unserer Anlage ist mit einem Temperaturfühler in 60 cm Tiefe versehen. Im Winter 1999/2000 sank die Temperatur dort nie unter 7,6 °C, obwohl häufiger Nachttemperaturen um –10 °C gemessen werden konnten. In den Monaten Dezember bis März betrug die durchschnittliche Temperatur des Hibernaculums 10,9 °C. Nach den Messreihen und den erfolgreich überwinterten Arten scheinen wechselnde Schichten aus lockerem Rindenmulch und gröberen Styroporstücken sowohl als Wärmedämmung wie auch als Substrat zum Durchwühlen gut geeignet. Einige Strumpfbandnattern überwintern jedoch nicht in den dafür vorgesehenen Quartieren, sondern bleiben erstaunlich nahe an der Oberfläche, z. B. in Steinhaufen oder auch in Nischen der Teichfolie (STRATHEMANN, pers. Mitlg. 1999).

Die Fütterung von Strumpfbandnattern in Freianlagen entspricht der von Tieren in Zimmerterrarien. Bei der Konzentration von Futterfisch an einer Stelle kann es auch hier vorkommen, dass Tiere sich über ein gemeinsames Futterstück ineinander verbeißen. Die Futtertiere können außer in größerer Zahl in Futtertrögen auch einzeln über Stangen, an denen sich ein Nagel zum Aufspießen der Fische befindet, an die Schlangen verfüttert werden. Verhält man sich dabei ruhig, so gewöhnen sich die Tiere schnell daran. Mit dieser Methode können die Strumpfbandnattern z. B. zur Kontrolle ihres Gesundheitszustandes aus ihren Verstecken gelockt oder gezielt Medikamente an einzelne Tiere verabreicht werden. Futterfische in Teichen, die sich in den Freianlagen befinden, werden nach Aussagen der meisten Besitzer einer solchen Anlagen sowie nach unseren Beobachtungen auch nicht gejagt, wenn z. B. während der Ferien eine Fütterpause eintritt. Zum Trinken suchen die Strumpfbandnattern jedoch regelmäßig solche Teiche auf.

Auch den Winter verbringen die Tiere im Freien   Foto: M. Hallmen

5. Farbformen

Farbmutationen erfreuten sich bei Terrarianern schon immer großer Beliebtheit. In jüngster Zeit hat auch die ersten Züchter von Strumpfbandnattern das „Albino-Fieber" gepackt. Immer häufiger ist – zumindest in Fachkreisen – von Farbvarianten und Aberrationen die Rede, wie man sie bislang nur von Kornnattern (*Elaphe guttata*), Königsnattern (*Lampropeltis* sp.) oder von Pythons (*Python* sp.) her kannte. Erste Tiere wurden bereits auf Börsen gehandelt, und die erzielten Spitzenpreise für diese Strumpfbandnattern lassen eine Zunahme interessanter Angebote in naher Zukunft erwarten.

Grundlagen der Pigmentierungsunterschiede
Bei der Farbgebung von Reptilien wirken, anders als bei Säugetieren, mehrere Farbstoffe (Pigmente) zusammen (BROGHAMMER 1998). Sie sind in unterschiedlichen Pigmentzellen (Chromatophoren) in die Haut eingelagert. Bei Strumpfbandnattern tragen in aller Regel drei Arten von Pigmentzellen maßgeblich zur Farbgebung bei: Die Melanophoren enthalten schwarze bis braune Farbstoffe (Melanin). Xanthophoren sind mit gelben Pigmenten angefüllt und in den Erythrophoren finden sich überwiegend rote Farbstoffe. Das Zusammenspiel der drei Pigmentzellen bringt den Großteil der immensen Farbenfülle bei den meisten Arten und Unterarten der Strumpfbandnattern hervor. Bei der attraktiven Blaufärbung innerhalb der Gattung *Thamnophis* (z. B. *T. s. similis*, *T. s. sirtalis* „Florida blue", *T. s. tetrataenia* u.ä.) ist das Guanin von wesentlicher Bedeutung. Anders als bei den echten Farbstoffen handelt es sich hierbei um durchsichtige Kristalle, die in besonderen Zellen, den Iridophoren vorkommen. Das Guanin reflektiert Licht besonders gut und erzeugt dabei helle bis weißliche Farben (MUTSCHMANN 1995). Durch die teilweise Überlagerung mit anderen Pigmentzellen entstehen die Rot- und Grüntöne der Strumpfbandnattern.

Bilden alle Pigmentzellen die Farbstoffe aus, die auf der jeweiligen Erbinformation der meisten Tiere programmiert sind, so entwickeln sich die in der Natur überwiegend vorkommenden „normal gefärbten" Strumpfbandnattern (Wildtyp). Bei einigen Individuen kommt es jedoch immer wieder zu Abweichungen von der natürlichen Färbung. Züchter und Händler haben diesen eigene Namen gegeben, die z. T. nicht streng wissenschaftlichen Definitionen entsprechen, wie z. B. beim Albinismus. In der Biologie bedeutet Albinismus eigentlich das Fehlen sämtlicher Hautund Irispigmente, also nicht nur der schwarzen, sondern auch der gelben und roten. Fachlich korrekt wären also nur solche völlig pigmentlosen Tiere als Albinos zu bezeichnen. Tiere, denen nur das schwarze Pigment Melanin fehlt, werden richtigerweise einfach „amelanistisch" genannt. In der Praxis der Züchter, Terrarianer und Händler wird der Begriff „Albino" aber normalerweise

Thamnophis sirtalis sirtalis „Florida blue"
Foto: M. Hallmen

auch bereits verwendet, wenn nur der schwarze Farbstoff Melanin fehlt. In der terraristischen Umgangssprache ist „Albinismus" und „Amelanismus" also gleichbedeutend. Um Verwirrung in der terraristischen Leserschaft zu vermeiden, werden wir diese Begriffe aufgrund ihrer weiten Verbreitung in den folgenden Ausführungen ebenfalls als gleichbedeutend verwenden.

Bei Abweichungen von den Wildtypen können z. B. ein oder mehrere Pigmenttypen vermehrt auftreten; dies wird mit der Vorsilbe „hyper" zum Ausdruck gebracht. Andere Pigmente wiederum können in ihrer Anzahl stark reduziert sein; die Vorsilbe „hypo" weist darauf hin. Ja, in einigen Fällen bilden die Chromatophoren einen oder mehrere der Farbstoffe überhaupt nicht aus. Die Tiere sind dann jedoch nicht rein weiß, denn sie verfügen immerhin noch über die restlichen Farbstoffe der anderen Pigmentzellen. So erscheint eine Strumpfbandnatter, der das schwarze Melanin gänzlich fehlt, nicht rein weiß, sondern ihre natürliche Zeichnung ist meist noch in Gelb- und Rottönen deutlich sichtbar zu erkennen. Derartige, zumeist als „Albino" bezeichnete Tiere sollten daher korrekterweise besser als „amelanistisch" benannt oder mit dem englischen Begriff „missing black" (schwarz fehlt) belegt werden. Zu guter letzt gibt es auch noch Strumpfbandnattern, bei denen ein Pigment in einem derartigen Überschuss vorhanden ist, dass es alle anderen überdeckt. Das ist etwa bei den sogenannten „Schwärzlingen", den melanistischen Tieren von z. B. *T. s. sirtalis* der Fall, die bis auf wenige Stellen im Kopfbereich in aller Regel durchgehend schwarz gefärbt sind.

Aus dem Überschuss, Mangel oder gänzlichen Fehlen der unterschiedlichen Pigmente ergeben sich eine Reihe von Möglichkeiten für Farbformen bei Strumpfbandnattern. Fehlen die schwarzen Pigmente, so spricht man von amelanistischen Tieren (ohne schwarz) oder Albinos; beim Fehlen der gelben Farben heißen sie axanthisch (ohne gelb), und bei Abwesenheit aller Rottöne werden sie als anerythristisch (ohne rot) bezeichnet. Ist eines der jeweiligen Pigmente im Überfluss vorhanden, werden die Tiere als melanistisch (schwarz), xanthisch (gelb) oder erythristisch (rot) bezeichnet; im anderen Fall, wenn eine der Farben schwächer ausgebildet ist als die anderen, nennt man die Tiere z. B. hypomelanistisch oder hypoxanthisch. Strumpfbandnattern, die gleichzeitig amelanistisch und anerythristisch sind, werden als „snow" bezeichnet. Sie sind zumeist cremefarben hell mit in der Regel leicht durchschimmernder Zeichnung. Anerythristi-

Amelanistischer und anerythristischer *Thamnophis radix*   Foto: M. Hallmen

Amelanistischer *Thamnophis marcianus marcianus*   Foto: M. Hallmen / J. Chlebowy

sche Tiere, die gleichzeitig auch axanthisch sind, werden „black muted" genannt und sind häufig dunkle Schlangen. Sehr hell hingegen sind Schlangen, die gleichzeitig hypomelanistisch und anerythristisch sind. Man gibt solchen Tieren die Zusatzbezeichnung „ghost". Der seltene Fall, dass alle drei zentralen Pigmente fehlen wird als „leuzistisch" oder als „blizzard" bezeichnet; die Tiere sind demnach amelanistisch, axanthisch und anerythristisch gleichermaßen. Blizzard-Tiere haben rote Augen, leuzistische Schlangen hingegen besitzen für „Albinos" gänzlich untypische dunkle bis blaue Augen. Blizzard-Tiere erhält man, wenn man amelanistische Tiere mit solchen verpaart, die gleichzeitig axanthisch und anerythristisch sind. Viele der genannten Farbformen werden von Züchtern gerne mit weiteren Namen belegt auf deren Auflistung wir hier aus Gründen der Übersichtlichkeit verzichten wollen. Sie können

Thamnophis sirtalis sirtalis, melanistisch
Foto: M. Hallmen

Farbanteile unterschiedlicher Farbformen bei Strumpfbandnattern

Farbform	Farbanteile		
	schwarz	gelb	rot
Wildtyp	normal	normal	normal
melanistisch	viele	normal	normal
xanthisch	normal	viele	normal
erythristisch	normal	normal	viele
hypomelanistisch	wenig	normal	normal
hypoxanthisch	normal	wenig	normal
hypoerythristisch	normal	normal	wenig
amelanistisch	x	normal	normal
axanthisch	normal	x	normal
anerythristisch	normal	normal	x
ghost	wenig	normal	x
black muted	normal	x	x
snow	x	normal	x
leuzistisch	x	x	x
blizzard	x	x	x

Farben

- schwarz (melanistisch)
- gelb (xanthisch)
- rot (erythristisch)

Farbanteile

- x — fehlend
- wenig
- normal
- viele

z. B. in SCHMIDT (1995) oder BROGHAMMER (1998) nachgelesen werden.

Kleine Kreuzungsgenetik

Die unterschiedlichen Farbformen sind in den meisten Fällen erblich. Demzufolge sind sie in einer Veränderung (Mutation) des Erbmaterials (Gene) begründet; sie stellen gewissermaßen einen „Defekt" der Erbinformation für die Färbung der Tiere dar. Als Teil der gesamten Erbinformation der Tiere unterliegt ihre Weitergabe an Folgegenerationen den Gesetzen der Vererbung. Die wichtigsten der dabei zugrunde liegenden Regeln wurden von dem Augustiner-Pater JOHANN GREGOR MENDEL im Jahre 1865 veröffentlicht. Auch die Vererbung der meisten Farbveränderungen bei Strumpfbandnattern verhält sich nach den von ihm aufgestellten Gesetzen; man sagt: sie „mendeln".

Bei der Vererbung der Färbung bei Strumpfbandnattern treten zwei unterschiedliche Typen von Merkmalen auf: Es gibt dominante, also solche, die andere an ihrer Ausbildung hindern, und rezessive, das sind diejenigen, die von den dominanten Merkmalen unterdrückt werden. Der Erbgang wird somit als dominant-rezessiver Erbgang bezeichnet. Die in der Natur vorkommenden Farben der Strumpfbandnattern (Wildtyp) sind meist dominant über Farbmutationen wie z. B. den Albinismus oder den Melanismus (die wenigen Ausnahmen dominanter oder kodominanter Farbformen bei Schlangen werden an dieser Stelle bewusst nicht berücksichtigt). Will man die Gesetze des dominant-rezessiven Erbgangs verstehen, so muss man sich noch vor Augen halten, dass für jedes der immens vielen Körpermerkmale jeweils zwei Informationen im Erbgut vorhanden sind: Eine Information stammt vom Vater des Tiers und eine von der Mutter. So besitzen auch Strumpfbandnattern die Informationen für die Ausbildung ihrer Körperfarbe in jeder einzelnen Körperzelle doppelt. Das doppelte Vorhandensein der Erbinformation bezeichnen die Genetiker als diploid. Da die Gene in Verpackungseinheiten, den Chromosomen vorliegen, spricht der Mann

oder die Frau vom Fach auch von einem doppelten Chromosomensatz. Einzige Ausnahme bilden die Geschlechtszellen, also die Samenzellen der männlichen Strumpfbandnattern und die Eizellen der weiblichen Tiere. Wären sie ebenfalls mit der doppelten Erbinformation ausgestattet, so würde sich bei der Befruchtung eine Samenzelle mit doppeltem Erbmaterial mit einer ebenfalls doppelt ausgestatteten Eizelle zu einer befruchteten Eizelle mit einen vierfachen Satz des Erbgutes vereinigen. Alle sich aus ihr weiterentwickelnden Zellen besäßen ebenfalls das Vierfache an genetischer Information. In der nächsten Generation wäre bereits das Achtfache an Genmaterial angehäuft und mit jeder weiteren Generation würde es sich abermals verdoppeln. Um dies zu vermeiden, wird bei den Samen- und Eizellen das genetische Material in einem komplizierten Verfahren um die Hälfte reduziert (Reduktionsteilung). So finden sich bei der Befruchtung zwei Zellen mit einem jeweils einfachen Chromosomensatz (haploid) zu einer befruchteten Zelle mit doppeltem Chromosomensatz zusammen.

Die beiden Informationen auf dem Erbgut können gleich sein. In den meisten Fällen geben der Vater und die Mutter ihrem Nachwuchs die gleiche Information für z. B. die Körperfarbe. Die Nachkommen werden dann als reinerbig (homozygot) bezeichnet. Es kann jedoch auch vorkommen, dass sich die Informationen von Vater und Mutter unterscheiden. Die Nachkommen sind dann für das jeweilige Merkmal mischerbig (heterozygot). Nun kommt das bereits beschriebene dominant-rezessive Verhalten der Gene bzw. der durch sie veranlassten Merkmale ins Spiel: Sind die Tiere mischerbig, so wird nur das dominante Merkmal ausgebildet. Von der rezessiven Erbinformation ist äußerlich nichts zu sehen. Das hat Konsequenzen: Einer normal gefärbten Strumpfbandnatter ist im Normalfall nicht anzusehen, ob sie in ihren Genen rezessiv über die Anlage für z. B. Albinismus oder Melanismus verfügt. Solche Tiere werden von Züchtern als „possible hets" angeboten, also Tiere, die möglicherweise heterozygot für ein gewünschtes Merkmal sind.

Da die Vererbung jedoch strengen Gesetzmäßigkeiten folgt, lässt sich die Wahrscheinlichkeit des Auftretens solch unsichtbarer Erbeigenschaften in aller Regel eindeutig berechnen.

Kreuzen wir als Beispiel eine amelanistische Strumpfbandnatter (Albino mit einem normalfarbenen Tier, so verfügt die amelanistische Schlange über zwei gleiche rezessive Erbinformationen für das Merkmal; sie ist homozygot rezessiv für Albinismus. Das normal gefärbte Tier ist reinerbig für den Wildtyp, der dominant vererbt wird. In der Schreibweise der Genetiker wird ein Merkmal (hier das Vorhandensein/Fehlen von Melanin) mit einem Buchstaben belegt. Ein groß geschriebener Buchstabe steht für dominante Erbinformationen und ein klein geschriebener für rezessive. Nehmen wir hier für das Merkmal der Melaninausbildung den Buchstaben M, so verfügt der eine Elter – ein Ausdruck, der Germanisten erschaudern lässt, aber in der Genetik wird ein Elternteil so bezeichnet – über die Erbinformationen MM (Wildtyp) und der andere über mm (Albino). Diese bilden nun Keimzellen aus, in denen sich je eines der beiden Merkmale befindet. Die des Wildtyps können nur M enthalten und die des Albinos nur m. Für die erste Tochtergeneration, die so genannte F_1 (Filialgeneration 1), ergibt sich für alle Tiere einheitlich die Genkombination Mm; folglich sehen alle Tiere auch gleich aus (uniform). Da die Erbinformation des dominanten Wildtyps (M) das rezessive Gen des Albinos (m) quasi unterdrückt, sehen alle Nachfahren wie der normal gefärbte Elter aus. Werden F_1-Tiere untereinander verpaart, so bilden sich bei beiden Eltern Geschlechtszellen, die entweder ein M oder ein m enthalten können. Bei der Befruchtung können sich für die Nachkommen die Genkonstellationen MM, Mm, mM oder mm ergeben. Die F_2-Tiere werden mehrheitlich wildfarben sein, es werden sich jedoch auch amelanistische Tiere darunter befinden. Das wahrscheinliche Zahlenverhältnis wird 3:1 (Wildtyp:Albino) sein; eine solche Kreuzung erbringt also zu 25 % amelanistische Tiere. Dies ist jedoch nur ein statistischer Wert. Reale Zahlenverhältnisse können von diesem abweichen.

Ist bei der zugrunde liegenden Farbvariante nur ein Pigment in seiner Häufigkeit verändert, sind die genetischen Verhältnisse noch überschaubar. Nun wird die Farbe der Strumpfbandnattern jedoch durch die Kombination mehrerer Pigmente ausgebildet, und der Ausbildung jedes dieser Pigmente liegt ein eigenes Gen zugrunde. Die Vererbung der Farben der Strumpfbandnattern ist also ein durch zahlreiche Gene bestimmtes „Multimerkmal"; quasi ein Gesamtmerkmal, bestehend aus einigen Einzelmerkmalen. Kreuzen wir z. B. ein für beide Merkmale homozygotes amelanistisches Tier mit einem ebenfalls für beide Merkmale homozygoten anerythristischen Exemplar, so hat ersteres Tier die Gene mmEE (E für die Ausbildung des roten Farbstoffes); mm bedeutet reinerbig rezessiv für Albinismus, EE bedeutet reinerbig dominant für normale Rotanteile. Entsprechend verfügt der andere Elter über die Erbinformation MMee; MM für reinerbig dominant normale Schwarzfärbung und ee für reinerbig fehlende Rotanteile. Ihre Keimzellen werden für jedes der beiden Merkmale je eine Information enthalten und folglich vom ersten Tier alle mE und von dem zweiten Elter alle Me enthalten. Die F_1 wird einheitlich die Gene MmEe aufweisen und daher – welch Wunder – komplett Wildfarben sein – ohne die Einblicke in die Genetik ein verblüffendes Resultat. Kreuzt man die F_1-Tiere untereinander, kann der Genetiker Interessantes vorhersagen: Für die Geschlechtszellen ergeben sich bei beiden Elterntieren die Kombinationen ME, Me, mE oder me. Die in der F_2 möglichen genetischen Kombinationen sind recht vielfältig. Insgesamt ergeben sich 16 unterschiedliche Möglichkeiten, deren Wahrscheinlichkeiten sich anhand eines Kreuzungsquadrates vorab berechnen lassen. Es werden sich darunter mit einer Häufigkeit

Rechts: Vererbungsschema des Amelanismus (Albinismus) bei Strumpfbandnattern

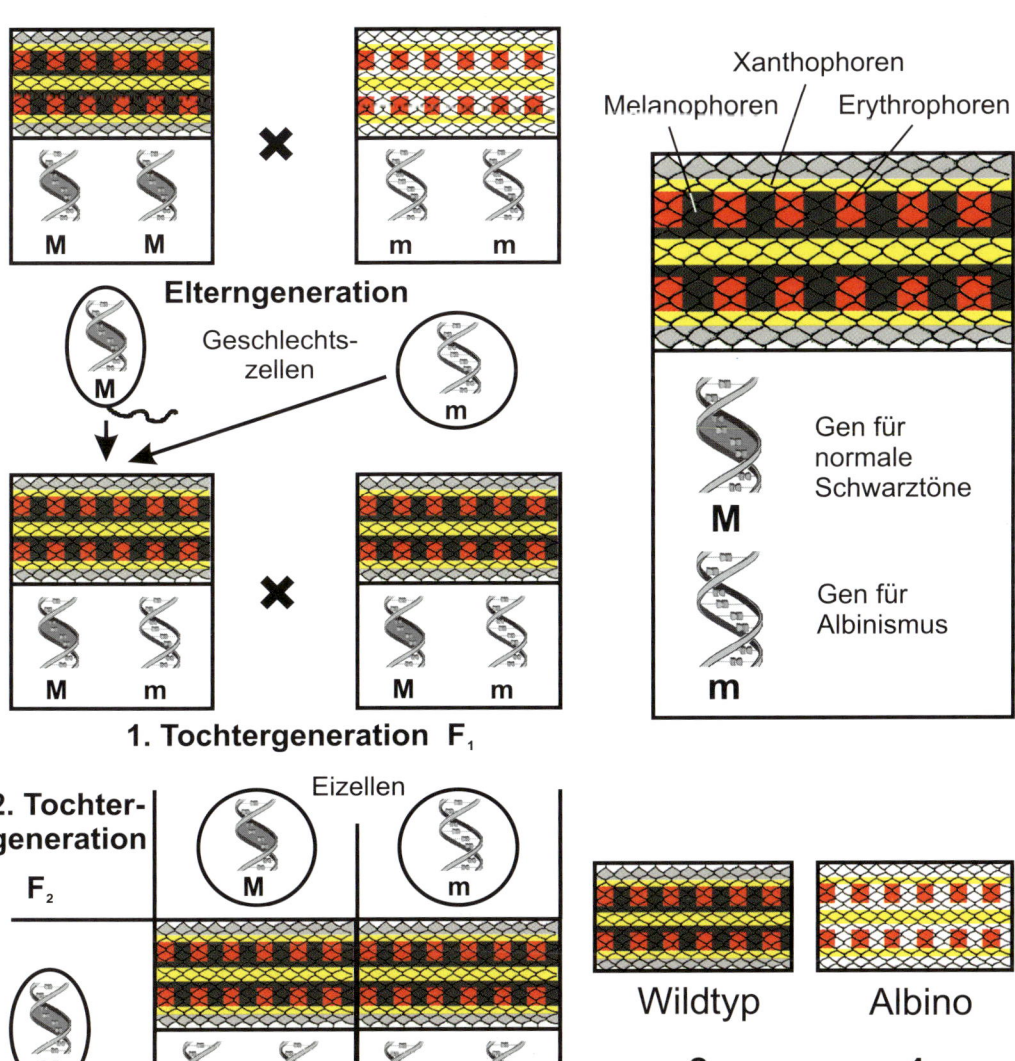

Xanthophoren

Melanophoren   Erythrophoren

Elterngeneration

M   M   ✕   m   m

Geschlechts-
zellen

M   m

M   Gen für
normale
Schwarztöne

m   Gen für
Albinismus

1. Tochtergeneration F₁

M   m   ✕   M   m

**2. Tochter-
generation
F₂**

Eizellen

M   m

Samenzellen

M

M   M   M   m

m

M   m   m   m

Wildtyp   Albino

3   :   1

75%   :   25%

**Vererbung des Albinismus
bei Strumpfbandnattern**

© by R. Mark & M. Hallmen

Kreuzung mit zwei rezessiven Merkmalen

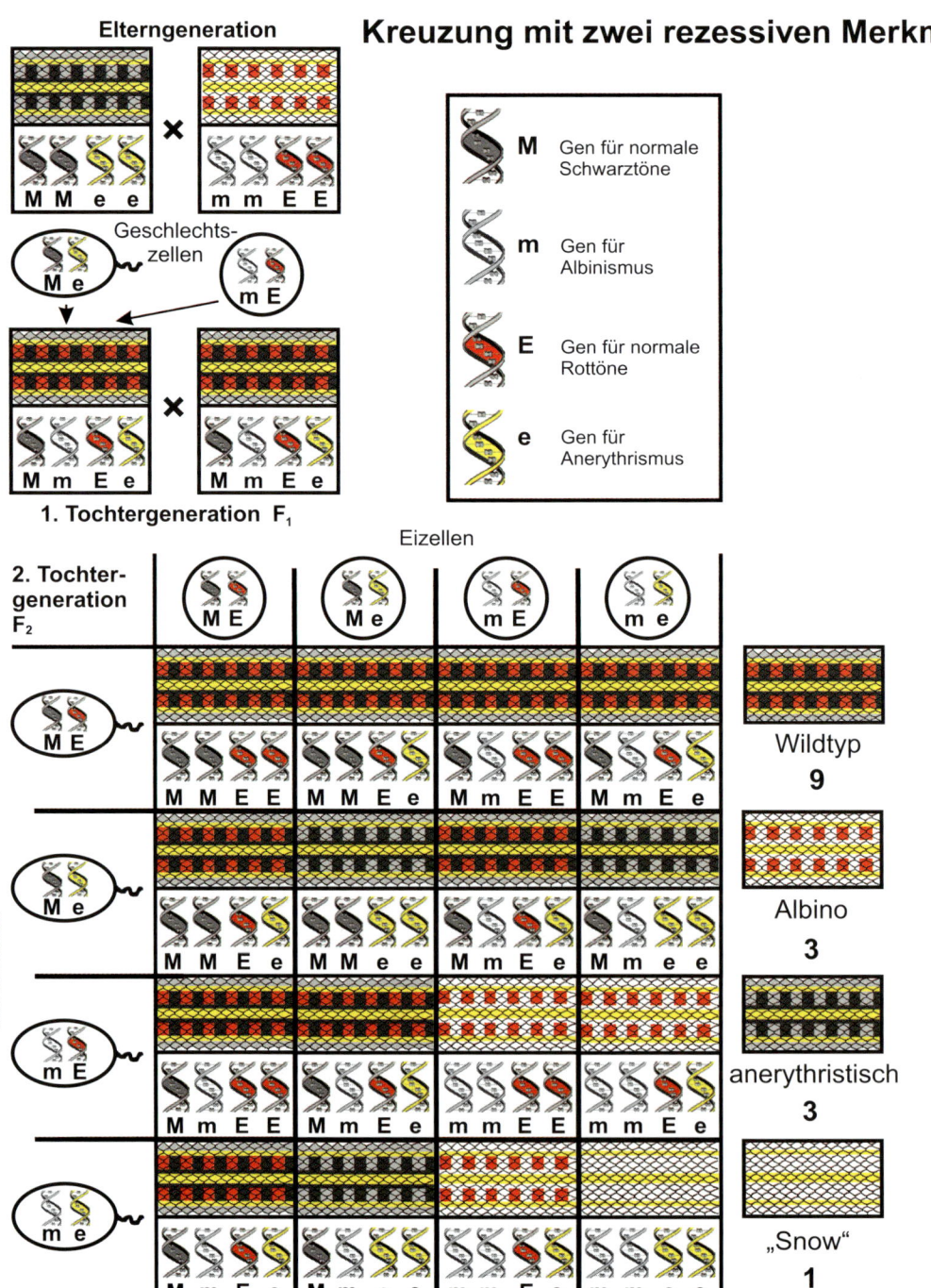

Elterngeneration

M M e e × m m E E

Geschlechtszellen

M e   m E

1. Tochtergeneration F₁

M m E e × M m E e

			M	Gen für normale Schwarztöne
	m	Gen für Albinismus
	E	Gen für normale Rottöne
	e	Gen für Anerythrismus

2. Tochtergeneration F₂

Eizellen

M E — M e — m E — m e

Samenzellen

M E:
M M E E | M M E e | M m E E | M m E e → **Wildtyp 9**

M e:
M M E e | M M e e | M m E e | M m e e → **Albino 3**

m E:
M m E E | M m E e | m m E E | m m E e → **anerythristisch 3**

m e:
M m E e | M m e e | m m E e | m m e e → **„Snow" 1**

von 1/16 auch gänzlich anders gefärbte Tiere befinden, die nun beide Farbmerkmale vereinen: Sie sind amelanistisch und anerythristisch zugleich; man hat also „snow"-Tiere gezüchtet. Untereinander gekreuzt ergeben sich nach den Vererbungsgesetzen stets wieder gleich aussehende „snow"-Nachkommen.

Nun sind von Strumpfbandnattern auch Dreifachfarbmutanten bekannt, also Tiere, bei denen alle drei wichtigen Pigmentzellen einen Fehler aufweisen. Leuzistische Strumpfbandnattern wurden bislang nur in der Natur gefunden. Blizzard-Tiere sind uns für Strumpfbandnattern zur Zeit noch nicht bekannt. Sie ließen sich aus einer Kreuzung eines amelanistischen Tieres mit einer anerythristischen Schlange des Typs 2 erzeugen. „Typ 2" bezeichnet dabei Tiere, denen zusätzlich alle Gelbtöne fehlen, die also axanthisch sind. Das sind jedoch nur Übertragungen aus Erfahrungen z. B. der Boa-Zucht. Die wirklichen genetischen Gegebenheiten werden erst zukünftige züchterische Erfolge ermitteln helfen.

In seltenen Fällen weichen die Zuchtergebnisse von den theoretisch nach MENDEL berechneten Vorhersagen ab. Eine der Ursachen kann darin liegen, dass nicht alle Merkmale eine „Durchschlagskraft" (Penetranz) von 100 % besitzen. Bei der Vererbung der Farbgebung von Strumpfbandnattern dürfte ein derartiges Phänomen jedoch überaus selten sein. Interessante Untersuchungen von ZWEIFEL (1998) ergaben, dass die Regulierung der Genaktivitäten für Melanismus bei der Gewöhnlichen Strumpfbandnatter abhängig von der Umgebungstemperatur ist. ZWEIFEL (1998) konnte zeigen, dass trotz vorliegendem reinerbigem Melanismus nicht alle Nachkommen mendelten. Ein Mehrfaktorenerbgang konnte ausgeschlossen werden. Als Ursache war nur eine veränderte Umgebungstemperatur zu ermitteln. Die Zukunft wird zeigen, ob es bei Strumpfbandnattern bei der Vererbung von Farbformen auch Anteile gibt, die

Links: Vererbungsschema bei amelanistischen und anerythristischen Strumpfbandnattern

nicht auf den Chromosomen als den Hauptträgern der Erbinformation liegen (extrachromosomal) und sich damit nicht nach den Gesetzten MENDELS verhalten. BROGHAMMER (1998) beschreibt für einige Schlangenarten eine spezielle Form des Albinismus, dessen Vererbung eigenen Gesetzten folgt. Über die genannten Unwägbarkeiten bei der Zucht hinaus können auch jederzeit spontane Veränderungen des Genmaterials auftreten und dadurch für eine Abweichung der üblichen Merkmalsfolge der Generationen sorgen. Die Wahrscheinlichkeit hierfür ist statistisch jedoch sehr gering, und nicht jede Farbabweichung innerhalb des natürlichen Spektrums der Arten/Unterarten ist gleich eine echte Mutation. Nur allzu oft hat sich in der Vergangenheit der Schlangenzucht der züchterische Wunsch als Vater des Gedankens herausgestellt.

Natürliche Farbformen bei Strumpfbandnattern
Es gibt zwei Möglichkeiten, Informationen über natürliche Farbformen bei Strumpfbandnattern zu erhalten: Wissenschaftlich tätige Feldherpetologen in den USA veröffentlichen häufig die Ergebnisse ihrer Geländebegehungen und Exkursionen. Darin finden sich seit langem zahlreiche Hinweise auf z. B. melanistische oder amelanistische Einzeltiere oder lokale Populationen unterschiedlicher *Thamnophis*-Arten. Die Informationen sind in den Bibliotheken der Welt für jedermann öffentlich zugänglich. Die zweite Quelle sind interessierte und engagierte *Thamnophis*-Züchter in den USA oder andernorts. In ihrem Besitz befinden sich mitunter einzigartige Exemplare oder Zuchtgruppen von ehemals in der Natur gefangenen Farbformen von Strumpfbandnattern. Die Informationen darüber sind leider nicht öffentlich zugänglich. Angst vor Konkurrenz, der fragwürdige Ansporn, als Erster mit teuren Nachzuchten auf den Markt zu kommen, der heimliche Genuss einer möglicherweise weltweit nur einmal vorhandenen Rarität oder andere Beweggründe sorgen dafür, dass viele Informationen auf diesem Gebiet geheim gehalten werden. Folglich können die von uns erfassten

Verschiedene Farbformen bei Strumpfbandnattern:

1 *Thamnophis sirtalis sirtalis* „Crimson"
Foto: P. Blais
2 *Thamnophis elegans terrestris* „red morph"
Foto: M. Hallmen
3 *Thamnophis radix* „snow"
Foto: M. Hallmen / J. Chlebowy
4 *Thamnophis sirtalis sirtalis* „flame"
Foto: M. Hallmen / J. Chlebowy
5 *Thamnophis radix*, amelanistisch
Foto: M. Hallmen
6 *Thamnophis sirtalis sirtalis* „speckled flame"
Foto: M. Hallmen

Farbformen keinerlei Anspruch auf Vollständigkeit erheben. Es mögen noch einige andere existieren, über die wir nichts wissen.

Eine vergleichsweise häufige farbliche Erscheinungsform bei Strumpfbandnattern ist der Melanismus, bei dem sich in der Regel gänzlich schwarze Tiere (Schwärzlinge) ausbilden (individuelle Abweichungen bei *T. s. sirtalis* vgl. HALLMEN 1999c). Melanistische Tiere sind von vielen Strumpfbandnattern bekannt, wie z. B. von *T. butleri* (CATLING & FREEDMAN 1981), *T. elegans vagrans* (PETERSON & FABIAN 1984), *T. ordinoides* oder *T. sirtalis parietalis*. Die größten Vorkommen melanistischer Tiere existieren jedoch von *T. s. sirtalis*. Sie treten vermehrt in der Gegend rund um den Lake Erie (USA, Kanada) auf (ROSSMAN et al. 1996). EVANS & ROECKER (1951) fanden in einer solchen Population in Ontario (Kanada) bei 24 % aller untersuchten Tiere melanistische Merkmale. Als Grund für diese Häufung werden eine mögliche Isolation und sich daraus ergebende Inzuchteffekte diskutiert (MUTSCHMANN 1995). GIBSON & FALLS (1979) konnten zeigen, dass melanistische Tiere von *T. s. sirtalis* im Vergleich mit ihren normal gefärbten Artgenossen bei gleicher Strahlungsintensität wärmer wurden und somit in kühleren Gebieten Vorteile hatten. Damit scheint sich auch die bereits 1908 von RUTHVEN gemachte Feststellung, dass in nördlicheren Regionen dunklere Strumpfbandnattern zu finden sind als in südlicheren, zu erklären.

Auch amelanistische Strumpfbandnattern (Albinos) treten regelmäßig in Erscheinung. Aus Literatur und Berichten sind uns Exemplare von *T. butleri*, *T. couchii*, *T. elegans vagrans*, *T. ordinoides*, *T. marcianus*, *T. radix*, *T. sirtalis concinnus*, *T. sirtalis parietalis* und *T. s. sirtalis* (SHIVELY & MITCHELL 1994) bekannt. Somit ist Albinismus die häufigste Farbform – zumindest, wenn man die Artenzahl als Kriterium zugrunde legt. In der Natur tritt auch diese Farbform in Teilpopulationen gehäuft auf, aber dennoch werden selten so viele helle Tiere gefunden, wie man das vom Melanismus her kennt. Aufgrund ihrer Auffälligkeit dürfte sich hier der Druck durch Fressfeinde negativ auswirken. Über die Vorteile einer amelanistischen Körperfärbung wird noch diskutiert.

Auch andere Farbformen, wie z. B. xanthische, axanthische, erythristische, anerythristische oder hypomelanistische sind aus der Natur bekannt. *T. s. sirtalis* und *T. radix* zeichnen sich hierbei bislang durch die größte Vielfalt aus. Die genannten Farbformen finden in aller Regel aber mehr die Aufmerksamkeit der Züchter als die der Wissenschaftler und bleiben daher eher unbekannt. Leuzistische Tiere sind bei Strumpfbandnattern wie auch bei anderen Schlangen seltene Naturerscheinungen. 1992 wurde ein leuzistisches Weibchen von *T. s. sirtalis* von SHIVELY & MITCHELL (1994) im Fauquier County (Virginia) gefangen.

Eine der bislang aufregendsten Farbformen ist eine als „crimson" bezeichnete Extremform der rot gefärbten „flame garters". Dabei handelt es sich um eine erythristische Form von *T. s. sirtalis*. Die Tiere sind über den gesamten Körper extrem orange bis rot gefärbt; ihre Färbung scheint schon fast unwirklich neonfarben. Sie stammen aus der Umgebung von Montreal (Kanada) und wurden von BLAIS (1998) beschrieben. Er konnte feststellen, dass eine entwicklungsbedingte Intensivierung der Rotfärbung vorliegt. Jungschlangen lassen ihre spätere Attraktivität oft kaum erahnen. Weiterhin konnte er zeigen, dass manche Tiere zusätzlich alle Gelbtöne in ihrer Färbung vermissen lassen (axanthisch). Die beschriebenen Haltungsbedingungen weisen Schlangen dieser Farbform als robuste Terrarientiere aus (BLAIS 1998). Erste Exemplare der äußerst attraktiven Farbform konnten wir im Jahr 2000 nach Europa importieren; entsprechende Zuchtprogramme sind eingeleitet.

Aus Florida ist uns eine „calico"-Form von *T. s. sirtalis* bekannt. Dabei handelt es sich um ein Tier, bei dem sowohl das Zeichnungsmuster als auch die Farben scheinbar ohne erkennbares System ineinander übergehen. So genannte „piebalds", das sind Schlangen, denen – wahllos verteilt – an manchen rein weißen Körperstellen jegliche Färbung und Musterung fehlt, sind uns für Strumpf-bandnattern bislang noch nicht bekannt.

Von einer ungewöhnlichen körperlichen Missbildung berichten SMITH et al. (1996). Im Montrose County wurde ein Exemplar von *T. elegans* gefunden, das teilweise schuppenlos war. Es handelt sich dabei um die bislang einzige bekannt gewordene Strumpfbandnatter, die diese Missbildung – eine so genannte Merolepidosis – aufwies.

Neuere Entwicklungen der Zucht

Fälle wie von SHIVELY & MITCHELL (1994), die in Virginia ein leuzistisches Exemplar von *T. s. sirtalis* fanden, es für wenige Monate pflegten, um es alsbald mitsamt seinen in Gefangenschaft geborenen Jungen wieder in die Wildnis zu entlassen, dürften in den USA der Vergangenheit angehören. Inzwischen haben auch Farbformen der Strumpfbandnattern ihren Marktanteil und damit auch ihren Marktwert. Demzufolge werden heute Wildfänge farblich abweichender Tiere sorgsam gehalten und gezüchtet, um einen stetig wachsenden Bedarf zu decken. Ohne an dieser Stelle das Für und Wider der Zucht von Farbformen erörtern zu wollen, sei zumindest darauf hingewiesen, dass die Sinnhaftigkeit der Zucht solcher von der Natur im Normalfall benachteiligten Erscheinungen durchaus kontrovers diskutiert werden kann. In der Regel sind diese „Mängelwesen" für viele Menschen jedoch optisch äußerst attraktiv.

Im Vordergrund steht dabei zunächst die Reinzucht z. B. melanistischer, amelanistischer, anerythristischer oder hypomelanistischer Tiere. Wir machen derzeit erste Erfahrungen mit der Zucht von melanistischen *T. s. sirtalis*, amelanistischen Tieren von *T. radix*, *T. marcianus* und *T. sirtalis parietalis* sowie anerythristischen *T. sirtalis parietalis*. Allgemein wird versucht, die Spannbreite der vorkommenden Farbabweichungen zur gezielten Zuchtwahl maximal auszuschöpfen. Vermehrte Gelb-, Blau- oder Rotanteile lassen sich dadurch in einem genetisch vorgegebenen Rahmen steigern. So werden u. a. in Österreich erythristische *T. radix* (FESSER, pers. Mitlg. 2000) und in England amelanistische

T. s. sirtalis „Florida blue" (FRANCIS, pers. Mitlg. 2000) gezüchtet.

Für zahlreiche Züchter sind die „einfachen" Farbformen jedoch nur Ausgangspunkt für die gezielte Zucht kombinierter Farbmerkmale. Soweit bekannt, arbeiten einzelne Züchter an der Kreuzung von anerythristischen und hypomelanistischen Tieren, um die ersten „ghost"-Strumpfbandnattern zu erhalten.

Uns gelang es im Frühjahr 2000 erstmals, bereits importierte doppelt heterozygote Individuen von *T. radix* zu verpaaren (HALLMEN & CHLEBOWY 2000b). Die Eltern waren beide mischerbig für die Merkmale amelanistisch und anerythristisch. Von den 33 lebenden Jungtieren waren acht amelanistisch, vier anerythristisch, 20 „possible double hets" und eine „snow"-Farbform. Letzteres „snow"-Tier besitzt keine weiße Färbung, wie für Tiere derartiger Züchtungen eigentlich üblich, sondern ein rosafarbenes Aussehen. Im Unterschied zu dem bislang einzigen sonst bekannten „snow"-Exemplar in den USA besitzt es keinerlei Ansätze eines Rückenstreifens. Für *T. sirtalis parietalis* besitzen wir denselben Zuchtansatz. Erythristische und albinotische *T. radix* möchten wir mit dem Ziel extrem rot gefärbter Albinos verpaaren.

Die derzeitige Situation für Interessenten von Farbvarianten der Strumpfbandnattern ist in Europa noch nicht sehr günstig. Auf dem offiziellen Markt (z. B. Börsen, Zoofachhandel usw.) sind derartige Tiere noch äußerst selten. Dennoch konnten wir auf Europas größter Reptilienbörse in Hamm seit zwei Jahren regelmäßig Albinos von *T. marcianus* im Angebot finden (inzwischen sogar von zwei Anbietern). Eine Analyse des „Anzeigen Journals" der DGHT (Deutsche Gesellschaft für Herpetologie und Terrarienkunde) – der immerhin weltgrößten Vereinigung ihrer Art – ergab, dass Farbvarianten von Strumpfbandnattern aber auch bei Privatzüchtern bislang selten zu erwerben sind (HALLMEN 2000b). Dennoch wissen wir von befreundeten Züchtern, dass sie z. B. albinotische, melanistische und axanthische Tiere unterschiedlicher Arten/Unterarten von Strumpfbandnattern halten. Sowohl bei deren als auch bei unseren eigenen Tieren handelt es sich jedoch um Jungtiere. Sie dürften die „erste Welle" des aus den USA nach Europa überschwappenden „Albino-Fiebers" unter den Strumpfbandnatternfreunden darstellen. Die F_1-Generation der genannten Tiere wird zum Großteil sicherlich unter Züchtern vergeben werden und damit noch kaum auf den offenen Markt gelangen. Doch bereits in wenigen Jahren werden die weiteren Folgegenerationen für eine breite Öffentlichkeit zugänglich sein und das Angebot an attraktiven Strumpfbandnattern um zahlreiche schöne Tiere erweitern.

Aussagen über eine schlechtere Gesundheit spezieller Farbformen bei Strumpfbandnattern können derzeit nur spekulativen Charakter haben. Noch sind die in Gefangenschaft gehaltenen Tiere auch in den USA in der Regel eher Einzeltiere oder befinden sich in kleinen Zuchtgruppen. Es existieren meist nur wenige Folgegenerationen und geringe Individuenzahlen. Aber aus der Erfahrung mit einmalig nach Europa gelangten

Arten/Unterarten und der Entwicklung ihrer Nachkommen (z. B. mit *T. sirtalis tetrataenia*, HALLMEN 2000c) wäre es überaus sinnvoll, von Beginn an unterschiedliche Blutlinien als solche zu kennzeichnen und durch gezielte und koordinierte Zuchtprogramme sowohl die reinen Blutlinien zu erhalten als auch kontrollierte Kreuzungen zur Erweiterung der genetischen Gesunderhaltung durchzuführen.

Als ein weiteres Problem für die Zucht auch von Farbvarianten könnte sich das Verhalten einiger Züchter von Strumpfbandnattern erweisen. Da viele Halter und Züchter nur sehr begrenzte Kenntnisse von Genetik haben, verlieren sie oft im Laufe der Schlangengenerationen den Überblick über die einzelnen rezessiven Erbinformationen ihrer Tiere. Es mangelt häufig an der notwendigen Sorgfalt bei der Dokumentation. Solche „hets" (heterozygote Tiere) und „possible hets" (möglicherweise heterozygote Tiere) gelangen ohne entsprechende Etikettierung z. B. über Börsen oder den Fachhandel auf den Markt. Kein Fachmann der Welt kann ihnen ansehen, welche versteckten Erbinformationen in ihnen schlummern. Schnell werden dann Farbformen, die bei einzelnen Züchtern auftauchen, gleich als etwas sensationell Neues verkündet, obwohl es sich um alte, längst irgendwo bekannte Merkmale handelt, die lediglich über einige Generationen versteckt blieben, und die nun wieder zum Tragen kommen (LOVE 1999b).

Inzuchteffekte

Bei der Zucht von Farbformen ist es häufig unvermeidlich, Tiere derselben Blutlinie untereinander zu kreuzen. Das scheint in der Regel bei Strumpfbandnattern – zumindest in den ersten Generationen – kein Problem darzustellen. Wird die Inzucht jedoch über viele Ge-

Albino von *Thamnophis sirtalis*   Foto: A. Francis

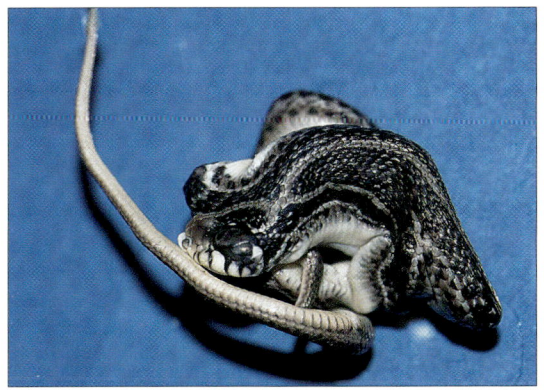

Alkoholpräparat eines zweiköpfigen *Thamnophis radix*   Foto: M. Hallmen / H. Künzli

nerationen hinweg betrieben, so kann sich eine Häufung genetischer Fehler einstellen, die man als Inzuchtdepression bezeichnet. Dabei werden Fehler in der Erbinformation – nur in diesem Fall unerwünschte Fehler – gleich den Farbvarianten rezessiv im Erbgut festgeschrieben. Bei der Kreuzung mit einer anderen Blutlinie, was dem natürlichen Fall entspräche, kämen die Defekte nicht zum Tragen. Werden nun aber Geschwistertiere miteinander verpaart, ist es nicht unwahrscheinlich, dass zwei rezessive Gene für z. B. Missbildungen aufeinandertreffen und die nun reinerbigen Tiere die jeweiligen Symptome zeigen. Als eine der häufigsten Formen der Missbildungen aufgrund der Inzuchtrepression sind bei Strumpfbandnattern Deformationen der Wirbelsäule zu beobachten. Wir konnten das bei der Zucht von melanistischen Exemplaren von *T. s. sirtalis* beobachten. Des Weiteren ist bei Strumpfbandnattern eine mit wachsendem Grad der Inzucht steigende Unfruchtbarkeit der Schlangen bekannt (MUTSCHMANN pers. Mitlg. 2000).

Inzuchtprobleme lassen sich in der Regel nur durch das Einkreuzen nicht blutsverwandter Tiere dauerhaft beheben. Bei seltenen Arten/Unterarten oder Farbformen kann es jedoch ein Problem darstellen, an eine weitere Blutlinie derselben Farbform zu kommen. In solchen Fällen ist Geduld und ein langer Atem des Züchters gefragt, wenn er seine Tiere weiter züchten will. Die Farbformen müssen wieder mit normal gefärbten Tieren verpaart werden, um „frisches Blut" – besser: frisches Genmaterial – in die Zuchtlinie zu bringen. Aus den nun wieder einheitlich normal gefärbten Tieren muss die gewünschte Farbform über weitere Kreuzungen der Folgegenerationen nach den Gesetzen MENDELS wieder herausgezüchtet werden. Ein mühsamer und zeitaufwendiger Weg, den zu gehen manch ein Züchter, der nur an einer schnellen Mark interessiert ist, nicht bereit ist. Doch auch der Käufer von Farbformen sollte prüfen, ob er sich nicht mit den preiswerteren „Vorstufen", den normal gefärbten „hets", begnügen will.

Tab. 2 – Einige bekannte Farbformen bei Strumpfbandnattern

	melanistisch	amelanistisch	xanthisch	axanthisch	erythristisch	anerythristisch	hypomelanistisch	„snow"	leuzistisch	„calico"
T. butleri	●	●								
T. couchii		●								
T. cyrtopsis		●								
T. elegans terrestris					●					
T. e. vagrans	●	●								
T. marcianus		●					●	●		
T. ordinoides	●	●					●	●		
T. radix		●	●	●	●	●		●		
T. sirtalis ssp.	●	●	●			●			●	●
T. s. concinnus		●								
T. s. pallidulus		●								
T. s. parietalis	●	●					●			
T. s. sirtalis	●	●	●		●	●			●	●

6. Strumpfbandnattern im Internet

Vor- und Nachteile des neuen Mediums

Das Netz von interessierten Haltern und Züchtern von Strumpfbandnattern ist recht weitmaschig; selten wohnt ein Gleichgesinnter „um die Ecke". Durch das Internet wird die Welt zum „Dorf", und Entfernungen spielen für den Austausch von Informationen keine Rolle mehr. Das Internet ist damit prädestiniert für die Kommunikation unter den Freunden der Gattung *Thamnophis*. Besonders der Austausch über Kontinente (z. B. Europa – Nordamerika) erfährt seit kurzem ungeahnte Qualitäten. Texte können binnen weniger Minuten weltweit ausgetauscht werden. Selbst Abbildungen sind einfach und jederzeit erhältlich. Der immens expandierende Markt lässt kaum noch Lücken in der Wunschliste eines *Thamnophis*-Freundes. Hervorzuheben ist die Aktualität des Mediums. So sind z. B. neueste Farbformen bereits wenige Tage nach ihrem Fang im Internet zu bestaunen. Eine entsprechende Veröffentlichung in einer Zeitschrift – sofern sie überhaupt erfolgt – lässt hingegen nicht selten über ein Jahr auf sich warten.

Doch bei aller Euphorie, die über das neue Medium ausgebrochen scheint, vereint es auch einige Nachteile. Für viele liegt der erste und entscheidende in der Sprache. Obwohl sich auch auf Deutsch viele gute Beiträge finden, so ist die „Amtssprache" des Internets Englisch. Das gilt für Strumpfbandnattern-Freunde um so mehr, stammen die meisten ihrer Tiere doch aus den USA und Kanada. Ein gravierendes Manko ist auch, dass die veröffentlichten Beiträge überwiegend in keinster Weise auf ihre Inhalte geprüft werden. Meist sind nur Meinungen Einzelner zu lesen, die selten den Anspruch erheben können, wissenschaftlich abgesichert zu sein. Nur bekannte Namen renommierter Züchter und Händler oder die Seriosität von Vereinen und Instituten bieten einen gewissen Schutz vor Fehlinformationen. Die Kurzlebigkeit des Mediums sorgt dafür, dass einige Adressen bereits nach kurzer Zeit nicht

mehr existieren; das wird wohl auch einigen der von uns angegebenen Musteradressen nicht erspart bleiben. Die Anonymität des Internets sorgt zuweilen für ein skrupelloses Geschäftsgebaren; auch wir mussten in diesem Punkt schon Lehrgeld bezahlen. Und nicht zuletzt bleibt fraglich, ob wirklich jede Information weltweit für jeden verfügbar sein muss, wie das Beispiel der Beschreibung des Anfahrtsweges zum Massenüberwinterungsquartier von *T. sirtalis parietalis* in Manitoba im Internet zeigt. Bei uns wird man diese Adresse jedenfalls vergeblich suchen. Doch trotz der genannten Nachteile sollte der Strumpfbandnattern-Freund die Chancen des neuen Mediums sehen und sich dessen Vorteile für sein Hobby zunutze machen.

Wie geht man damit um?

Der Umgang mit dem Internet ist einfacher, als ihn sich die meisten vorstellen, denen diese Welt gänzlich unbekannt ist. Es sind nur wenige, sich meist wiederholende Arbeitsschritte notwendig für eine befriedigende und sinnvolle Nutzung. Wer über keinen eigenen Internet-Zugang zu Hause verfügt, hat vielleicht am Arbeitsplatz oder bei Freunden Gelegenheit, das Potenzial dieses Mediums für sein Hobby zu erkunden. Arbeitskollegen oder Freunde helfen in der Regel auch gerne über eventuelle erste Hürden hinweg.

Die Voraussetzungen für den Zugang zum Internet sind ein tauglicher Computer, der Zugang über ein Modem oder über einen ISDN-Anschluss sowie einen Anbieter (Provider). Neben den direkt für den Zugang benötigten Programmen (Software) sind noch ein gängiges Schreibprogramm sowie ein oder mehrere Grafikprogramme notwendig, um z. B. Texte oder Grafiken öffnen und betrachten zu können, die als E-Mail-Anlage (electronic mail = elektronischer Brief) verschickt wurden. Viele Nutzer (User) unter den *Thamnophis*-Haltern erstellen sich eine eigene Homepage, auf der sie unter einer vom Anbieter vorgegebenen

Thamnophis cyrtopsis ocellatus   Foto: M. Hallmen / J. Chlebowy

Adresse Texte oder Bilder für alle öffentlich zugänglich „ins Netz stellen" können. Es gilt aber auch, die Kosten zu bedenken, die bei reger Nutzung des Internets oder anderer online-Funktionen im „Net" derzeit immer noch unerfreulich zu Buche schlagen können.

Das Internet erschließt sich seinem Nutzer auf zweierlei Weise: Er kann eine ihm bekannte Adresse einer bestimmten Internetseite eingeben und sie sich auf Knopfdruck ansehen. In den meisten Fällen wird man sich jedoch einer Suchmaschine bedienen. Das sind Programme, die das millionenfache Angebot des Internets nach vorgegebenen Stichworten durchsuchen. Viele von ihnen haben einen deutschen Teil und einen internationalen Bereich, in dem sich die für *Thamnophis*-Halter interessanten amerikanischen Anbieter

befinden. Zum Stichwort „Thamnophis" finden sich in der deutschen Sektion vergleichsweise wenig Einträge; im internationalen Bereich sind es bei einer der großen Suchmaschinen z. B. ca. 1.700 Hinweise. Sie können durch Anklicken alle aufgerufen und betrachtet werden. Eine spezifizierte Suche z. B. unter „Thamnophis sirtalis tetrataenia" liefert noch ca. 100 Einträge. Es wird klar, warum man mit der Zeit lernt, sehr spezielle Suchbegriffe zu wählen; dennoch braucht eine erfolgreiche Suche immer noch ihre Zeit. Gute Internetseiten kann man sich komplett oder teilweise auf den eigenen Computer herunterladen. Mit Ausdrucken der im Internet angebotenen Fotos lässt sich schnell ein persönlicher Bildband von Strumpfbandnattern aller erster Güte erstellen. Bei der Weiterverwendung von Text- und

Bildquellen aus dem Internet muss allerdings der gleiche Maßstab für Urheberrechte angelegt werden, wie bei Veröffentlichungen in Zeitschriften oder Büchern! Andernfalls hat man unter den *Thamnophis*-Freunden im Internet zurecht schnell einen schweren Stand. Außerdem macht man sich Verstößen gegen das Urheberrecht schuldig, was mit erheblichen finanziellen Strafen verbunden sein kann. Verlage sowie Text- und Bildautoren verstehen hier keinen Spaß!

Möglichkeiten der Nutzung für *Thamnophis*-Freunde

Für Interessenten an Strumpfbandnattern bietet eine Unzahl von Hompages inzwischen die komplette Spannbreite an Informationen. Der Anfänger findet hier z. B. erste Hinweise zur Haltung und Pflege der Tiere; der Fortgeschrittene kann sich über neue Tendenzen der Zucht informieren. Das inzwischen reichhaltige Angebot bester *Thamnophis*-Fotos ist in der Regel eine Augenweide für jeden Freund dieser Schlangengattung. Über die E-Mail-Funktion, die sich auf nahezu jeder Homepage findet, kann man mit dem Ersteller der Internetseiten in Kontakt treten. E-Mails schreiben sich schneller als herkömmliche Briefe, weil ihr Erscheinungsbild häufig etwas formloser ist und auch kurze Meldungen von wenigen Zeilen üblich sind. Außerdem kann man als Anhängsel an eine E-Mail (Anlage) digitalisierte Texte und Bilder der unterschiedlichsten Formate verschicken. E-Mails erreichen den Adressaten meist schon nach wenigen Minuten. Wir verdanken viele weltweite Kontakte der Möglichkeit, über unsere Computer E-Mails zu verschicken; auch einige Bilder des vorliegenden Buches erhielten wir via E-Mail als Anlage.

Weiterhin werden im Internet spezielle Diskussionsforen für *Thamnophis*-Liebhaber angeboten. In ihnen kann man in schriftlicher Form kurze Fragen, Hinweise oder Tipps rund um die Strumpfbandnattern einbringen, die dann von anderen Teilnehmern des jeweiligen Forums oder von seinem Leiter (Webmaster) innerhalb weniger Stunden bis Tage aufgegriffen werden. Die Antworten

sind ebenfalls im Forum für alle Teilnehmer öffentlich nachzulesen. Häufig entstehen auf diese Art interessante Ketten aus Fragen und Antworten zu allgemeinen oder speziellen Aspekten der Freilandbeobachtung oder der Terrarienhaltung von Strumpfbandnattern. Anbieter solcher spezieller Foren für Strumpfbandnattern sind z. B. „thamnophis.com" oder „Kingsnake.com". Die Auskünfte, die man über die genannten Foren erhält, sind in aller Regel äußerst kompetent; neben Anfängern zählen auch viele *Thamnophis*-Spezialisten zu den regelmäßigen Teilnehmern, von denen sich keiner auch für vermeintlich einfache Antworten zu schade ist.

Von der Strumpfbandnattern-Gemeinde im Internet bislang noch wenig genutzt wird die Möglichkeit zum Chatten. Dabei treffen sich Gleichgesinnte zur selben Zeit an einer verabredeten Stelle im Internet (Chatroom) und können „live" mit nur wenigen Sekunden Verzögerung schriftliche Informationen, Meinungen oder Fragen austauschen. Im Vergleich zum Forum erhält man hier meist sofort Antwort auf gestellte Fragen und kann ebenfalls gleich wieder Rückfragen stellen. Allen Teilnehmern eines Chatrooms ist der Schriftwechsel sichtbar, und jeder kann sich ein- und ausklinken, wann er will. Der weltweit erste Chat von *Thamnophis*-Haltern wurde am 31.3.2000 von „thamnophis.com" organisiert. Speziell diese Form der Kommunikation wird zukünftig sicherlich auch bei den Strumpfbandnattern-Freunden ausgebaut werden.

Die Teilnehmer, die Informationen über Sturmpfbandnattern im Internet zur Verfügung stellen, sind weit gestreut. Privatpersonen bieten meist allgemeine Informationen zur Biologie und Haltung der Schlangen sowie Auskünfte über die von ihnen speziell gehaltenen Tiere an; einige Züchter informieren über Nachzuchterfolge. Vereine, Verbände, naturkundliche Museen und Institute – vor allem in den USA – stellen neben ihrer Arbeit z. B. Informationen zur Verbreitung und Biologie der in ihren Bundesstaaten jeweils vorkommenden *Thamnophis*-Arten und -Unterarten vor. Auch professionelle Händler finden sich mit ihrem Angebot an Strumpfbandnattern und Zubehör im Internet. Anhand der Arten-, Produkt- und Preislisten kann man sich Tiere oder Materialien aussuchen und sie direkt über die E-Mail- oder eine spezielle Bestellfunktion ordern. Für Strumpfbandnattern-Freunde besonders interessant: Es sind auch Bestellungen in den USA möglich. (Ausgewählte Internet-Adressen siehe S. 191)

7. Strumpfbandnattern in der Pädagogik

Bei aller Popularität, die Strumpfbandnattern weltweit in Terraristikkreisen genießen, muss es schon etwas verwundern, dass sie bislang als Objekte der praktischen Naturerziehung (z. B. an Schulen) unentdeckt blieben. Weder in den USA noch in Europa sind bislang Vorschläge zum Einsatz dieser interessanten Tiere im Biologieunterricht publiziert. BICKEL et al. (1997) veröffentlichten zwar eine Klausuraufgabe zum Fortpflanzungsverhalten bei Strumpfbandnattern, zur Zeit liegen aber lediglich einige unserer Ansätze vor, die sich grundsätzlich mit dem Einsatz von Schlangen in der Pädagogik (HALLMEN 1999d, e) bzw. von Strumpfbandnattern (HALLMEN 1997b) befassen. Folglich finden Interessenten auch kaum Materialien zum Thema „Schlangen" in Form von Arbeitsblättern, Folien u. Ä. für den Einsatz im Biologieunterricht veröffentlicht. So sind uns im Wesentlichen nur Materialien von MURA (1988), ROTHFUCHS (1989), KRUSE (1996) und SCHRENK (1997) bekannt.

Der Einsatz von Strumpfbandnattern in der Naturerziehung muss im Zusammenhang mit gesellschaftlichen, organisatorischen, methodischen, didaktischen und rechtlichen Rahmenbedingungen gesehen werden. Ein Ziel der praktischen Arbeit mit Strumpfbandnattern bei der Erziehung von Kindern und Jugendlichen sollte sein, irrationale Ängste vor Schlangen durch direkte Begegnung mit den Tieren nachhaltig abzubauen. Kinder und Jugendliche zeigen im Gegensatz zu den meisten Erwachsenen gegenüber Schlangen eine noch ambivalente Einstellung. Einerseits empfinden auch sie häufig Angst vor den im Grunde unbekannten Tieren, aber andererseits üben sie eine eigenartige, fast magische Anziehung auf Menschen dieses Alters aus. Die Faszination des zunächst Exotischen und vermeintlich etwas Gefährlichen ist bestens geeignet, eine sachliche Information und Aufklärung über die reichhaltige Biologie dieser verfemten Reptilien einzuleiten.

Vorzüge von Strumpfbandnattern

Dem privaten Schlangenhalter stehen nur wenige Hindernisse bei der Haltung seiner Lieblingsart aus der breiten Palette der angebotenen Schlangenarten im Weg. Hohe Kosten, aufwändige Haltung oder Schwierigkeiten bei der Beschaffung der Tiere spielen für den echten Liebhaber nur eine untergeordnete Rolle. Schlangen, die bei der praktischen Arbeit mit Kindern und Jugendlichen eingesetzt werden, müssen hingegen sehr spezielle Bedingungen erfüllen, über die sich ein „normaler" Terrarianer in aller Regel keine Gedanken macht. So spielt z. B. die Körpergröße für eine positive Resonanz bei Laien eine nicht unerhebliche Rolle. Schlangen über 2 m Körperlänge, wie z. B. große Würgeschlangen, vermitteln Kindern und Jugendlichen Gefühle der Angst. Doch Schlangen (z. B. junge Strumpfbandnattern) können auch zu klein für die Arbeit an Schulen sein, denn bei zu geringer Körpergröße werden sie emotional von den Kindern und Jugendlichen nicht als solche eingestuft, wodurch das Erlebnis, eine echte Schlange z. B. berührt zu haben, deutlich geschmälert wird. Als ideal können Tiere mit einer Körpergröße von 50–150 cm angesehen werden. Strumpfbandnattern verfügen über die optimale Größe. Darüber hinaus sind sie ungiftig und ungefährlich. Meist werden sie bei regelmäßiger Handhabung auch „zahm".

Die Erfahrung zeigt außerdem, dass das Verfüttern lebender Mäuse für viele Kinder und Jugendliche, aber auch für Lehrer ein gefühlsmäßiges Problem darstellt. Die Hemmschwelle kann sogar so groß sein, dass Schlangen aus diesem Grund erst gar nicht an der Schule gehalten werden. Strumpfbandnattern sind einfach mit tiefgefrorenen Fischen oder Mäusebabys zu ernähren. Darüber hinaus sind sie vergleichsweise aktive Schlangen, an denen viele Verhaltensweisen zu beobachten sind. Sie leben nicht heimlich und sind meist tagaktiv.

Ein weiteres wesentliches Kriterium ist eine wenig aufwändige Haltung der Tiere. Die Ansprüche der auszusuchenden Pfleglinge dürfen keine komplizierte Terrarientechnik voraussetzen. Robuste Arten, die bei unterschiedlichen Formen der Sterilhaltung gut gedeihen, sind empfehlenswert. Und die oft alles entscheidende Frage „Was geschieht mit den Tieren in den Ferien?" sollte dadurch entschärft werden, dass während dieser Zeiten eine einmalige Pflege pro Woche ausreicht. Die Kosten der Haltung, aber auch bereits die der Anschaffung der Tiere dürfen nicht allzu hoch sein. Strumpfbandnattern wie z. B. *T. s. sirtalis*, *T. s. parietalis*, *T. marcianus*, *T. radix* und viele weitere sind leicht und preiswert zu beschaffen, billig in der Pflege sowie robuste und vermehrungsbereite Terrarientiere.

Bei der Auswahl einer für eine Haltung an der Schule geeigneten Schlangenart gilt es jedoch auch zu bedenken, dass sich das Tier – gewollt

---

Thamnophis marcianus marcianus   Foto: M. Hallmen

oder ungewollt – zu einer Art Werbeträger für die Terraristik entwickeln wird. In vielen Kindern und Jugendlichen wird das Verlangen erwachen, ein solches Reptil auch im privaten Bereich zu halten und zu pflegen. Dies ist nicht selten der Beginn einer langen und intensiven Auseinandersetzung mit Terrarientieren und kann als Förderung des Terraristik-Nachwuchses nicht hoch genug eingeschätzt werden. Als ein „Hauptproblem" bei der Umsetzung eines solchen Vorhabens kristallisieren sich meist sehr schnell die Eltern heraus. In zahlreichen solcher Fälle hat es sich als äußerst hilfreich erwiesen, wenn es sich bei den Schlangen um optisch sehr attraktive Arten handelt. Auf die meisten der im Handel häufig angebotenen Strumpfbandnattern trifft das ohne Frage zu.

Formen der Organisation

Passend zu den Inhalten (s. u.) und in Abhängigkeit der Altersstufen der Kinder und Jugendlichen lassen sich für die Arbeiten mit Strumpfbandnattern an Schulen sehr unterschiedliche Organisationsformen finden. Eine sehr einfache und praktikable Möglichkeit, lebende Schlangen in den Unterricht einzubinden, besteht darin, sie außerhalb der Schule aufzusuchen. Als Exkursionsziel bietet sich eines aus dem immer dichter werdenden Netz der Terraristikfachgeschäfte an. Nach vorheriger Absprache sind die meisten Geschäftsführer sogar gerne dazu bereit, sehen sie doch in den Kindern und Jugendlichen – meist nicht zu Unrecht – einen potenziellen Käuferkreis für ihre Waren. Zoofachgeschäfte bieten gegenüber Zoos den Vorteil, dass einige der Tiere auch einmal angefasst werden können, was für die emotionale Erlebniswelt der Kinder und Jugendlichen prägend sein kann. Ähnliche Erfahrungen lassen sich auch in einem der zahlreichen Terrarienvereine machen.

Von zahlreichen *Thamnophis*-Haltern ist mir bekannt, dass sie in lobenswerter Weise regelmäßig mit einigen ihrer Tiere an Schulen gehen. Das ist für den betreuenden Lehrer mit minimalem Aufwand verbunden, und daher wird ein solches

Angebot gerne genutzt. Den Kindern und Jugendlichen verschafft ein solcher Besuch exotische Erfahrungen in vertrauter Umgebung. Der zeitliche Rahmen sollte dabei nicht zu eng gesteckt werden, denn meist entwickelt sich schnell über die Faszination einer lebenden Schlange ein Bedürfnis nach direktem Kontakt mit dem Tier und der Wunsch, mehr über Strumpfbandnattern und deren Haltung zu erfahren. Terrarianer einerseits, aber auch die Kontaktlehrer auf der anderen Seite sollten sich darauf bereits im Vorfeld einstellen.

Der Königsweg, um Strumpfbandnattern an die Schule zu bringen, ist jedoch die Haltung eines oder mehrerer Tiere vor Ort. Von der technisch-pflegerischen Seite her kann ein Lehrer die Betreuung übernehmen, oder Schüler dürfen sich regelmäßig um die Tiere kümmern. Die fachkundige Anleitung und Betreuung sollte für beide Varianten von einem erfahrenen Terrarianer kommen, sofern der Betreuungslehrer nicht selbst über ausreichende Kenntnisse verfügt. Als Idealfall kann die Haltung von Strumpfbandnattern, mit anderen Tieren ergänzt, als Schausammlung der ganzen Schule dauerhaft präsentiert und in ein umfassendes Konzept begleitender Maßnahmen integriert werden (HALLMEN 1997c). Die Haltung der Strumpfbandnattern an der Schule selbst eröffnet unter anderem die Möglichkeit, die Tiere wesentlich häufiger und zur thematisch passenden Zeit in den Unterricht einzubinden. Die Anwesenheit von lebenden Schlangen fördert eine nachhaltige Auseinandersetzung mit den Tieren, und nach ersten rein emotionalen Erfahrungen wird das Verhältnis von Mensch und Schlange auf eine erstrebenswerte sachliche Ebene gebracht.

Didaktische Überlegungen

Von den genannten Organisationsformen unabhängig müssen Überlegungen zur Strukturierung des Aufeinandertreffens von Schlange und Mensch angestellt werden. Die Begegnung kann rein demonstrativen Charakter haben, d. h., die Strumpfbandnattern werden gezeigt, Fragen beantwortet, und als Höhepunkt dürfen die Kinder oder Jugendlichen die Schlangen anfassen oder

Lena, Jonas und Sarah Hallmen sind fasziniert von einer Strumpfbandnatter
Foto: M. Hallmen

In den Lehrplänen – heute: Curricula – der einzelnen Bundesländer lassen sich zahlreiche Themen finden, die eine Arbeit mit Strumpfbandnattern mit Leben erfüllt. Die Erarbeitung vieler Inhalte der Rahmenthemen scheint auf den ersten Blick eher theoretischer Natur. Doch lassen sich zahlreiche Inhalte in unterschiedlichen **Organisationsformen** durch konkrete Beispiele praktisch verdeutlichen. Die Palette reicht dabei z. B. vom Ablegen eines weit verbreiteten Aberglaubens über das Verhalten von Schlangen durch persönliche Erfahrungen über die Unglaublichkeit des Verschlingens übergroß erscheinender Beute bis hin zur Erklärung des Zustandekommens von Farbvarianten in einem Zoofachgeschäft durch ansonsten abstrakt bleibende Vererbungsgesetze.

halten. Der Schwerpunkt liegt bei solchen Einsätzen auf ersten Erfahrungen (Primärerfahrungen) im direkten Kontakt mit Schlangen. Aus pädagogischer Sicht eine Stufe weiter werden im Vorfeld z. B. Schülerfragen zu Strumpfbandnattern und deren Haltung gesammelt und als Fragebogen gezielt in die Arbeit integriert. Zusammen mit der dazugehörigen Auswertung ergibt sich dabei sicherlich ein höherer Zeitaufwand, aber auch eine länger anhaltende und dadurch intensivere Beschäftigung mit dem Gesehenen. Die Strumpfbandnatter selbst würde nicht bei allen Teilschritten gebraucht. Den Schlangen und einem auf sie bezogenen Lernen am gerechtesten wird eine Art „kleines Schlangenpraktikum". An seinem Beginn steht die von den Kindern und Jugendlichen zu leistende Informationsbeschaffung z. B. durch Schulbücher, Bibliotheken oder Internet. Anschließend werden die Strumpfbandnattern im Unterricht unter gezielten Fragestellungen zu speziellen Themen der Biologie der Schlangen (s. u.) beobachtet, die Ergebnisse protokolliert, und abschließend findet eine Besprechung statt. Ein Praktikumsbericht rundet die Arbeiten ab.

Mögliche Inhalte

Potenzielle Inhalte für praktische Schülerarbeiten mit Strumpfbandnattern lassen sich nach den Verhaltensweisen der Beobachtungsobjekte in solche gliedern, die sehr sicher und „auf Anhieb" von den Tieren geäußert werden, und jene, deren Beobachtung nur zu bestimmten mehr oder weniger kurzen Lebensphasen möglich ist. In der ersteren Kategorie lassen sich Fragen nach z. B. der Wahrnehmung und Sinnesleistung über Augen und Geruch beantworten. Auch Fragestellungen zu den unterschiedlichen Fortbewegungsarten bei Schlangen z. B. in Abhängigkeit vom Untergrund lassen sich jederzeit praktisch erarbeiten. Detaillierte Beobachtungen zur Nahrungsaufnahme sind hingegen schon an bestimmte Voraussetzungen gebunden (z. B. Hunger, Vertrautheit mit der Umgebung, keine Störungen usw.). Protokolle von Häutungsstadien, der Paarung oder der Geburt sind nur bei dauerhafter Haltung der Tiere an der Schule möglich.

Nahezu alle Themen und Inhalte sind grundsätzlich in allen Altersstufen unserer Grund- und Weiterführenden Schulen für den Unterricht tauglich. Selbst in Kindergärten und in der Erwachsenenbildung lassen sich über die Faszination, die für Klein und Groß gleichermaßen von Schlangen ausgeht, pädagogische und biologische Inhalte tief verwurzeln. Lediglich die Wahl der Mittel, wie das Thema aufzubereiten ist, sowie das intellektuelle Niveau, auf dem die Vermittlung stattfindet, unterscheiden sich je nach Alter einer Lerngruppe.

Schüler einer 6. Klasse beobachten eine Strumpfbandnatter   Foto: M. Hallmen

Erfahrungen

Seit Jahren sind wir mit Strumpfbandnattern in Kindergärten, Grundschulen und Gymnasien tätig. Dabei zeigt sich, dass Menschen gleich welchen Alters bei ihren ersten Begegnungen mit Schlangen sehr emotional reagieren. Ähnlich wie jeder Terrarianer in seinem nichtherpetologischen Umfeld, trifft man auch und vor allem an Orten der Erziehung auf Ängste, Vorbehalte und falsche Vorstellungen über Schlangen. Lediglich jüngere Kindergartenkinder zeigen den Strumpfbandnattern gegenüber eine unbefangene Naivität. Die ersten Fragen drehen sich fast ohne Ausnahme stets um die vermeintliche Giftigkeit der Tiere. Auch die folgenden Fragen sind meist Ausdruck einer tief verwurzelten Furcht und irrationaler Ängste vor Schlangen. Es ist jedoch ebenso erstaunlich, wie geduldige Aufklärungsarbeit innerhalb kürzester Zeit aus Ängsten Neugierde werden lässt, und wie schnell Menschen aufgrund von Sachinformationen den Mut finden, eine Strumpfbandnatter anzufassen. Dennoch kann das schlechte Image von Schlangen in der Öffentlichkeit die Arbeit mit den Tieren an Schulen erschweren, denn auch Entscheidungsträger wie z. B. Schulleiter, ja selbst Biologielehrer sind nicht immer frei von Vorurteilen gegen Schlangen.

In der Praxis erwies es sich als überaus hilfreich, zusätzlich zu den lebenden Strumpfband-

nattern weitere Gegenstände, die mit dem Thema „Schlangen" inhaltlich zusammenhängen, demonstrieren zu können. So nehmen wir z. B. gerne noch Natternhemden, getrocknete und gegerbte Häute, Alkoholpräparate und ein Schlangenskelett mit. Sicherlich sind Fachgeschäfte, Terrarienvereine, Zoos, Museen oder auch der Zoll für diesen Zweck auf Nachfrage gerne bereit, Stücke für eine Sammlung von Gegenständen rund um die Schlangen bereitzustellen. Besonders bei jüngeren Teilnehmern (Kindergartenkinder,

Ergänzende Materialien für die Arbeit mit Kindern an Schlangen   Foto: M. Hallmen

Grundschüler) hat es sich bewährt, erst mit solchen Gegenständen Interesse zu wecken und eine Spannung aufzubauen, bis dann als Höhepunkt eine lebende Strumpfbandnatter präsentiert wird. Bekommt dann gegen Ende jeder Teilnehmer ein Natternhemd geschenkt, so wird er stolz noch lange zu Hause von einem unvergesslichen Erlebnis erzählen.

Inzwischen liegen auch einige Erfahrungswerte anderer Biologielehrer zur Haltung von Strumpfbandnattern an Schulen vor. KELLER (pers. Mitlg. 1999) berichtet, dass die drei Exemplare von T. sirtalis parietalis im dortigen Schulvivarium gut zu halten sind und schnell ihre Scheu bei starkem Publikumsverkehr in den Pausen verloren. Sie sind zur regelmäßigen Anlaufstelle für zahlreiche Schüler avanciert. WEINERT (pers. Mitlg. 2000) bestätigt die Beobachtungen von KELLER für das von ihm betreute Schulvivarium und hebt

vor allem die regelmäßigen Aktivitätsphasen seiner Strumpfbandnattern hervor.

Gesetzliche Rahmenbedingungen

Alle Arbeiten mit lebenden Tieren an Schulen werden in einem rechtlichen Rahmen durchgeführt, der Terrarianern selten in seiner ganzen Breite bekannt sein dürfte. Sie sollten ihn jedoch kennen und bei ihren Arbeiten berücksichtigen, wenn eine Arbeit mit Strumpfbandnattern verantwortungsbewusst und über einen längeren Zeitraum durchgeführt werden soll. Am vertrautesten ist die Einhaltung von Artenschutz- und Tierschutzbestimmungen (z. B. Tierschutzgesetz vom 17.2.1993). Die Gesetze erhalten an den Schulen jedoch noch eine weitere, eine pädagogische Dimension, denn Auftrag der Schule ist es unter anderem, geltende Naturschutzbestimmungen zu vermitteln und deren Beachtung und

Tab. 3 – Auswahl einiger für die Arbeit mit Strumpfbandnattern an Schulen geeigneter Themen und Inhalte

Themen	Inhalte
„Natur erleben"	Erlernen einfacher Beobachtungen; Primärerfahrungen im Umgang mit Schlangen; Abbau von Ängsten und Vorurteilen.
„Bewegung bei Tieren"	Vergleich unterschiedlicher Bewegungsarten der Schlangen am lebenden Objekt; Vergleich mit anderen Tieren.
„Tiere in ihrem Lebensraum"	Anpassungserscheinungen bei Schlangen (z. B. Verlust der Extremitäten); Beutefangverhalten; Fortpflanzung; Tarnung; künstliche Biotopgestaltung (Terrarium).
„Anatomie"	Anpassungen an die extrem gestreckte Körperform.
„Haustiere"	Artgerechte Haltung von Schlangen; Beschaffung und Zucht von Schlangen; Futtertierzucht; Eignungskriterien als Tierhalter; Schutzbestimmungen.
„Ökologie"	Tarnung, Warnung, Mimikry; Erschließung unterschiedlichster Lebensräume ohne Gliedmaßen.
„Evolution"	Koevolution von giftigen und ungiftigen Korallenschlangen; Afterklauen als rudimentäre Organe; Anpassungserscheinungen.
„Verhalten"	Angeborenes und erlerntes Verhalten; Reflexe, Instinkte; Fressverhalten, Fortbewegung, Vermehrung.
„Genetik"	Vererbungsgesetze nach Mendel anhand von bei Strumpfbandnattern auftretendem Melanismus, Albinismus u. Ä.

Strumpfbandnattern in Zeichnungen von Kindern unterschiedlichen Alters

Einhaltung zu fördern. Eine Naturerziehung mit dieser Absicht, die ihrerseits mit seltenen und streng geschützten Schlangenarten arbeitet, verbietet sich aus diesem Grund an der Schule nicht nur aufgrund gesetzlicher Bestimmungen allein. Sie erscheint in diesem Zusammenhang pädagogisch geradezu paradox. Die Haltung von Strumpfbandnattern ist z. B. in Deutschland ohne Einschränkung gesetzlich erlaubt.

Den wichtigsten gesetzlichen Rahmen für die Arbeit mit Schlangen an Schulen bilden die Aufsichtserlasse. Sie machen Vorgaben zur Wahrnehmung der Verantwortung von Lehrern gegenüber den schutzbefohlenen Kindern und Jugendlichen. Wenngleich jedes Bundesland seine eigenen Aufsichtserlasse besitzt, sind ihnen doch zahlreiche Grundaussagen gemein. Es dürfen z. B. von den Tieren keine Gefahren für die Kinder und Jugendlichen ausgehen. Strumpfbandnattern sind in Gefangenschaft in der Regel friedfertige Tiere. Nur selten sind einzelne Exemplare bissig. Allergien bzw. Vergiftungserscheinungen nach Bissen von Strumpfbandnattern können vernachlässigt werden.

Zusätzlich gibt es auch noch – wiederum je nach Bundesland verschieden – Erlasse zur Haltung von Tieren an Schulen. In aller Regel verbieten sie die Haltung „gefährlicher" Tiere, machen Aussagen über Räumlichkeiten und Haltungsbedingungen der Tiere und schränken in speziellen Fällen den direkten Kontakt der Kinder und Jugendlichen mit den Tieren ein. Das Mitbringen von Tieren in den Unterricht kann einer Genehmigung durch den Schulleiter bedürfen.

Vor diesem Hintergrund empfiehlt es sich unbedingt für jeden Terrarianer, der mit lebenden Tieren an eine Schule geht, sich bei seinem Ansprechpartner (zumeist ein Biologielehrer) zu versichern, ob die Arbeiten im Rahmen der jeweils geltenden gesetzlichen Bestimmungen durchgeführt werden.

8. Bestimmung von Strumpfbandnattern

Die Bestimmung von Arten/Unterarten der Gattung *Thamnophis* ist nicht immer einfach. Manche Merkmale variieren innerhalb der Arten, ja sogar der Unterarten. Die Kenntnis um den Fundort und den Lebensraum des Tieres kann sehr hilfreich sein, schränkt sie die Zahl der in Frage kommenden Arten/Unterarten doch oft erheblich ein. Bestimmungsschlüssel für Strumpfbandnattern finden sich in SWEENEY (1992), MUTSCHMANN (1995) und ROSSMAN et al. (1996). In ihnen werden meist jedoch eine Fülle von z. T. schlecht zu sehenden Merkmalen (z. B. Anzahl der Zähne) und eine ebenso große Menge an Fachbegriffen verwendet. Beides ist für den Wissenschaftler von Wert und erleichtert eine absolut sichere Zuordnung; es verbaut dem interessierten Laien jedoch den Zugang zur Bestimmung von Strumpfbandnattern. Die hier vorgestellten Schlüssel enthalten ein Minimum an Merkmalen, die kaum verwechselt werden können und auch für den Ungeübten einfach zu sehen sind. Die Reduzierung birgt jedoch ein gewisses Risiko an Fehlbestimmungen.

Zum Umgang mit den Bestimmungsschlüsseln
Bei der Anwendung der Bestimmungsschlüssel werden jeweils für ein Merkmal zwei alternative Erscheinungsformen angegeben. Nach der Entscheidung für eine von beiden wird zu einer weiteren Entscheidung über ein anderes Merkmal verwiesen. Der sich ständig gabelnde (dichotome) Entscheidungsweg endet schließlich beim Namen der Art/Unterart der jeweiligen Strumpfbandnatter. Die Zahl der Rückenschuppenreihen ist jeweils in der Körpermitte zu zählen.
   Der Hauptschlüssel behandelt die 30 derzeit anerkannten Arten der Gattung *Thamnophis* nach ROSSMAN et al. (1996). Für die 12 Unterarten von *T. sirtalis* ist ebenfalls eine Zuordnungshilfe aufgeführt, da es sich dabei um die Art mit dem größten Verbreitungsgebiet und mit den meisten Unterarten handelt. Außerdem sind ihre Unterarten in den Terrarien der Welt sehr weit verbreitet.

Bei der Zuordnung der Unterarten weichen wir für *T. s. infernalis* und *T. s. tetrataenia* von den Taxa in ROSSMAN et al. (1996) ab. Auf die Nennung und Bestimmung von Farbformen wurde bei allen Arten verzichtet. Einzige Ausnahme bildet die Unterscheidung von *T. s. sirtalis* „Florida blue" und *T. s. similis*, weil zumindest erstere Farbform häufig im Handel angeboten wird und immer wieder mit der „echten Similis" verwechselt wird (HALLMEN & CHLEBOWY 2000a, HALLMEN 2000b). Auch auf Unterscheidungshilfen für die zahlreichen weiteren Unterarten von Strumpfbandnattern wurde aus Platzgründen verzichtet.

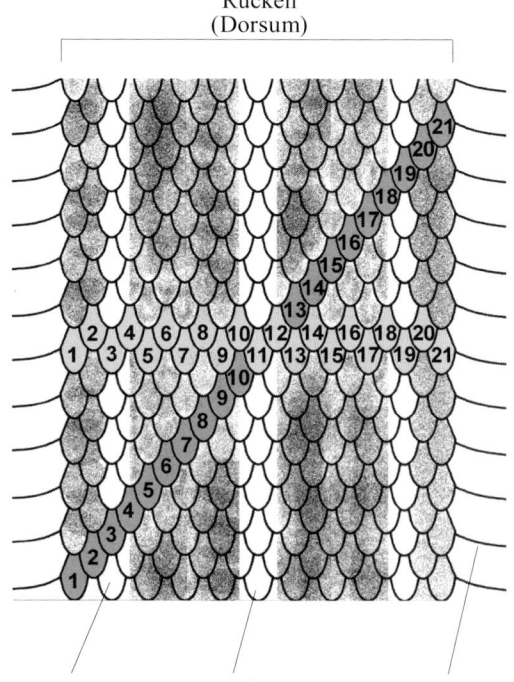

Die Rückenschuppenreihen einer Strumpfbandnatter als Bestimmungsmerkmal

Rücken
(Dorsum)

Seitenstreifen
(Lateralstreifen)

Rückenstreifen
(Dorsalstreifen)

Bauchschuppen
(Ventralia)

Oberlippenschuppen als Bestimmungsmerkmal

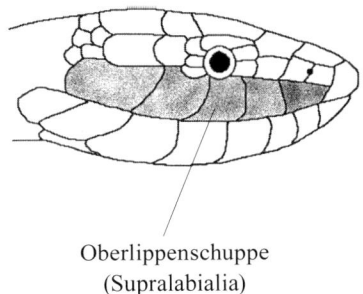

Oberlippenschuppe
(Supralabialia)

Analschuppen von Strumpfbandnattern

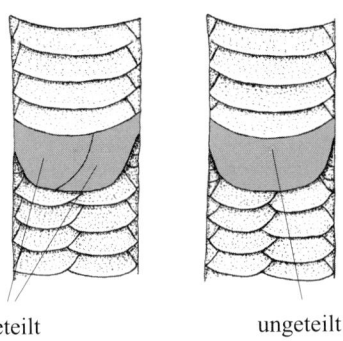

geteilt   ungeteilt

Bestimmungsschlüssel für die Arten der Gattung *Thamnophis*

1 Rücken- und/oder Seitenstreifen meist nicht oder nur andeutungsweise vorhanden **2**

– Rücken- und Seitenstreifen vorhanden **9**

2 Rücken- und Seitenstreifen beide fehlend **3**

– Nur Rücken- oder Seitenstreifen meist fehlend, wenn vorhanden blass und unscheinbar **5**

3 Nackenfleck vom Rückenstreifen unterbrochen .. **4**

– Nackenfleck, falls vorhanden, nicht vom Rückenstreifen unterbrochen .... *exul* (S. 148)

4 Bauch gepunktet oder gefleckt **7**

– Bauch nicht gepunktet oder gefleckt .... *sumichrasti* (S. 178)

5 Rücken beidseitig mit 2 Reihen dunkler Punkte.... .... *hammondii* (S. 151)

– Rücken beidseitig mit mehr als 2 Reihen von Punkten **6**

6 Bauch hell .... *rufipunctatus* (S. 165)

– Bauch schwarz pigmentiert .... *nigronuchalis* (S. 156)

7 Rücken hellbraun bis braun **8**

– Rücken schwarz oder dunkelbraun .... *chrysocephalus* (S. 138)

8 Rücken gepunktet .... *godmani* (S. 150)

– Rücken mit Barrenzeichnung .... *mendax* (S. 155)

9 Zunge schwarz **10**

– Zunge rot oder rot mit schwarzer Spitze **11**

10 Zunge komplett schwarz .... *fulvus* (S. 148)

– Zunge teilweise mit roten Punkten oder Flecken .... *errans* (S. 147)

11 Schwanz länger als 27 % der Gesamtkörperlänge **12**

– Schwanz kürzer als 27 % der Gesamtkörperlänge **13**

12 Paarige Flecken in der Mitte der Kopfoberseite eng aneinander sitzend, fast wie ein Punkt erscheinend ....*proximus* (S. 158)

– Paarige Flecken in der Mitte der Kopfoberseite nicht eng aneinander liegend, deutlich als zwei getrennte Punkte zu sehen .... *sauritus* (S. 166)

13 Analschuppe geteilt ....*validus* (S. 179)

– Analschuppe ungeteilt **14**

14 Seitenstreifen auf einer Schuppenreihe oder nur zum Teil auf andere übergreifend **15**

– Seitenstreifen immer auf mehreren Rückenschuppenreihen **16**

15 Seitenstreifen gewöhnlich auf der 2. Rückenschuppenreihe, teilweise in 1. und 3. Rückenschuppenreihe übergehend .... *melanogaster* (S. 154)

– Seitenstreifen gewöhnlich auf der 3. Rückenschuppenreihe, teilweise in 2. und 4. Rückenschuppenreihe übergehend .... *marcianus* (S. 152)

16 Seitenstreifen immer auf 3 Rückenschuppenreihen ....*postremus* (S. 158)

– Seitenstreifen auf weniger als 3 Rückenschuppenreihen **17**

17 Seitenstreifen auf 2. und 3. Rückenschuppenreihe **19**

– Seitenstreifen auf 3. und 4. Rückenschuppenreihe **18**

18 7–8 Oberlippenschuppen mit typischer schwarzer Barrenzeichnung .... *radix* (S. 163)

– 8 Oberlippenschuppen, letztes mit markanter weißgrünlicher Markierung .... *eques* (S. 145)

19 7 Oberlippenschuppen **20**
– 8 oder mehr Oberlippenschuppen **25**

20 Gelbe Kehle .... *pulchrilatus* (S. 163)
– Keine gelbe Kehle **21**

21 19 Rückenschuppenreihen **22**
– 17 Rückenschuppenreihen ..... *ordinoides* (S. 156)

22 Zunge vollkommen schwarz **23**
– Zunge rot mit schwarzer Spitze **24**

23 Rücken beidseitig mit 1–2 Reihen großer dunkler sattelartiger Flecken oder Punkte zwischen den Streifen ....*scalaris* (S. 167)
– Rücken beidseitig mit 1–2 Reihen großer dunkler quadratischer Flecken oder Punkte zwischen den Streifen .... *scaliger* (S. 168)

24 Bauch nicht braun; großer Kopf .. *sirtalis* (S. 168)

– Bauch braun gefärbt; schmaler Kopf ....
.... *butleri* (S. 137)

25 17 Rückenschuppenreihen ... *brachystoma* (S. 136)
– Mehr als 17 Rückenschuppenreihen **26**

26 21–23 Rückenschuppenreihen .... *gigas* (S. 150)
– 19–21 Rückenschuppenreihen **27**

27 11 Oberlippenschuppen .... *couchii* (S. 138)
– Weniger als 11 Oberlippenschuppen **28**

28 Oberlippenschuppen hellgelb ..... *atratus* (S. 135)
– Oberlippenschuppen nicht gelb **29**

29 Typisch markante, dunkelschwarze, halbmondförmige Nackenflecken, die sich stark von der Grundfarbe abheben .... *cyrtopsis* (S. 139)
– Blasse, undeutliche Nackenflecken ....
.... *elegans* (S. 142)

Bestimmungsschlüssel für die Unterarten von *Thamnophis sirtalis*

1 Rücken ohne rote Färbung, falls vorhanden nur unscheinbar zwischen den Schuppen **2**
– Rücken mit roter Färbung in Flecken-, Punkte-, Barren- oder Bänderform **8**

2 Seitenstreifen hellblau, weißblau oder blaugrün .. **3**
– Seitenstreifen mit anderer Färbung **4**

3 Schlanke Tiere mit durchschnittlicher Körpergröße; Rücken einheitlich dunkel (braun, grau bis schwarz); Rückenstreifen, falls vorhanden, grau bis weiß; Seitenstreifen hellblau bis weißblau, deutlich auf der gesamten Länge des Körpers von der Grundfärbung des Rückens abgesetzt; kleiner, schlanker Kopf, der nur wenig vom Körper abgesetzt ist .....
....*sirtalis similis* (S. 174)
– Kräftige, große Tiere; Rücken bräunlich mit deutlicher Barrenzeichnung; breiter, gelber Rückenstreifen; Seitenstreifen meist nur im ersten Körperdrittel grünblau bis türkis, danach immer mehr verblassend; langgezogener, kräftiger Kopf, deutlich vom Körper abgesetzt ....
.... *sirtalis sirtalis* „Florida blue" (S. 177)

4 Rücken- und/oder Seitenstreifen unscheinbar ... **5**
– Rücken- und Seitenstreifen auffallend **6**

5 Rücken und Seitenstreifen unscheinbar............
.... *sirtalis pickeringii* (S. 174)
– Nur Rückenstreifen unscheinbar...................
...............................*sirtalis pallidulus* (S. 171)

6 Seitenstreifen (eventuell auch Rückenstreifen) durch Flecken oder Barren unterbrochen......................
.... *sirtalis semifasciatus* (S. 174)

– Seiten- und Rückenstreifen nicht unterbrochen ... **7**

7 Seitenstreifen auf 2.–4. Rückenschuppenreihe......
...........................*sirtalis annectens* (S. 171)
– Seitenstreifen auf 2.–3. Rückenschuppenreihe......
.... *sirtalis sirtalis* (S. 171)

8 Bauch bläulich bis braun; keine schwarze Umrandung der Bauchschuppen.........................
.... *sirtalis dorsalis* (S. 171)
– Bauch nicht bläulich oder nur teilweise auf manchen Schuppen; Bauchschuppen schwarz umrandet... **9**

9 Kopf rot **10**
– Kopf nicht rot **12**

10 Farbband durchgehend rot ....
.... *sirtalis tetrataenia* (S. 174)
– Farbband nicht durchgehend rot **11**

11 Rücken schwarz mit vertikalen roten Flecken und/ oder Barren .... *sirtalis concinnus* (S. 171)
– Rücken nicht schwarz ....
.... *sirtalis infernalis* (S. 171)

12 Bei Rückenfärbung schwarze, rote und gelbe Töne verschmolzen ....*sirtalis parietalis* (S. 174)
– Auf Rücken Farbtöne klar gegeneinander abgegrenzt ....*sirtalis fitchi* (S. 171)

9. Steckbriefe der Arten und Unterarten

Thamnophis atratus (KENNICOTT, 1860)
Santa-Cruz-Strumpfbandnatter
Santa Cruz Garter Snake

- **Größe:** 60–100 cm
- **Aussehen:** Oberlippenschuppen hellgelb; 19–21 Rückenschuppenreihen; Farbe des Rückens sehr variabel, reicht von hellgrau über dunkelbraun bis schwarz; Rückenstreifen meist auffällig breit und orange bis gelb gefärbt; Seitenstreifen auf zweiter und dritter Rückenschuppenreihe, hellgelb; Seiten- und Rückenstreifen bei einzelnen Tieren nur einzeln oder gemeinsam fehlend; Rücken meist mit intensiv schwarzen Flecken oder Punkten, niemals mit Rottönen; Flecken oder Punkte nicht schwarz umrandet; Bauchseite blau, grün, gelb oder weiß, keine intensive schwarze Fleckung der Bauchseite.
- **Verbreitung:** Küstenstreifen von Oregon und Kalifornien (USA); nördlich der Bucht von San Francisco *T. a. hydrophilus*, im äußeren Künstenbereich der Halbinsel von San Francisco *T. a. atratus*, am inneren Küstenstreifen (östlich der Bucht von San Francisco bis von San Jose bis Santa Barbara) *T. a. zaxanthus*. Höhenverbreitung 0–1.900 m ü. NN.

Thamnophis atratus atratus „onestriped morph"
Foto: M. Hallmen

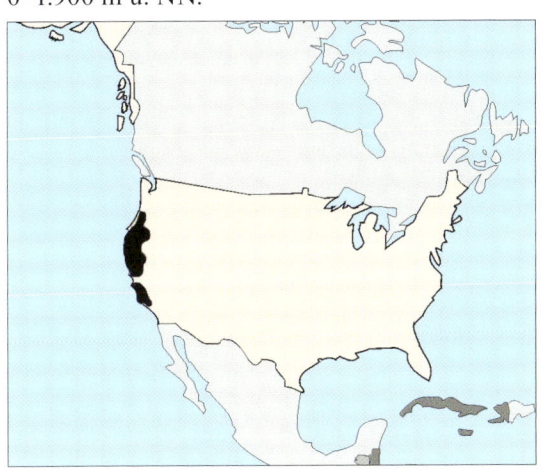

- **Natürlicher Lebensraum:** *T. atratus* liebt Seen, Flüsse und Tümpel mit stehendem oder langsam fließendem Wasser, doch auch an schneller fließenden Flüssen ist die Art zu finden. Sie kommt in Lebensräumen mit dichtem Bewuchs ebenso vor, wie in schütter bewachsenem Gelände. Die Tiere brauchen freie Stellen zum Sonnen.
- **Lebensweise:** Die Art ist normalerweise stark an Wasser gebunden, es sind aber auch einige landliebende Populationen bekannt. In Zentralkalifornien ist sie ganzjährig aktiv, andere Populationen legen eine kurze Winterpause ein. Als Futter werden überwiegend Kaulquappen, Fische, Salamander oder Frösche gejagt. Paarungen erfolgen

Thamnophis atratus hydrophilus   Foto: M: Hallmen

begehrt, wird aber nur selten gehalten. In den USA sind einige Nachzuchterfolge bekannt. Viele der Tiere nehmen gerne und ausgiebig Vollbäder, daher ist ein großes Wassergefäß notwendig. Eine kurze Winterpause bei kühleren Temperaturen ist ausreichend. Es gibt Berichte, dass einige Tiere in Gefangenschaft Mäuse und Regenwürmer als Futter verweigert hätten. Wildfänge sind nur schwer an tote Fische als Futter zu gewöhnen (BOL, pers. Mitlg. 2000).

von Ende März bis Anfang April. Die 3–5 Jungen werden Ende August bis Mitte Oktober geboren.

• **Unterarten**
T. a. atratus (KENNICOTT, 1860): Gedrungene Gestalt, Rückenstreifen hell und deutlich, Bauchseite mit deutlichen roten bis orangen Flecken bei blauer bis hellgrüner Grundfärbung.
T. a. hydrophilus FITCH, 1936: Schlankere Gestalt, Rücken- und Seitenstreifen undeutlich, auf dem Rücken viele kleine schwarze Flecken, Bauchseite hellgelb bis weiß ohne Flecken.
T. a. zaxanthus BOUNDY, 1999: Gestalt wie *T. a. atratus*, Rückenstreifen und beide Seitenstreifen leuchtend gelb, Bauch blass.
• **Taxonomische Anmerkungen:** *T. a. aquaticus* FOX, 1951 wird inzwischen als Kreuzung von *T. a. atratus* und *T. a. hydrophilus* angesehen und hat nicht mehr den Status einer eigenen Subspezies. *T. a. zaxanthus* ist eines der neuesten Taxa innerhalb der Gattung *Thamnophis*.
• **Terraristik:** Besonders *T. a. atratus* ist mit seinem „one striped morph" bei Terrarianern sehr

tote Fische als Futter zu gewöhnen (BOL, pers. Mitlg. 2000).

> ***Thamnophis brachystoma*** (COPE, 1892)
> Kurzkopf-Strumpfbandnatter
> Short-headed Garter Snake

• **Größe:** 35–50 cm
• **Aussehen:** Kurzer, kaum vom Rumpf abgesetzter Kopf; 17 (selten 15–19) Rückenschuppenreihen; Rückenfärbung oliv, grau oder braun; Rückenstreifen deutlich ausgebildet und gelblich bis gräulich; Seitenstreifen auf zweiter und dritter Rückenschuppenreihe, im vorderen Körperabschnitt auf die vierte Reihe übergehend; Seitenstreifen von einer dünnen Linie aus schwarzen Punkten begrenzt; zwischen den Streifen keine schwarzen Flecken oder Punkte (Unterscheidung von *T. butleri*).
• **Verbreitung:** Nordwesten von Pennsylvania und südwestliches New York (USA). Einige eingeschleppte Populationen in der Umgebung von Städten (z. B. bei Pittsburgh / Ohio).

136

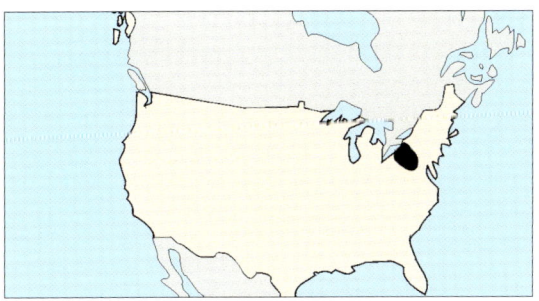

• **Natürlicher Lebensraum:** *T. brachystoma* findet sich im Allegheny Plateau bevorzugt in offenen Biotopen, wie z. B. Feldern, Weiden, Felslandschaften. Die Art meidet zu dichte Verbuschungen und Wälder. Höhenverbreitung 300–700 m ü. NN.
• **Lebensweise:** Die Art hält sich gerne unter schützenden Verstecken auf. Sie ernährt sich überwiegend von Regenwürmern; auch Schnecken und andere Wirbellose werden gelegentlich gefressen. Es werden zwischen 4 und 10 Junge geboren.
• **Taxonomische Anmerkungen:** Eine Art mit häufig wechselndem taxonomischem Status, die bislang *T. sirtalis* (BROWN 1901), *T. butleri* (RUTHVEN 1908) und *T. radix* (SMITH 1949) zugerechnet wurde.
• **Terraristik:** Sehr selten in Terrarien gehaltene Art. Uns sind keine Haltungsberichte bekannt. TENNANT & BARTLETT (1999) geben als Ergebnis von Laborversuchen an, dass sie in Gefangenschaft neben Regenwürmern selten auch Schnecken, Insekten, Frösche und Salamander als Futter akzeptieren.
• **Gesetzliche Bestimmungen:** In Indiana und New York ist *T. brachystoma* als „bedrohte" Art geschützt.

Thamnophis butleri (COPE, 1889)
Butlers Strumpfbandnatter
Butler's Garter Snake

• **Größe:** 45–55 cm
• **Aussehen:** Kopf schmal, kaum vom Rumpf abgesetzt; 19 Rückenschuppenreihen; Rückenfärbung oliv, braun oder schwarz; Rückenstreifen gelborange; Seitenstreifen auf zweiter und dritter Rückenschuppenreihe, gelb bis orange; zwischen Rücken- und Seitenstreifen meist schwarze Punkte (Unterscheidung von *T. brachystoma*); Bauchseite und erste Rückenschuppenreihe braun.
• **Verbreitung:** Südliches Ontario, östliches Michigan, östliches Indiana und westliches Ohio (USA). Isolierte Populationen im südwestlichen Wisconsin und im Gebiet der Luther Marsh im südlichen Ontario. Höhenverbreitung 100–500 m ü. NN.

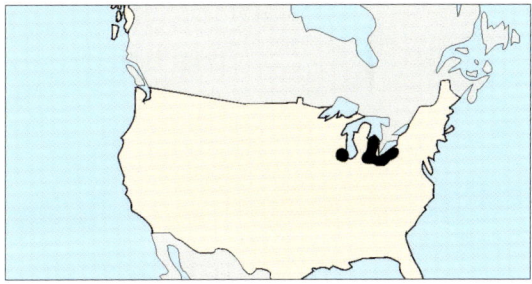

• **Natürlicher Lebensraum:** *T. butleri* bevorzugt offene Graslandschaften. Die Art hält sich gerne in der Nähe von Gewässern auf, wurde aber auch schon in saisonal trockenen Biotopen gefunden.
• **Lebensweise:** Die Art ernährt sich überwiegend von Regenwürmern, frisst aber auch Egel, kleine Frösche und Salamander. *T. butleri* überwintert 4–5 Monate. Die Paarung findet direkt nach der Überwinterung Ende März bis Anfang April statt. Es werden bis zu 16 Junge geboren. Die Art flüchtet mit auffälligem „Seitenwinden" (MUTSCHMANN 1992).
• **Taxonomische Anmerkungen:** *T. butleri* wurde bereits zu *T. sirtalis* (BOULENGER 1893) und *T. radix* (BLANCHARD 1925) eingeordnet. Morphologische wie biochemische Untersuchungen lassen den Artstatus jedoch als gesichert erscheinen.
• **Farbformen:** Einige wenige melanistische Individuen sind aus einer Population in Ontario bekannt. Es gibt auch amelanistische Tiere.
• **Terraristik:** Um 1990–1995 regelmäßig nach Europa eingeführt. Die Art wühlt sich gerne in den Bodengrund ein, daher empfiehlt sich eine dickere Schicht Bodengrund (MUTSCHMANN 1992). Die Tiere baden und klettern wenig. Ein Terrari-

Thamnophis butleri   Foto: F. Mutschmann

um mit kleinem Wasserbehälter ist ausreichend. Die Tiere gewöhnen sich in Gefangenschaft an Fischnahrung. Ansonsten anspruchslose Art, die in Gefangenschaft wiederholt vermehrt wurde. Sie ist für eine ganzjährige Haltung in einer Freianlage gut geeignet (STRATHEMANN 1986).
• **Gesetzliche Bestimmungen:** *T. butleri* ist in Indiana geschützt.

Thamnophis chrysocephalus (COPE, 1885)
Goldkopf-Strumpfbandnatter
Golden-headed Garter Snake

• **Größe:** 50–70 cm
• **Aussehen:** Kopf hellbraun bis orange mit deutlichen Nackenflecken, Zunge komplett schwarz; 17 (selten 15) Rückenschuppenreihen; Farbe des Rückens gleichmäßig schwarz bis dunkelbraun; kein Rückenstreifen vorhanden oder nur undeutlich hinter dem Kopf zu sehen; Seitenstreifen meist auf der zweiten, manchmal auch auf der dritten Rückenschuppenreihe, unregelmäßig gezackt; an jeder Körperseite zwei Reihen kleiner, unre-

gelmäßiger und dunkler Punkte; Bauchfärbung zuweilen hellblau bis grau (bei braunen Tieren).
• **Verbreitung:** Südliche Sierra Madre Oriental in Puebla und Veracruz, Sierra Madre del Sur in Guerrero, Mesa des Sur in Oaxaca (Mexiko). Höhenverbreitung 1.200–3.100 m ü. NN.

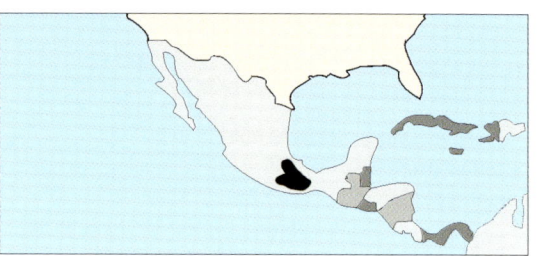

• **Natürlicher Lebensraum:** Nach unveröffentlichten Berichten von WATKINS und ROSSMAN kommt *T. chrysocephalus* in der Nähe kleiner, langsam fließender Gewässer vor (ROSSMAN et al. 1996).
• **Lebensweise:** Sehr seltene Strumpfbandnatter; daher ist ihre Lebensweise weitgehend unbekannt.
• **Taxonomische Anmerkungen:** TAYLOR (1940) grenzte die schwarze Farbform als eigene Art *T. eburatus* ab. SMITH (1942) erkannte sie jedoch richtig als Farbform von *T. chrysocephalus*.
• **Farbformen:** Aus einem Gebiet sind Tiere mit schwarzer Grundfarbe des Rückens bekannt (SMITH 1942), Bauch dann bedeckt mit schwarzen Pigmenten.
• **Terraristik:** Zur Haltung im Terrarium liegen uns keine Erkenntnisse vor.

Thamnophis couchii (KENNICOTT, 1859)
Couchs Strumpfbandnatter
Sierra Garter Snake

• **Größe:** 50–100 cm
• **Aussehen:** Kopf flach, erweckt einen „strengen" Eindruck (MUTSCHMANN 1995), Nackenzeichnung fehlend; 19–21 (meist 21) Rückenschuppenreihen; Rückenfärbung sehr variabel, reicht von oliv über grau und braun, häufig recht dunkel, Rücken meist mit zwei Reihen schwarzer Flecken; Rückenstreifen oft undeutlich von der Grundfär-

bung abgehoben, schmal, nur im Bereich des Nackens etwas verbreitert, löst sich schwanzwärts häufig auf; Seitenstreifen auf zweiter und dritter Ruckenschuppenreihe; Bauchseite in der Regel schwarz pigmentiert oder gefleckt.

• **Verbreitung:** Südwestliches Oregon, vom nördlichen Zentralkalifornien über die Sierra Nevada bis zu den Tehachapi Mountains im südlichen Zentralkalifornien (USA). Inselpopulationen finden sich entlang großer Flüsse im westlichen Zentralnevada und im Owens Valley in Kalifornien. Höhenverbreitung 100–2.400 m ü. NN.

• **Natürlicher Lebensraum:** Als sehr wasserliebende Art lebt sie an den unterschiedlichsten Gewässertypen, wie z. B. saisonale Tümpel, schnell fließende Gebirgsflüsse, kleine Hochlandseen, Wasserspeicherbecken. Sie ist in Grasland ebenso wie in Flachland- und Gebirgswäldern zu finden.

• **Lebensweise:** Die Art wird häufiger als andere direkt im Wasser beobachtet. Die meist dunkle Grundfärbung erlaubt ein schnelles Erwärmen an geschützten Orten, bevor *T. couchii* in den oft kalten Gewässern auf Jagd geht. Die Aktivitätszeit schwankt zwischen zehn Monaten im Tiefland und 3–3,5 Monaten in höheren Lagen. Die Tiere ernähren sich von Fröschen und Salamandern bzw. deren Larven, Fischen, Schnecken und Egeln. *T. couchii* verschlingt ungewöhnlich große Beutestücke. Ende Juli bis Anfang September werden 5–38 Junge geboren (mit steigender Höhenlage immer später).

• **Taxonomische Anmerkungen:** Ursprünglich wurde die Art *T. elegans* und danach *T. ordinoides* zugeordnet (COPE 1900). Die meisten der von FITCH (1940) abgegrenzten Unterarten haben nach

MAYR (1942, 1963) und SAVAGE (1960) heute den Status eigener Arten. Das Auftreten von Bastarden mit nahe verwandten Arten wurde in der Literatur kontrovers diskutiert.

• **Farbformen:** Es wurden einige amelanistische Tiere bekannt.

• **Terraristik:** *T. couchii* gilt als angriffslustig. Als stark wasserliebene Art liebt sie lange und ausgiebige Bäder. Sie akzeptiert lebende und tote Fische als Futter. Nach ROSSMAN et al. (1996) verweigert sie Mäuse, selbst wenn sie mit Fischgeruch verwittert sind. Wir konnten unsere Tiere jedoch an unverwitterte Mäuse gewöhnen. In den USA wurde die Art schon mehrfach nachgezogen. Nach Europa wurden meist jedoch nur Einzeltiere eingeführt (MUTSCHMANN 1995). Bei unseren Pärchen von *T. couchii* konnten wir zwar Paarungen beobachten, ein Zuchterfolg steht allerdings noch aus. Wir überwintern die Tiere für fünf Wochen von Ende Dezember bis Anfang Februar bei 18 °C (Tag) und 13 °C (Nacht) und bei gleichbleibender Dunkelheit in ihrem gewohnten Terrarium.

> ### *Thamnophis cyrtopsis* (KENNICOTT, 1860)
> Schwarznacken-Strumpfbandnatter
> Black-necked Garter Snake

• **Größe:** 50–110 cm

• **Aussehen:** Schlanke Erscheinung; markante, dunkle Flecken auf beiden Seiten im Bereich des Nackens, meist ineinander übergehend, dann nicht durch den Rückenstreifen getrennt; 19 Rückenschuppenreihen; Rücken graubraun bis dunkelbraun; Rückenstreifen schmal und deutlich abgesetzt, im Bereich des Nackens häufig verbreitert, manchmal in Zickzackform oder wellenartig verlaufend; Seitenstreifen auf zweiter und dritter Rückenschuppenreihe, manchmal undeutlich oder fehlend, ebenso wie Rückenstreifen manchmal in Zickzackform verlaufend; auffallendes zweireihiges Fleckenmuster zwischen dem Rücken- und den Seitenstreifen.

• **Verbreitung:** Südöstliches Utah und südliches Colorado (USA), in den meisten Teilen der Sonora-Wüste (USA/Mexiko), der Sierra Madre Occidental (Mexiko) und des mexikanischen Hochlands bis nördlich von Hidalgo (*T. c. cyrtopsis*); südliche Sonora über das südliche und westliche Mexiko bis westliches Zentralguatemala (*T. c. collaris*); Edwards Plateau in Zentraltexas (USA) (*T. c. ocellatus*). Höhenverbreitung 0–2.700 m ü. NN.

• **Natürlicher Lebensraum:** Die Art ist stark an Bäche auf Hochebenen oder in Gebirgen gebunden. Sie findet sich an ruhigen ebenso wie an schnell fließenden Gewässern. Lichte bis offene Landschaften werden bevorzugt. *T. cyrtopsis* liebt trockenes Gelände am Rand ihrer Gewässer.
• **Lebensweise:** Als Gebirgsschlange ist die Aktivitätszeit kürzer als die der meisten anderen südlicheren Arten. Sie zeigt sich von März/April bis September. Während der Sommerzeit zeigt die Art ein mehr aquatiles Verhalten und legt lange Strecken schwimmend zurück. Auch bei Gefahr suchen die Tiere schnell das Wasser auf. *T. cyrtopsis* ernährt sich von Amphibien und deren Larven, Fischen, Krebsen und Wirbellosen. Zur Fortpflanzungsbiologie liegen noch wenig Beobachtungen vor. Ende Juni bis Anfang August werden 7–25 Junge geboren. Die Art kann lange Zeit ohne Nahrung auskommen.

• **Unterarten**
T. c. cyrtopsis (KENNICOTT, 1860): Grauer Kopf; Nackenflecken vom Rückenstreifen durchbrochen; schwarze Flecken im Nacken klein und klar abgegrenzt; Rückenstreifen im vorderen Körperdrittel orange.

T. c. collaris (JAN, 1863): Rücken rotbraun oder dunkelbraun; auffälliger Rückenstreifen vom Nacken bis zum Schwanz; auffallend dunkle Nackenflecken nicht vom Rückenstreifen unterbrochen; oberhalb der Bauchschuppen auffallend weißlich helle Seiten.

T. c. ocellatus (COPE, 1880): Grauer Kopf, der sich auffällig von den Nackenflecken absetzt; im Nackenbereich einzelne große, schwarze Flecken, die nicht so klar abgegrenzt erscheinen; Rücken meist braun bis fast schwarz; Rückenstreifen durch schwarze, kreisrunde Fleckenzeichnung (Ocellen) wellenförmig erscheinend.

• **Taxonomische Anmerkungen:** Eine Art mit außergewöhnlich umfangreicher taxonomischer Diskussion. Von BOULENGER 1893 erstmals *T. eques* zugeordnet, gehörte sie im Lauf ihrer taxonomischen Geschichte noch mindestens vier weiteren Arten an. Ebenso umfangreich wie verwirrend ist die Zuordnung der einzelnen Unterarten. Die ehemaligen Unterarten *T. c. postremus* und *T. c. pulchrilatus* wurden von ROSSMAN (1992) als eigenständige Arten abgegrenzt. Die zuweilen als eigene Art aufgeführte *T. vicinus* gilt hingegen inzwischen als *T. c. collaris* zugehörig (WEBB 1966, ROSSMAN et al. 1996).

• **Farbformen:** Von *T. cyrtopsis* sind amelanistische Exemplare bekannt.

• **Terraristik:** *T. cyrtopsis* ist in den letzten Jahren eine gefragte Terrarienart (besonders *T. c. ocellatus*). Sie wurde sowohl in den USA als auch in Europa erfolgreich nachgezüchtet, ist aber dennoch auf beiden Kontinenten eher selten zu bekommen (MARA 1995b). Manche Exemplare wollen gerne ausgiebig baden, weshalb ein größeres Wassergefäß notwendig ist. Bei unseren Tieren konnten wir dieses Verhalten allerdings nicht beobachten. *T. cyrtopsis* frisst bereitwillig Fisch. Mäuse konnten wir nur nestjung verfüttern; sobald Fell an diesen war, wurden sie von unseren Tieren verweigert. Uns fiel auf, dass die Tiere scheinbar grundlos in Abständen von etwa drei Monaten regelmäßig Futterpausen einlegten. Die Rhythmen waren dabei unter den einzelnen Tieren nicht gekoppelt, und wir konnten auch keine Abhängigkeit von

Thamnophis cyrtopsis cyrtopsis
Foto: M. Hallmen / J. Chlebowy

Thamnophis cyrtopsis ocellatus
Foto: M. Hallmen / J. Chlebowy

Alter oder Geschlecht der Schlangen feststellen. Für die Vermehrung ist eine Winterpause erforderlich. Nach BOL (pers. Mitlg. 2000) können die Tiere sehr lange in Winterstarre gehalten werden.

Thamnophis elegans (BAIRD & GIRARD, 1853)
Wandernde Strumpfbandnatter
Western Terrestrial Garter Snake
(Wandering Garter Snake)

• **Größe:** 50–100 cm

• **Aussehen:** Kopfoberseite bei einigen Unterarten mit roten Pigmenten, Augen vergleichsweise klein; 19 oder 21 Rückenschuppenreihen; Rückenfärbung reicht von schwarz über dunkel oliv bis zu hellerem graubraun, meist mit zwei Reihen schwarzer Punkte (bei dunklen Tieren schlecht zu sehen); Rückenstreifen meist gut ausgebildet; Seitenstreifen auf zweiter und dritter Rückenschuppenreihe, meist deutlich zu sehen, gelblich; einige Unterarten mit roter Färbung an den Flanken; Bauchfarbe grau mit bräunlichen und roten Flecken.

• **Verbreitung:** Zentrales Kalifornien bis südwestliches Oregon (USA), eine isolierte Population in den San Bernadino Mountains im südlichen Kalifornien (*T. e. elegans*); äußerer Küstenstreifen von Oregon bis Kalifornien (*T. e. terrestris*); British Columbia, Alberta und südwestliches Saskatchewan (Kanada), Nevada, zentrales Arizona und New Mexico (USA) (*T. e. vagrans*); östliches Arizona und westliches New Mexico (USA) (*T. e. arizonae*); östliches Utah um den Colorado River

und den Green River (USA) (*T. e. vascotanneri*); Sierra San Pedro Mártir auf Baja California (Mexiko) (*T. e. hueyi*). Höhenverbreitung 0–4.000 m ü. NN. In einzelnen Gebieten kann die Populationsdichte sehr beträchtlich sein (FARR 1988).

• **Natürlicher Lebensraum:** *T. elegans* besiedelt sehr unterschiedliche Lebensräume. Er besiedelt verschiedene Wälder, Buschland, offene Graslandschaften, Trockendünen usw. Die Spannbreite der benutzen Gewässer reicht von Quellen und Gebirgsbächen über die Ufer von Seen bis zu kleineren stehenden Tümpeln. Die Art ist nicht unbedingt auf die dauerhafte Anwesenheit von Wasser angewiesen. *T. elegans* zeigt sich als Art der Tiefebenen ebenso wie als ausgeprägte Gebirgsbewohnerin. Sie ist die *Thamnophis*-Art mit den am zweithöchsten gelegenen Lebensräumen.

• **Lebensweise:** Die Art überwintert mit bis zu 100 Individuen in gemeinschaftlichen Quartieren. Zwischen März und Mai verlassen sie die Überwinterungsorte, um sich kurz danach zu paaren; ab September suchen sie diese wieder auf. *T. elegans* unternimmt bis zu 3 km lange Wanderungen. Manchmal bilden trächtige Weibchen Zusammenschlüsse. Das Futterspektrum ist eines der breitesten innerhalb der Strumpfbandnattern und reicht von Amphibien, Fischen, Würmern und Schnecken über Echsen, Schlangen und Vögel bis hin zu kleinen Nagern. Die Futtervorlieben schwanken von Population zu Population, können aber auch saisonal unterschiedlich sein. Obwohl Frühjahrspaarungen die Regel sind, wurden auch schon Herbstpaarungen beobachtet. Ende Juli bis September werden im Durchschnitt 7,5 Junge geboren.

• **Unterarten**

T. e. elegans (BAIRD & GIRARD, 1853): Rücken dunkel graubraun bis schwarz; Rückenstreifen fein, weiß, gelb oder orange, z. T. nur im Nacken zu sehen, kann aber auch deutlich sichtbar sein; Seitenstreifen deutlich ausgebildet; Bauchseite hell mit weißen Flecken und kleinen schwarzen Punkten im hinteren Körperdrittel; keine roten Pigmente.

Thamnophis elegans elegans   Foto: H. Bruchmann

T. e. arizonae TANNER & LOWE, 1989: Rücken hellgrau bis olivbraun; Rückenstreifen auffallend breit, von kleinen schwarzen Punkten gesäumt, die nicht auf Rückenstreifen übergreifen, im Nacken verbreitert; Seitenstreifen nicht so deutlich abgegrenzt; Bauchseite grau.

T. e. hueyi VAN DENBURGH & SLEVIN, 1923: Rücken dunkeloliv oder graubraun, manchmal mit deutlich sichtbaren, dunklen Punkten; Rückenstreifen markant, gelblich; ähnelt *T. e. vagrans*, doch insgesamt dunkler als dieser.

T. e. terrestris FOX, 1951: Kopf oft teilweise rot gefärbt; Rücken rotbraun mit dunklen Flecken; Rückenstreifen hellgelb; auf Bauchseite helle orange bis rote Flecken, die auf die ersten Rückenschuppenreihen und z. T. auf die Seitenstreifen übergehen.

T. e. vagrans (BAIRD & GIRARD, 1853): Rücken graubraun oder grau; Rückenstreifen düster gelb, löst sich schwanzwärts auf, unregelmäßig von schwarzen Pigmenten unterbrochen; Raum zwischen Rücken- und Seitenstreifen zuweilen ganz schwarz; Seitenstreifen bei manchen Tieren fehlend.

T. e. vascotanneri TANNER & LOWE, 1989: Kopfoberseite hellgrau, seitlich braunorange, dunkler Nackenfleck; Rücken graubraun oder grau; Rückenstreifen nur angedeutet oder fehlend, von schmalen, dunklen Querbändern durchquert; Seitenstreifen ebenfalls kaum zu sehen.

• Taxonomische Anmerkungen: Auch *T. elegans* hat eine sehr wechselhafte taxonomische Geschichte hinter sich, in deren Verlauf die Art von *T. ordinoides*, *T. atratus*, *T. couchii*, *T. gigas*

Thamnophis elegans terrestris „red morph"
Foto: M. Hallmen

Thamnophis elegans vagrans
Foto: M. Hallmen

und *T. hammondii* abgegrenzt wurde (ROSSMAN et al. 1996). Einige Taxa sind immer noch in der Diskussion. So beurteilte z. B. JOHNSON (1947) eine sehr dunkle Population im Puget Sound Gebiet (Kanada) als eigene Unterart *T. e. nigrescens*; sie ist bislang jedoch nicht allgemein anerkannt. *T. e. biscutatus* hält ROSSMAN (1979) für einen Bastard aus *T. e. elegans* und *T. e. vagrans*. FITCH (1980) erklärt dies aufgrund morphologischer Studien und eines Vergleichs der Lebensräume für falsch. Bislang wird *T. e. biscutatus* nicht als eigene Unterart geführt. Die ehemalige Unterart *T. e. errans* hingegen ist inzwischen als eigene Art anerkannt (ROSSMAN et al. 1996).

• **Farbformen:** Es sind amelanistische Exemplare bekannt. Vereinzelt treten auch melanistische Tiere auf. Von *T. e. terrestris* gibt es erythristische Exemplare.

• **Terraristik:** Die Art gilt als dankbarer Terrariengast und wurde schon häufig nachgezogen (BRUCHMANN 1997). In Europa ist *T. e. vagrans* die häufigste, wenngleich auch keine alltägliche Unterart, aber auch *T. e. elegans* und *T. e. terrestris* werden hin und wieder gehalten. Sie fressen bereitwillig Mäuse und Fisch (BRUCHMANN 1997, STRATHEMANN 1997a). Die Überwinterung kann bei 5–10 °C für 2–3 Monate erfolgen. Ein größeres Wasserbecken, wie von BOURGUIGNON (1996) vorgeschlagen, ist nach unseren Erfahrungen nicht unbedingt notwendig. Da von *T. elegans* bekannt ist, dass sie auch andere Schlangen (arteigene wie artfremde) nicht verschmäht, sollte sie nach ROSSMAN et al. (1996) nicht vergesellschaftet werden. BRUCHMANN (1997) und wir können das zumindest für *T. e. vagrans* nicht bestätigen. Die von uns gehaltenen Tiere zeigten sich bislang gegenüber anderen *Thamnophis*-Arten und -Unterarten nie aggressiv. Die Art wurde in den USA in größerem Umfang für genetische Experimente verwendet. Die dabei gewonnenen Kenntnisse zur Haltung und Vermehrung unter Laborbedingungen finden sich in ARNOLD (1980). Von *T. e. vagrans* liegen bislang vier Berichte über Vergiftungserscheinungen nach Bissen vor (s. Handhabung und Pflege). Dennoch erscheint die Art bei der Haltung unproblematisch.

Thamnophis eques (REUSS, 1834)
Mexikanische Strumpfbandnatter
Mexican Garter Snake

• **Größe:** 40–110 cm

• **Aussehen:** Letzte Oberlippenschuppe mit typischer weißgrünlicher Markierung; paarige, schwarze Nackenzeichnung, von Rückenstreifen unterbrochen, letzte von acht Oberlippenschuppen mit auffälliger weißgrünlicher Markierung; 19–21 (meist 21) Rückenschuppenreihen; Rücken braun bis oliv, häufig dunkel, Kielung der Schuppen hebt sich oft auffallend ab; Seitenstreifen auf dritter und vierter Rückenschuppenreihe, gelb bis orange, zwischen den Streifen oft mehrere dunkle Punkte.

• **Verbreitung:** Südöstliches Nayarit südwärts bis südliches und zentrales Veracruz (Mexiko), mit isolierten Populationen im zentralen Oaxaca (*T. e. eques*); zentrales Arizona und New Mexico (USA) über das mexikanische Hochland bis Hidalgo (Mexiko), mit einer isolierten Population im zentralen Neuvo Leon (Mexiko) (*T. e. megalops*). *T. e. virgatenuis* tritt in drei hoch gelegenen Einzelvorkommen in Durango und Chihuahua (Mexiko) umgeben von Populationen von *T. e. megalops* auf, was zoogeografisch bemerkenswert und für *Thamnophis* einmalig ist (ROSSSMAN et al. 1996). Höhenverbreitung 50–2.600 m ü. NN. In einzelnen Gebieten kann die Art erstaunliche Populationsdichten erreichen.

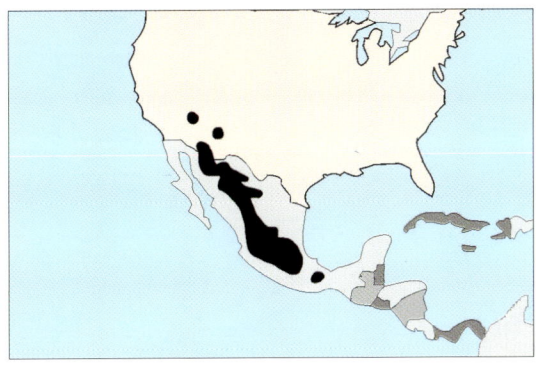

Lebensraum von *Thamnophis eques* in Mexiko   Foto: H. Werning

Thamnophis eques virgatenuis
Foto: H. Bruchmann

• **Natürlicher Lebensraum:** *T. eques* ist stark an das Vorhandensein dauerhafter Wasserquellen mit Ufervegetation gebunden. Die Art kommt im offenen Grasland ebenso vor wie in Wäldern. Auch in sehr trockenen Gebieten kann sie entlang von Wasserläufen, Seen oder Gräben gefunden werden. Sie hält sich sowohl an fließenden wie an stehenden Gewässern auf.

• **Lebensweise:** *T. eques* sonnt sich nicht an vegetationsfreien Stellen, sondern bleibt meist im Bewuchs verborgen. Sie ist von März bis November aktiv (MANJARREZ 1998). Die Art ernährt sich überwiegend von Amphibien, deren Larven und von Fischen, frisst aber auch Würmer, Eidechsen und kleine Nager. Die Jungen werden von Juni bis August in Wurfgrößen von 20–25 Tieren geboren. Ungewöhnlich ist, dass nach ROSEN & SCHWALBE (1988) nur 50 % der Weibchen jährlich Junge bekommen.

• **Unterarten**

T. e. eques (REUSS, 1834): Rückenstreifen schmal.
T. e. megalops (KENNICOTT, 1860): Kielung der Rückenschuppen hell und hebt sich deutlich von der Grundfärbung ab; Rückenstreifen gelb bis weiß, breit und scharf abgegrenzt durch die Kielung, zu beiden Seiten des Rückenstreifens eine quadratische Fleckenzeichnung.
T. e. virgatenuis CONANT, 1963: Kopfoberseite bräunlich, dunkle Nackenzeichnung nur undeutlich zu erkennen; Rücken erscheint recht dunkel bis schwarz, Kielung der Rückenschuppen hebt sich nicht deutlich ab; Rückenstreifen schmal.

• **Taxonomische Anmerkungen:** Ursprünglich wurde *T. eques* als Synonym für *T. cyrtopsis* verwendet. Erst 1951 konnte SMITH zeigen, dass *T. eques* identisch mit *T. subcarinata* war, die er selbst erst zwei Jahre zuvor benannt hatte (SMITH 1949).

• **Terraristik:** *T. eques* wird nur selten im Terrarium gehalten. Die wenigen Haltungsberichte zeigen, dass die Tiere leicht mit Fisch zu ernähren sind. Schnecken und Regenwürmer werden nicht genommen (BRUCHMANN 1996), eine Gewöhnung an Mäuse ist hingegen möglich (ROSSI & ROSSI 1995). Die Tiere zeigen sich tag- und dämmerungsaktiv.

• **Gesetzliche Bestimmungen:** Im Endangered Species Act (ESA) des US Fish & Wildlife Service in Kategorie II aufgeführt; in Arizona und New Mexico als „gefährdete" Art geschützt.

> ***Thamnophis errans*** SMITH, 1942
> Mexikanische Wandernde Strumpfbandnatter
> Mexican Wandering Garter Snake

• **Größe:** 50–70 cm

• **Aussehen:** Zunge schwarz, teilweise mit roten Punkten oder Flecken, dunkles Nackenband, meist vom Rückenstreifen geteilt (sehr ähnlich *T. cyrtopsis*); 19 oder 21 Rückenschuppenreihen; Rücken olivbraun oder graugrün, häufig dunkel gesprenkelt, was im vorderen Körperdrittel als markantes Fleckenmuster erscheinen kann; Rückenstreifen auf einer Rückenschuppenreihe, hell und markant, bis zum Schwanz durchgehend; Seitenstreifen auf zweiter und dritter Rückenschuppenreihe, blass gelblich grün, kaum von der ersten Rückenschuppenreihe abgehoben; Bauchseite hellgelb bis orange, mit oder ohne variierende schwarze Pigmente.

• **Verbreitung:** Nordwestliches Chihuahua bis westliches Zacatecas (Mexiko). Höhenverbreitung 1.800–2.500 m ü. NN.

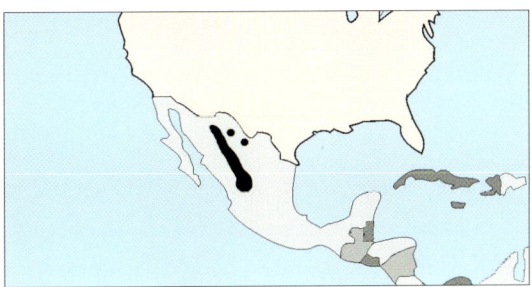

• **Natürlicher Lebensraum:** Die Art ist stark an Wasser gebunden, daher ist sie meist nur in der Nähe von Seen und Flüssen zu finden. Der Landteil ihres Lebensraumes besteht häufig aus feuchten Grasflächen.

• **Lebensweise:** Über *T. errans* ist noch sehr wenig bekannt. Die Anzahl der Jungen wird mit 6–10 angegeben (FITCH 1985).

• **Taxonomische Anmerkungen:** Seit der Erstbeschreibung 1942 wurde *T. errans* von unterschiedlichen Autoren entweder als eigene Art oder als Unterart von *T. elegans* angesehen. Es bezweifelte jedoch keiner eine nahe Verwandtschaft beider Arten, bis DE QUEIROZ & LAWSON (1994) eine biochemische Untersuchung von Eiweißen vieler *Thamnophis*-Arten vorlegten, die für *T. errans* fast eine Übereinstimmung mit *T. godmani* ergab. Gemeinsam weichen beide Arten vom Aufbau der Eiweiße bei *T. elegans* deutlich ab, wodurch sich nun neue Verwandtschaftsverhältnisse ergeben.
• **Terraristik:** Die Art trat als Terrariengast bislang noch nie in Erscheinung.

Thamnophis exul ROSSMAN, 1969
Zwerg-Strumpfbandnatter
Exiled Garter Snake

• **Größe:** 40 cm (kleinste *Thamnophis*-Art)
• **Aussehen:** Zunge schwarz, falls Nackenfleck vorhanden dunkel, nicht vom Rückenstreifen unterbrochen; 17 Rückenschuppenreihen; Rücken einheitlich graubraun; Streifenzeichnungen fehlen meist ganz; manchmal 3–4 alternierende Reihen von Flecken zu sehen, die bräunlich und dunkel umrandet sind; sieht *T. mendax* und *T. scalaris* sehr ähnlich; Zeichnung bei Tieren verschiedenen Alters oft stark unterschiedlich.
• **Verbreitung:** Seltenste *Thamnophis*-Art, die nur drei punktuelle Vorkommen in der Sierra de los Amargos in Coahuila und in der Pena Nevada in Nuevo Leon (Mexiko) hat. Dort sind die Populationsdichten überdies sehr gering. Bis 1996 waren nur zehn Exemplare bekannt (ROSSMAN et al. 1996). Höhenverbreitung 2.600–2.900 m ü. NN.

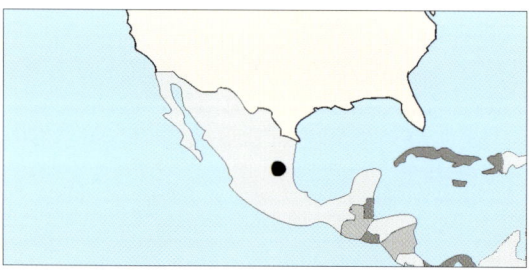

• **Natürlicher Lebensraum:** *T. exul* bevorzugt trockene Lebensräume, in denen sich keine Wasserstellen befinden müssen. Sie wurde überwiegend in offenem Gelände (Weiden, Buschland oder Lichtungen) gefunden.
• **Lebensweise:** Ausschließliche Hochlandart, die stark an eine terrestrische Lebenweise angepasst ist. Fast alle der wenigen bekannten Exemplare wurden morgens gefangen, was darauf hinweist, dass *T. exul* wie alle anderen Vertreter der Gattung *Thamnophis* zu diesem Zeitpunkt Wärme aufnimmt. Ansonsten ist die Lebensweise noch weitgehend unbekannt.
• **Taxonomische Anmerkungen:** ROSSMAN (1969) stellte anhand eines Exemplares fest, dass *T. exul* *T. scalaris* sehr nahe steht. Die Untersuchung weiterer neun Exemplare von ROSSMAN et al. (1989) bestätigte die Vermutung.
• **Terraristik:** Hinweise zu einer Terrarienhaltung sind uns nicht bekannt.

Thamnophis fulvus (BOCOURT, 1893)
Guatemala-Strumpfbandnatter
Guatemala Garter Snake

• **Größe:** 60 cm
• **Aussehen:** Das gesamte Erscheinungsbild ist dem von *T. cyrtopsis* sehr ähnlich. Zunge ganz schwarz; 19 Rückenschuppenreihen; Rücken oliv bis braun, manchmal mit zwei alternierenden Reihen von mehr oder weniger stark ausgebildeten schwarzen Punkten; Rückenstreifen nicht über den ganzen Körper ausgebildet, im Nacken etwas verbreitert; Seitenstreifen auf zweiter und dritter Rückenschuppenreihe, blass gelb mit braunen Pigmenten, häufig unterbrochen oder undeutlich; braune Pigmentierung des Rückens auf die Bauchseite übergreifend.
• **Verbreitung:** Zentrales Hochland und Sierra Madre Mexikos; südliches Guatemala (Hochland, Sierra de Chuacus, Sierra de las Minas, Sierra de los Cuchumantanes, Alta Verapaz); westliches Honduras und nördliches El Salvador.
• **Natürlicher Lebensraum:** *T. fulvus* kommt überwiegend in Mischwaldgebieten des Hoch-

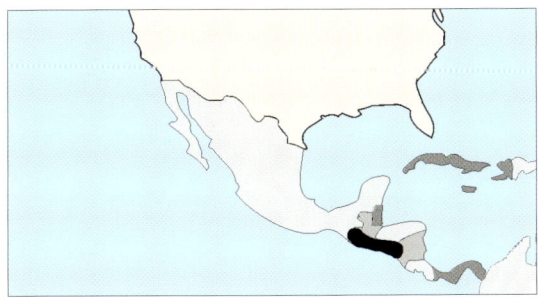

landes, aber auch in Graslandschaften der Hochebenen vor. Die Art ist meist in der Nähe von Wasserflächen zu finden. Höhenverbreitung 1.400–3.400 m ü. NN.

• **Lebensweise:** Ist noch weitgehend unbekannt. Die Art ernährt sich von adulten und larvalen Amphibien. Ansonsten scheint sie *T. cyrtopsis* zu ähneln (MUTSCHMANN 1995).

• **Taxonomische Anmerkungen:** Ursprünglich wurden die Tiere als „Varietät" von *T. cyrtopsis*

angesehen (BOCOURT 1893). SMITH (1942) ordnete sie *T. sumichrasti* und STUART (1954) sowie ROSSMAN (1966, 1971) *T. cyrtopsis* zu. Nach Untersuchungen von WEBB (1982) steht sie *T. sumichrasti* sehr nahe, Auswertungen der DNA-Sequenz ergaben aber einen eigenständigen Artstatus (DE QUEIROZ & LAWSON 1994).

• **Terraristik:** Die Art wurde bereits mehrfach im Terrarium gehalten und nachgezogen, ist aber dennoch ein seltener Terrariengast. Sie ist überwiegend tagaktiv und klettert kaum. Besonders während der Sommermonate badet sie gerne. Entsprechend ihrer Herkunft wird sie warm überwintert. Die Tiere akzeptieren lebende und tote Fische als Futter; an Mäuse gehen sie nicht (BRUCHMANN 1994). Nach einer Tragzeit von 151–175 Tagen gebären die Weibchen bis zu 25 Junge. Bereits ab der Mitte der Trächtigkeitsphase nimmt das Weibchen kein Futter mehr zu sich (BRUCHMANN 1994).

Thamnophis fulvus   Foto: M. Hallmen / J. Chlebowy

Thamnophis gigas FITCH, 1940
Riesen-Strumpfbandnatter
Giant Garter Snake

• **Größe:** Bis zu 160 cm (größte *Thamnophis*-Art)
• **Aussehen:** Kopfoberseite braun; 21 oder 23 Rückenschuppenreihen; Rücken dunkelbraun bis oliv, mit zwei Reihen schmaler, schwarzer Punkte („gescheckes" Aussehen); Rückenstreifen beige oder ockerfarben, erscheint unregelmäßig gezackt; Seitenstreifen auf zweiter und dritter Rückenschuppenreihe, hellbraun, zuweilen fehlend.
• **Verbreitung:** Great Valley von Sacramento und Antioch bis zum Buena Vista See in Kalifornien (USA). Höhenverbreitung 0–120 m ü. NN.

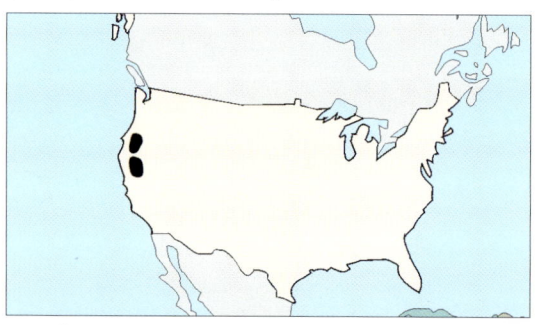

• **Natürlicher Lebensraum:** *T. gigas* bevorzugt offene, halbtrockene Biotope. Er findet sich häufig am Rand langsam fließender Gewässer mit schlammigem Bodengrund und reichhaltiger Vegetation (z. B. Kanälen). Er meidet größere Flüsse.
• **Lebensweise:** Die Art ist sehr wasserliebend. Bei Flucht sucht sie sofort freies Wasser auf; sie verfügt über eine ungewöhnlich große Fluchtdistanz, weshalb sie nur schwer zu fangen ist. Wird ein Tier gestellt, so reagiert es oft aggressiv. *T. gigas* ernährt sich überwiegend von Fischen, Amphibien und deren Larven. Man trifft sie nie weit von Wasser entfernt an. Mitte bis Ende März verlassen die Tiere die Überwinterungsquartiere und sind z. T. bis in den Oktober hinein aktiv. Von Mitte Juli bis Anfang September werden 10–46 Junge geboren.
• **Taxonomische Anmerkungen:** Nach seiner Erstbeschreibung ordnete FITCH (1940) die Art

T. ordinoides zu. Auch *T. atratus*, *T. couchii* und *T. elegans* war sie zeitweise zugehörig. LAWSON & DESSAUER (1979) sahen sie aufgrund biochemischer Ähnlichkeiten eng mit *T. couchii* und *T. atratus* verwandt. ROSSMAN & STEWART (1987) grenzten *T. gigas* als eigene Art ab.
• **Terraristik:** Bisher selten im Terrarium gepflegt. Haltungsberichte liegen uns nicht vor.
• **Gesetzliche Bestimmungen:** Im Endangered Species Act (ESA) des US Fish & Wildlife Service in Kategorie II aufgeführt; in Kalifornien ebenfalls gesetzlich geschützt.

Thamnophis godmani GÜNTHER, 1894
Godmans Strumpfbandnatter
Godman´s Garter Snake

• **Größe:** 40–50 cm
• **Aussehen:** Oberseite des Kopfes braun, im Nacken schwarze, quer verlaufende Linie, Kehle hell, Zunge schwarz; 17 Rückenschuppenreihen; Rücken braun (ähnlich der Kopfoberseite), mit zwei Reihen kleiner, schwarzer Punkte auf jeder Körperseite; Rückenstreifen hellbraun, durchgehend bis zum Schwanz; Seitenstreifen variabel auf erster und zweiter, nur auf der zweiten, auf der zweiten und dritten oder aber auf allen drei (erste bis dritte) Rückenschuppenreihen, blass; Bauch schiefergrau.
• **Verbreitung:** Hochland Mexikos (Puebla, Oaxaca, Veracruz, Guerrero). Höhenverbreitung 1.800–3.000 m ü. NN.

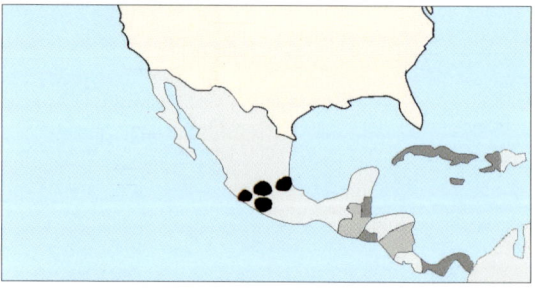

• **Natürlicher Lebensraum:** *T. godmani* hält sich in Laub- und Nadelwäldern der Gebirgsregionen Mexikos an Bächen, Teichen und anderen Kleingewässern auf. Sonst ist wenig zu dieser Art bekannt.

• **Lebensweise:** Ebenfalls nur spärliche Informationen. Die Art ernährt sich überwiegend von Amphibien und Wirbellosen. Ein Exemplar würgte nach dem Fang eine Maus hervor.

• **Taxonomische Anmerkungen:** Ehemals *T. cyrtopsis* zugerechnet (RUTHVEN 1908), galt *T. godmani* lange als Unterart von *T. scalaris* (SMITH 1942). Aufgrund äußerer und biochemischer Merkmale wird sie inzwischen eindeutig als eigenständige Art abgegrenzt. DE QUIEROZ & LAWSON (1994) wiesen auf biochemischem Weg eine enge Verwandtschaft mit *T. errans* nach.

• **Terraristik:** Über Haltungserfahrungen im Terrarium ist uns nichts bekannt.

> ### *Thamnophis hammondii* (KENNICOTT, 1860)
> Zweistreifen-Strumpfbandnatter
> Two-striped Garter Snake

• **Größe:** 60–80 cm

• **Aussehen:** Dunkle Nackenflecken; 19–21 Rückenschuppenreihen; Rücken oliv, graubraun oder braun, vier Reihen kleiner, schwarzer und gut voneinander getrennter Flecken, dazwischen oft Aufhellungen; Rückenstreifen fehlt oder nur als heller Fleck im Bereich des Nackens vorhanden, gelb bis blassgrau; Seitenstreifen auf zweiter und dritter Rückenschuppenreihe, auffällig, oliv bis gelb gefärbt; Bauchseite gelb bis orange.

• **Verbreitung:** Küste Kaliforniens von Salinas (USA) bis ungefähr zur mexikanischen Grenze. Süd-

Thamnophis hammondii   Foto: A. Francis

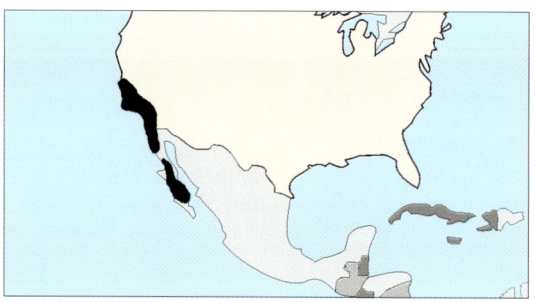

lich davon isolierte Vorkommen in Mexiko auf Baja California (San Ignacio, Mulege, Cadeje, Comondu, San Pedro la Pressa, auch auf der vorgelagerten Insel Santa Catalina). Höhenverbreitung 0–2.100 m.

• **Natürlicher Lebensraum:** Die Art findet sich in Wäldern unterschiedlichster Arten sowie in Gras- und Buschland. Sie liebt klare, fließende Gewässer mit reicher Ufervegetation.

• **Lebensweise:** *T. hammondii* ist die *Thamnophis*-Art, die das Wasser am meisten liebt. Sie ist von Januar bis November aktiv. Je nach Witterung und Jahreszeit ist sie tag- und/oder nachtaktiv. Als Nahrung dienen überwiegend Amphibien, deren Larven, Fische oder Wirbellose, die sie im und unter Wasser jagt. Bei Gefahr taucht sie sofort unter. Die Paarung erfolgt Ende März bis Anfang April. Von Ende August bis Ende Oktober werden dann bis zu 25 Jungschlangen geboren.

• **Taxonomische Anmerkungen:** *T. hammondii* wurde von COOPER (1870) anfänglich mit *T. couchii* gleich gesetzt. Der Status der Zugehörigkeit wechselte weiter zu *T. ordinoides* und *T. elegans*. Nach ersten biochemichen Untersuchungen (LAWSON & DESSAUER 1979) wurde die Art wieder zur Unterart von *T. cyrtopsis* erklärt. Erst ROSSMAN & STEWART (1987) verliehen *T. hammondii* einen eigenständigen Artstatus. Die Populationen der Arten im *T.-couchii*-Komplex in Baja California Sur wurden verschiedentlich als eigene, nah mit *T. hammondii* verwandte Art *T. digueti* angesehen (MOCQUARD 1899, FITCH 1940). Eine neuere umfangreiche Studie von MCGUIRE & GRISMER (1993) konnte zeigen, dass sich *T. digueti* und *T. hammondii* nicht unterscheiden.

• **Farbformen:** Es sind rein schwarze Tiere ohne Seitenstreifen bekannt (MUTSCHMANN 1995).

• **Terraristik:** Als Terrarienart bislang weitgehend unbekannt. Uns liegen keine Haltungsberichte vor.

• **Gesetzliche Bestimmungen:** Im Endangered Species Act (ESA) des US Fish & Wildlife Service in Kategorie II aufgeführt; in Kalifornien ebenfalls gesetzlich geschützt.

Thamnophis marcianus (BAIRD & GIRARD, 1853)
Karierte Strumpfbandnatter
Checkered Garter Snake

• **Größe:** 50–100 cm

• **Aussehen:** Hinter dem Maul typische sichelförmige weißliche Fleckenzeichnung; 19 oder 21 Rückenschuppenreihen; Rücken braun, grau, oliv oder auch gelblich, eine doppelreihige Anordnung quadratischer, großer Flecken zwischen dem Rücken- und den Seitenstreifen ergibt ein auffälliges Schachbrettmuster auf hellem Grund; Rückenstreifen schmal, nur auf einer Rückenschuppenreihe, im Nacken gelb und schwanzwärts beige bis cremefarben werdend; Seitenstreifen im Bereich des Nackens auf dritter (dahinter zuweilen auf zweiter bis vierter) Rückenschuppenreihe, ockerfarben, hell orange oder weißlich; Bauchseite meist blass gelb.

• **Verbreitung:** Südöstliches Kalifornien, südliches Arizona und Texas bis südwestliches Kansas (USA), nördliches Mexiko, mit einer isolierten Population am Isthmus von Tehuantepec (Mexiko) (*T. m. marcianus*); Halbinsel Yucatán über Belize und Guatemala bis westliches Honduras

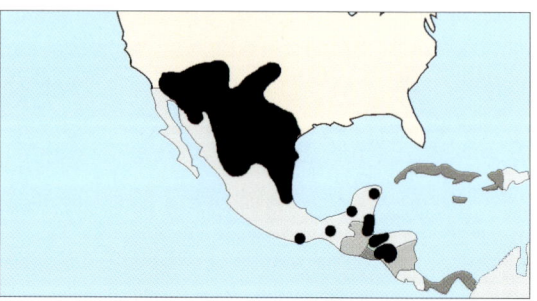

Thamnophis marcianus marcianus   Foto: M. Hallmen

(*T. m. praeocularis*); südwestliches Nicaragua bis nördliches Costa Rica (*T. m. bovalli*). Höhenverbreitung 0–1.600 m ü. NN.

• **Natürlicher Lebensraum:** Bevorzugt trockene Graslandschaften bis Wüsten. Dennoch selten weit entfernt von Wasserstellen, wie z. B. Quellen, Kanäle, kleine Seen, Bäche oder Flüsse. Im südlichen Texas wird die Art zuweilen auch in Gärten menschlicher Siedlungen gefunden. *T. marcianus* besiedelt das Flachland ebenso wie Biotope des Gebirges.

• **Lebensweise:** *T. marcianus* ist vom Februar bis in den November hinein aktiv. In den Hochlagen von Texas kann die Winterruhe jedoch deutlich länger dauern (BOL 2000). Die Tiere sind in der Regel tagaktiv, wenngleich die südlichen Unterarten auch eine nachtaktive Lebensweise zeigen

können. Das Beutespektrum dieser Art ist sehr breit gefächert. Es reicht von Regenwürmern und Fröschen über Kaulquappen und Eidechsen bis zu Fischen. Als einzige *Thamnophis*-Art zeigt sie im Paarungsverhalten Unterschiede in einzelnen Populationen. Die 5–31 Jungen werden von August bis September geboren. FORD & KARGES (1987) fanden Hinweise darauf, dass Weibchen aus dem südlichen Texas und aus Mexiko zwei Würfe pro Jahr haben könnten. Die Größe der Jungschlangen scheint interessanter Weise mit der geografischen Verbreitung zu variieren (ROSSMAN et al. 1996).

• **Unterarten**
T. m. marcianus (BAIRD & GIRARD, 1853): Paariger, dunkler Nackenfleck, deutliche sichelförmige Markierungen zwischen den Mundwinkeln

und den dunklen Nackenflecken; Schmaler Rückenstreifen, der im Nacken gelb und weiter hinten weißlich ist.

T. m. bovalli DUNN, 1940: Rücken mit doppelter Reihe schwarzer Flecken, das daraus entstehende Schachbrettmuster geht durch die grauen Seitenstreifen bis hinab zum Bauch; Rückenstreifen fehlt; Bauch häufig mit blauschwarzen Flecken.

T. m. praeocularis (BOCOURT, 1892): Flecken auf dem Rücken klein, sich gegenseitig nicht berührend; Rückenstreifen breit; Seitenstreifen nur undeutlich; Bauch mit kleinen, rundlichen, schwarzen Punkten.

• **Taxonomische Anmerkungen:** Die sehr komplizierte ältere taxonomische Geschichte von *T. marcianus* ist in ROSSMAN (1971) gut aufgearbeitet. Die früheren Unterarten *T. m. ruthveni* und *T. m. nigrolateralis* sind nach ROSSMAN (1963, 1971) identisch mit *T. m. marcianus*. Die Unterart *T. m. praeocularis* wird möglicherweise bald den Status einer eigenen Art erhalten (MUTSCHMANN 1995). Das Taxon „*cerebrosus*", das neben *T. sumichrasti* und *T. cyrtopsis* auch *T. marcianus* als Unterart beigefügt wurde, hat nach ROSSMAN (1971) einen eher unsicheren Status.

• **Farbformen:** Es kommen amelanistische, anerythristische sowie „snow"-Tiere vor.

• **Terraristik:** Die Art ist mit *T. m. marcianus* eine der am häufigsten im menschlicher Obhut gehaltenen Strumpfbandnattern. Sie ist robust, leicht zu vermehren (CRUNDEN 1991) und liebt trockene Terrarien mit kleinerem Wassergefäß. Die Tiere beißen auch als Wildfänge sehr selten. Sie nehmen neben Fisch auch bereitwillig Mäuse als Nahrung an. Totfutter stellt kein Problem dar. Unter *Thamnophis*-Haltern wird erzählt, dass sie zuweilen auch andere Schlangen fressen; eine Erfahrung, die wir nicht bestätigen können. Bei Vergesellschaftung mit anderen Arten gab es nie Probleme. Eine kurze Überwinterung von etwa sechs Wochen bei 10 °C ist ausreichend. Seit wenigen Jahren sind auch amelanistische Tiere in Europa im Handel. Die Art neigt im Terrarium zum Eingraben in den Boden. Bei warmen Haltungsbedingungen zeigt sie im Sommer die Tendenz zu nachtaktiver Lebensweise. Andere Unterarten als *T. m. marcianus* werden in Terrarien nur sehr selten gepflegt. Von *T. m. marcianus* halten wir ein Exemplar mit genetisch bedingter Kleinwüchsigkeit, das von MUTSCHMANN veterinärmedizinisch untersucht und beschrieben wurde (MUTSCHMANN 2000).

• **Gesetzliche Bestimmungen:** *T. marcianus* steht in Kansas unter gesetzlichem Schutz.

Thamnophis melanogaster (PETERS, 1864)
Mexikanische Schwarzbauch-Strumpfbandnatter
Mexican Black-bellied Garter Snake

• **Größe:** 60–80 cm

• **Aussehen:** 19 Rückenschuppenreihen; Rücken dunkelbraun, oliv oder schwarz, mit oder ohne zwei sichtbaren Reihen dunkler Flecke auf jeder Seite; Rückenstreifen nur auf einer Rückenschuppenreihe, oft nur bei Jungtieren markant; Seitenstreifen auf der zweiten Rückenschuppenreihe, eventuell auf Teile der ersten und dritten Reihe übergehend, hell; Bauch hellbeige bis weißlich. Das Aussehen der Jungen kann erheblich von dem der Alttiere abweichen.

• **Verbreitung:** Tal von México (Mexiko) (*T. m. melanogaster*); Tal von Toluca (Mexiko) (*T. m. linearis*); südwestliches San Lui Potosí über Guanajuato bis nördliches Michoacán, westlich über Jalisco und westliches Zacatecas bis Durango (Mexiko) (*T. m. canescens*); in den Flusssenken des Bavispe und des El Fuerte im westlichen Chi-

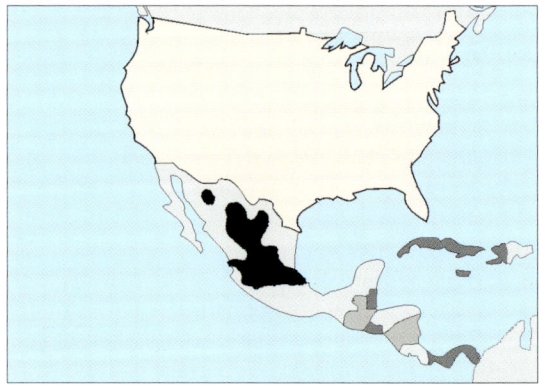

huahua (Mexiko) (*T. m. chihuahuaensis*). Höhenverbreitung 1.100–2.600 m ü. NN.

• **Natürlicher Lebensraum:** Die Art findet sich am Rand von Bächen, Flüssen, Seen oder Teichen zumeist in der Ufervegetation.

• **Lebensweise:** *T. melanogaster* lebt sehr stark an Gewässer gebunden und wird nur selten von ihnen entfernt gefunden. Bei Gefahr flüchten die Tiere schnell ins Wasser. Die Art zeigt sich von Geburt an sehr aggressiv. Die Tagesaktivität schwankt je nach Jahreszeit und Höhenlage; im Hochsommer kann *T. melanogaster* durchaus nachtaktiv werden. Die Nahrung besteht vorwiegend aus am und im Wasser lebender Beute (z. B. Fische, Amphibien und deren Larven, Wirbellose). Ähnlich wie *T. couchii* verfügen die Schlangen über gut ausgebildete Jagdtechniken zur Unterwasserjagd. Dabei spielt der optische Sinn eine wichtige Rolle (DRUMMOND 1985). Die Geburt der durchschnittlich 13 Jungen erfolgt von Juni bis August. Paarungen im Wasser wurden beobachtet.

• **Unterarten**

T. m. melanogaster (PETERS, 1864): Breite, schwarze Streifenzeichnung auf den Bauch- und Unterschwanzschuppen.

T. m. linearis SMITH, NIXON & SMITH, 1950: Rücken fast schwarz; Seitenstreifen hell und gut sichtbar.

T. m. canescens SMITH, 1942: Bauch meist dunkel gefleckt oder mit schmaler Streifenzeichnung in Richtung der Längsachse.

T. m. chihuahuaensis TANNER, 1959: Feine, helle Seitenstreifen auf der zweiten Rückenschuppenreihe, oft auf die erste und dritte übergehend; heller Bauch ohne schwarze Streifenzeichnung.

• **Taxonomische Anmerkungen:** RUTHVEN (1908) machte *T. melanogaster* zur Unterart von *T. rufipunctatus*, doch CONANT (1963) fand heraus, dass beide nicht enger miteinander verwandt sind. Für die derzeit abgegrenzten vier Unterarten ist der Status noch nicht sicher definiert. Besonders der Status von *T. m. linearis* ist stark umstritten; nach CHIASSON & LOWE (1989) sollte

Thamnophis melanogaster Foto: F. Mutschmann

diese Form sogar der Gattung *Nerodia* zugeordnet werden.

• **Terraristik:** Wenngleich die Haltung von *T. m. canescens* als problemlos bekannt ist und auch mehrfach schon Nachzuchten gelangen, ist die Art dennoch selten in Terrarien zu finden.

Thamnophis mendax WALKER, 1955
Mexikanische Berg-Strumpfbandnatter
Tamaulipan Montane Garter Snake

• **Größe:** Bis 60 cm.

• **Aussehen:** Kopf hellbraun, im Nacken paarige dunkle Flecken, Zunge schwarz; 17 Rückenschuppenreihen; Rücken hellbraun mit großen, schwarz umrandeten, bräunlichen Flecken, die sich bis zur ersten Rückenschuppenreihe oder gar bis auf die Bauchseite erstrecken und 2½–4 Schuppen lang sind; diese Flecken werden durch einen helleren Zwischenraum abgegrenzt; Rückenstreifen fein und auf eine Rückenschuppenreihe begrenzt, kann im hinteren Körperabschnitt fehlen; Seitenstreifen stets fehlend.

• **Verbreitung:** Zweitseltenste *Thamnophis*-Art (bis 1996 waren nach ROSSMAN et al. nur 14 Exemplare bekannt), nur von der Sierra de Guate-

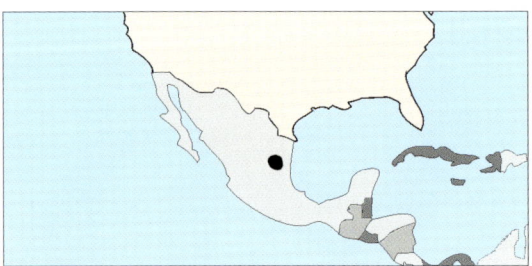 

mala im südwestlichen Tamaulipas (Mexiko) bekannt. Höhenverbreitung 1.000–2.100 m ü. NN.
• **Natürlicher Lebensraum:** Nach den wenigen vorliegenden Erkenntnissen bevorzugt *T. mendax* ein feuchtes Klima. Er besiedelt unterschiedliche Waldtypen des Hochlands bis hin zu den Nebelwäldern der Bergregion.
• **Lebensweise:** Über die Lebensweise dieser seltenen Art ist nur wenig bekannt. Die Tiere ernähren sich von Amphibien (z. B. Salamandern), scheinen aber dennoch nicht an permanente Gewässer gebunden.
• **Taxonomische Anmerkungen:** WALKER (1955) ging für *T. mendax* von einer nahen Verwandtschaft zu *T. scalaris* auf der Ebene von Unterarten aus. ROSSMAN (1992) sah die Art aufgrund von Kopf- und Körpermerkmalen als „sister species" von *T. sumichrasti* an.
• **Terraristik:** Haltungsberichte über diese seltene Art liegen uns nicht vor.

Thamnophis nigronuchalis THOMPSON, 1957
Durango-Strumpfbandnatter
Southern Durango Spotted Garter Snake

• **Größe:** Bis 70 cm
• **Aussehen:** Zunge schwarz, dunkler, ungeteilter Fleck im Nackenbereich; 21 Rückenschuppenreihen; Rücken braun, olivbraun oder graubraun, mit 5–6 Reihen rotbrauner oder dunkelbrauner Flecken, die schwarz umrandet sind; Rücken- und Seitenstreifen fehlend; Bauch schwarz pigmentiert.
• **Verbreitung:** Durango (Mexiko). Höhenverbreitung 2.200–2.750 m ü. NN.
• **Natürlicher Lebensraum:** *T. nigronuchalis* kommt auf Hochebenen in der Nähe kleiner Ge-

wässer mit ausreichender Wassertiefe vor. Die Art mag feuchtes Grasland und Gebiete mit schütterem Baumbewuchs.
• **Lebensweise:** Nur wenige Berichte sind über *T. nigronuchalis* bekannt. Die Art hält sich gerne in der Nähe von Wasserflächen auf. Sie ernährt sich überwiegend von Amphibienlarven und Fröschen sowie von Regenwürmern.
• **Taxonomische Anmerkungen:** Von THOMPSON (1957) als eigenständige Art beschrieben, wurde *T. nigronuchalis* von TANNER (1985) als Unterart der nah verwandten *T. rufipunctatus* angesehen. ROSSMAN (1995) fand jedoch weitere Unterschiede und verlieh *T. nigronuchalis* wieder Artstatus.
• **Terraristik:** Es sind uns keine Haltungsberichte bekannt.

Thamnophis ordinoides (BAIRD & GIRARD, 1852)
Nordwestliche Strumpfbandnatter
Northwestern Garter Snake

• **Größe:** 35–90 cm
• **Aussehen:** Farbe der Zunge sehr variabel; 17 Rückenschuppenreihen; Rückenfarbe sehr variabel, reicht von schwarz und braun über grau bis zu grünlichen und bläulichen Tönen; Rückenstreifen in der Regel gut ausgebildet, kann aber auch fehlen, meist nur auf einer Rückenschuppenreihe oder noch auf die Spitzen der benachbarten Reihen übergehend, rot, orange, gelb, weiß oder blau; es können kleine dunkle Flecken zwischen dem Rückenstreifen und den Seitenstreifen vorkommen; Seitenstreifen auf zweiter und dritter Rückenschuppenreihe; Bauch von gelb über grau bis braun, oft mit schwarzen oder roten Punkten.

• **Verbreitung:** Entlang der Pazifikküste vom südwestlichen British Columbia (Kanada) einschließlich Vancouver Island über das westliche Washington und Oregon bis in den äußersten Nordwesten von Kalifornien (USA). Höhenverbreitung 0–1.400 m ü. NN.

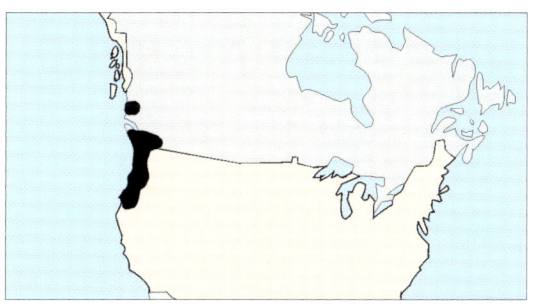

• **Natürlicher Lebensraum:** *T. ordinoides* ist in Biotopen des Flachlands ebenso zu Hause wie in Bergregionen. Die Art kommt in offenen Landschaften wie Wiesen, Weiden und Brachland vor. Sie ist aber auch an Waldrändern und am Rand von verbuschtem Gelände zu finden.

• **Lebensweise:** Die Art findet sich auch in größerer Entfernung von Wasserflächen. Ihre Aktivitätsphase reicht von März / Anfang April bis Mitte Oktober. *T. ordinoides* ist ein Schnecken- und Wurmspezialist. Nur seltener ernährt er sich von Amphibien und deren Larven, von anderen Wirbellosen oder gar Fischen. Paarungen erfolgen im März / April und im September / Oktober. Die Jungen werden meist Ende August geboren. Interessanterweise besteht zwischen der Färbung

Thamnophis ordinoides „onestriped morph"   Foto: M. Hallmen / J. Chlebowy der Tiere und ihrem Flucht- bzw. Abwehrverhalten ein direkter Zusammenhang, der genetisch fixiert ist (BRODIE 1989, 1990, 1992). *T. ordinoides* nutzt Duftspuren und den „Sonnenkompass" zur Orientierung im Gelände.

• **Taxonomische Anmerkungen:** Die extreme Vielfalt der Färbung sorgte dafür, dass unterschiedliche Exemplare dieser Art schnell als eigenständige Arten abgegrenzt wurden. MEEK (1899) passierte das sogar zweimal in einem Artikel. FOX (1948) grenzte *T. ordinoides* von Taxa wie *T. atratus*, *T. couchii*, *T. elegans* oder *T. gigas* ab.

• **Farbformen:** Inzwischen sind entsprechend der natürlichen Tendenz zur farblichen Variabilität zahlreiche sehr attraktive Farbformen bekannt geworden, z. B. mit intensiv gelben oder roten Rückenstreifen. Darüber hinaus sind auch melanistische, amelanistische, hypomelanistische und erythristische Exemplare bekannt.

• **Terraristik:** In Europa wird die Art gelegentlich in Terrarien gehalten. Im Fachhandel wird sie nur noch selten angeboten. Beim Erwerb von Wildfängen können sich Probleme bei der Fütterung ergeben, weil einige Tiere zunächst nur Schnecken oder Regenwürmer als Nahrung annehmen. Sie müssen dann entsprechend häufig gefüttert werden, und die Nahrung muss mit Calcium-Präparaten angereichert werden. Wir konnten Exemplare dieser Art mit der Zeit jedoch an die Aufnahme von toten Fischen und Mäusen gewöhnen. *T. ordinoides* bevorzugt trockene und etwas kühlere Terrarien, ist ansonsten aber ein anspruchsloser Terrariengast. Er vermehrt sich in Gefangenschaft leicht (MUTSCHMANN 1992). Eine mehrmonatige Winterpause bei 5–8 °C ist angebracht. *T. ordinoides* kann ganzjährig im Freiterrarium gehalten werden (STRATHEMANN 1995c).

Thamnophis postremus SMITH, 1942
Mexikanische Tiefland-Strumpfbandnatter
Tepalcatepec Valley Garter Snake

• **Größe:** Bis 55 cm
• **Aussehen:** Rote Zunge mit schwarzer Spitze; 19 Rückenschuppenreihen; Rücken hellbräun-

lich, mit zwei Reihen kleiner schwarzer Punkte zwischen den sich kaum abhebenden helleren Streifen; Rückenstreifen nur auf einer Rückenschuppenreihe, manchmal von Fleckenmuster unterbrochen; Seitenstreifen auf erster bis dritter Rückenschuppenreihe; unregelmäßige schwarze Barren auf der ersten Rückenschuppenreihe gehen auf die Bauchseite über.

• **Verbreitung:** Tal des Tepalcatepec in Michoacan, vielleicht auch östlich davon bis in das Balsas Basin in Guerrero hinein (Mexiko). Höhenverbreitung 200–1.100 m ü. NN.

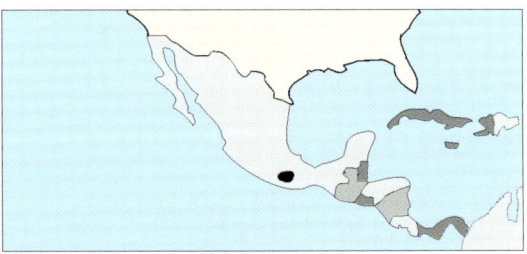

• **Natürlicher Lebensraum:** Die Art kommt nur im Flachland vor. Sie besiedelt trockenes tropisches Buschland. Zeitweilig austrocknende Wasserstellen meidet sie.

• **Lebensweise:** Zur Lebensweise von *T. postremus* ist nur sehr wenig bekannt. Die ca. 25 Jungen werden wohl im Juni / Juli geboren.

• **Taxonomische Anmerkungen:** *T. postremus* wurde anfänglich als Unterart von *T. cyrtopsis* angesehen (SMITH 1942, DUELLMAN 1961). WEBB (1978) und ROSSMAN (1992) verliehen *T. postremus* Artstatus, bestätigten aber eine enge Verwandtschaft zu *T. c. collaris*.

• **Terraristik:** Haltungsberichte liegen uns nicht vor.

Thamnophis proximus (SAY, 1829)
Westliche Bändernatter
Western Ribbon Snake

• **Größe:** 60–90 cm
• **Aussehen:** Schlankes Erscheinungsbild; Kopfoberseite in der Mitte mit paarigen, eng aneinander liegenden, hellen Flecken (Unterschied zu *T. sauritus*); 17–19 Rückenschuppenreihen; Rücken

einheitlich braun, olivgrau oder schwarz; Rückenstreifen je nach geografischer Lage gräulich, goldfarben, orange oder rot; gelblicher Seitenstreifen auf der zweiten und dritten Rückenschuppenreihe.
• **Verbreitung:** Indiana, südliches Wisconsin, westliches Kansas, zentrales Louisiana und östliches Texas in den USA (*T. p. proximus*); zentrales Chiapas in Mexiko (*T. p. alpinus*); südöstliches Colorado (USA) in Richtung Süden bis Nuevo Leon und westliches Tamaulipas in Mexiko (*T. p. diabolicus*); Küstenstreifen von Louisiana (USA) bis nördliches Tamaulipas in Mexiko (*T. p. orarius*); Edwards Plateau in Zentraltexas / USA (*T. p. rubrilineatus*); südliches Tamaulipas und Küste von Guerrero (Mexiko) bis zentrales Costa Rica (*T. p. rutiloris*). Höhenverbreitung 0–2.438 m.

• **Natürlicher Lebensraum:** Im gesamten Verbreitungsgebiet bevorzugt *T. proximus* buschiges Gelände am Rande von Gewässern aller Art.
• **Lebensweise:** Das Fluchtverhalten zeigt sich lokal unterschiedlich. In einigen Populationen verstecken sich die Tiere schnell im Buschwerk, in anderen suchen sie Schutz im Wasser und tauchen dabei sogar. Die Tiere überwintern zumeist einzeln unter Steinen. Es wurden aber auch schon Gemeinschaftsquartiere gefunden. *T. proximus* wird häufig in Büschen weit über dem Boden gefunden. Nördliche Populationen legen zwischen Oktober / November und März / April eine Winterpause ein. Südlichere Tiere sind ganzjährig aktiv. Die Art kann sowohl tag- als auch nacht-

aktiv sein. Als Futter dienen meist Amphibien, seltener auch Fische. Zwischen Juni und September werden zwischen 8 und 27 Junge geboren. In einem Fall wurde vermutet, dass ein Weibchen zwei Würfe in einem Jahr hatte (TINKLE 1957).

• **Unterarten**
T. p. proximus (SAY, 1923): Rücken schwarz; Rückenstreifen schmal, orange.
T. p. alpinus ROSSMAN, 1963: Rücken dunkel; Rückenstreifen goldgelb; Seitenstreifen schmal, unterhalb entlang der ersten Rückenschuppenreihe und der Bauchschuppen breiter dunkler Streifen.
T. p. diabolicus ROSSMAN, 1961: Rücken olivgrau oder graubraun; Rückenstreifen orange; Seitenstreifen verlieren sich manchmal schwanzwärts; am Bauch entlang der Schuppen z. T. feine dunkle Streifenzeichnung.
T. p. orarius ROSSMAN, 1963: Rücken olivbraun; Rückenstreifen breit, goldgelb; Seitenstreifen manchmal nur schwach zu sehen.
T. p. rubrilineatus ROSSMAN, 1963: Rücken olivbraun oder olivgrau; Rückenstreifen hellrot.
T. p. rutiloris (COPE, 1885): Rücken olivbraun; Rückenstreifen breit, beigegrau; Seitenstreifen schmal, darunter manchmal undeutlicher Streifen auf der ersten Rückenschuppenreihe und den Bauchschuppen.
• **Taxonomische Anmerkungen:** Ursprünglich als eigenständige Art beschrieben, wurde *T. proximus* seit RUTHVEN (1908) als westliche Unterart von *T. sauritus* geführt. ROSSMAN (1962) sprach sich für den Artstatus aus. Die Art teilt viele Merkmale mit der nah verwandten Bändernatter *T. sauritus*, was auf eine enge Verwandtschaft schließen lässt.
• **Terraristik:** Die Unterart *T. p. proximus* wird häufig im Handel angeboten; gelegentlich sind auch *T. p. diabolicus* oder *T. p. orarius* zu bekommen. In den USA zählt die Art zu den am häufigsten verkauften *Thamnophis*-Arten (ROSSMAN et al. 1996). Die Tiere zeigen sich in Gefangenschaft sehr aktiv und sind häufig im Terrarium zu sehen. An das Anfassen gewöhnen sie sich jedoch oft nur zögerlich. Das Terrarium soll-

Thamnophis proximus orarius
Foto: M. Hallmen

Thamnophis proximus proximus
Foto: M. Hallmen

Thamnophis proximus rubrilineatus
Foto: M. Hallmen

te etwas größer und höher sein als für die meisten *Thamnophis*-Arten üblich. Die Tiere klettern und baden gerne; daher gehören einige Kletteräste und ein größeres Wassergefäß zur Grundausstattung. Nach unseren Erfahrungen akzeptiert *T. proximus* nur sehr ungern Mäuse. Einziger Wermutstropfen bei der Haltung dieser attraktiven Schlangen ist die den Bändernattern eigene Hektik und Nervosität (MEERMAN 1996) sowie die Angewohnheit zahlreicher Exemplare, ihrem Halter mitunter durch die geöffnete Terrarientür mit einer schnalzenden Bewegung „entgegenzuschießen". Ansonsten zeigen sich die Tiere aber als pflegeleicht und dankbar bei der Nachzucht (SEUFER 1979, COOPER 1994, MEERMAN 1996). Die Dauer der Winterpause richtet sich nach der Herkunft der jeweiligen Tiere. Besonders *T. p. rubrilineatus* ist in Europa wie in den USA ebenso begehrt wie selten. Nach unseren Informationen gelang die Einfuhr nach Europa zum ersten und bislang einzigen Mal im Jahr 2000 (BOL, pers. Mitlg. 2000). Mit nördlichen Tieren von *T. p. proximus* vom Lake Michigan haben wir bei der ganzjährigen Haltung in unserer Freianlage positive Erfahrungen gemacht.

•**Gesetzliche Bestimmungen:** In Indiana, Kentucky, New Mexico und Wisconsin stehen Unterarten von *T. proximus* unter unterschiedlichen Schutzstatus.

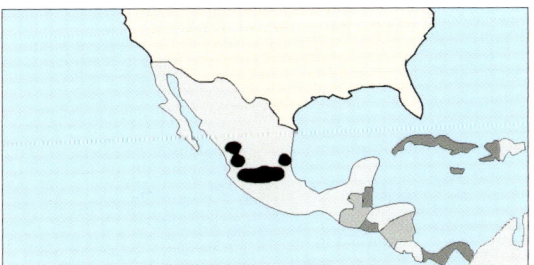

•**Verbreitung:** Hochland der Cordillera Volcanica (Mexiko). Höhenverbreitung 1.400–2.800 m ü. NN.

•**Natürlicher Lebensraum:** Misch- und Nadelwaldgebiete höherer Lagen. Weitere Erkenntnisse liegen nicht vor.

•**Lebensweise:** Ebenfalls keine Kenntnisse veröffentlicht.

•**Taxonomische Anmerkungen:** Bereits kurz nach der Erstbeschreibung wurde *T. pulchrilatus* von BOULENGER (1893) als Unterart von *T. cyrtopsis* angesehen. Diesen Status behielt sie, bis ROSSMAN (1992) sie als eigenständige Art abgrenzte.

•**Terraristik:** Uns sind keine Haltungsberichte zu *T. pulchrilatus* bekannt.

Thamnophis radix (BAIRED & GIRARD, 1853)
Prärie-Strumpfbandnatter
Plains Garter Snake

•**Größe:** 45–100 cm

•**Aussehen:** Oberlippenschuppen mit typisch schwarzer Barrenzeichnung; 19 oder 21 Rückenschuppenreihen; Rücken oliv bis braun, manchmal auch rötlich; Rückenstreifen auffallend und breit, orange oder hellgelb; Seitenstreifen auf der dritten und vierten Rückenschuppenreihe (manchmal auch auf der zweiten), gelblich, hellgrün oder bläulich; zwischen den Streifen eine Doppelreihe dunkler alternierender Flecken; unterhalb der Seitenstreifen eine Reihe schwarzer Punkte, die auf die Bauchseite übergehen können. Düster gefärbte Tiere wirken fast einheitlich schwarz.

•**Verbreitung:** Südliches Alberta (Kanada), in den USA über Montana, Wyoming und Colorado bis zu den Rocky Mountains, bis nördliches New

---

Thamnophis pulchrilatus (COPE, 1885)
Gelbhals-Strumpfbandnatter
Yellow-throated Garter Snake

•**Größe:** Bis 70 cm

•**Aussehen:** Kehle gelb; 19 Rückenschuppenreihen; Rücken schwarz oder braun, mit zwei Reihen schwarzer Punkte, wobei die Kiele der schwarzen Schuppen braun sind; Rückenstreifen schmal, gelb, deutlich sichtbar bis in den Schwanzbereich; Seitenstreifen auf zweiter und dritter Rückenschuppenreihe, beige oder weiß, deutlich sichtbar; markanter dunkler Streifen auf der Bauchseite zieht sich auch über die erste Rückenschuppenreihe, häufig mit unregelmäßigen schwarzen Punkten.

Thamnophis radix   Foto: M. Hallmen

Mexico und östlich über die Great Plains bis Wisconsin, Illinois und Indiana; Inselpopulationen sind aus Ohio, Missouri und Illinois bekannt. Höhenverbreitung 120–2.300 m ü. NN.

• **Natürlicher Lebensraum:** *T. radix* lebt entlang der unterschiedlichsten Gewässer, scheint dabei

aber tiefere und langsam fließende Gewässer tendenziell zu bevorzugen. Die Art liebt dabei offene Landschaften, wie z. B. Wiesen, Weiden oder sumpfiges Gelände. *T. radix* wird auch häufig in der Nähe menschlicher Siedlungen bis in Großstädte hinein sowie in Gärten und Parkanlagen gefunden, wo ihr allerdings Verbauung und Gifteinsatz zu schaffen machen.

• **Lebensweise:** *T. radix* ist in der Regel zwischen Anfang April und Ende Oktober aktiv. Aus Manitoba (Kanada) ist die gemeinschaftliche Nutzung von Überwinterungsquartieren bekannt (GREGORY 1977). Die Zeiten der Tagesaktivität hängen von der jeweiligen Jahreszeit, dem Reproduktionszustand der Tiere sowie der geografischen Verbreitung ab. Das Nahrungsspektrum von *T. radix* ist erstaunlich breit und kann saisonal schwanken. Es umfasst Amphibien und ihre

164

Larven, Fische und Schnecken ebenso wie Regenwürmer, Egel und Mäuse. Wenngleich auch Herbstpaarungen vorkommen, so paaren sich die Tiere doch meist im Frühjahr. In der Nähe von Überwinterungsquartieren bilden sie zuweilen kleinere „mating balls". Von Juni bis September werden regional unterschiedlich viele Jungen geboren. Es sind Wurfgrößen von über 60 Jungen bekannt. *T. radix* erreicht die größten für Strumpfbandnattern bekannten Bestandsdichten.
• **Taxonomische Anmerkungen:** *T. radix* ist eine der wenigen *Thamnophis*-Arten mit recht stabiler Taxonomie. Seit SMITH (1949) wurden die zwei Unterarten *T. r. radix* und *T. r. haydenii* unterschieden, die auch im Handel hin und wieder als Namen auftauchten. Nach OSTERMEIER & LYNCH (in ROSSMAN et al. 1996) ist diese Unterscheidung jedoch hinfällig.
• **Farbformen:** Von *T. radix* sind nach *T. sirtalis* die meisten Farbformen bekannt. Neben amelanistischen, axanthischen und anerythristischen Tieren gibt es auch xanthische, erythristische und hypomelanistische Exemplare sowie derzeit zwei „snow"-Tiere.
• **Terraristik:** *T. radix* ist in Europa sowie in den USA eine weit verbreitete Terrarienart. Sie ist anspruchslos und anpassungsfähig. Sie wird häufig als Wildfang im Handel angeboten, aber man kann die Tiere auch bei einem der zahlreichen Züchter als Nachzuchten erstehen. Die ersten Farbformen erobern derzeit den europäischen Markt. Im Jahr 2000 gelang uns für Europa die Erstzucht eines „snow"-Tiers dieser Art (HALLMEN & CHLEBOWY 2000b). *T. radix* kann in jedem für Strumpfbandnattern eingerichteten Terrarium gehalten werden. Er stellt keine besonderen Anforderungen an die Einrichtung und kann an unterschiedliche Futtertiere gewöhnt werden. Jungtiere sind manchmal nur an Regenwürmer als Erstfutter zu gewöhnen. Bei regelmäßigem Anfassen werden die Tiere in der Regel sehr ruhig bis handzahm. Die Dauer der Winterpause richtet sich nach der jeweiligen Herkunft der Tiere. Besonders Exemplare aus dem nördlichen Verbreitungsgebiet eignen sich nach unseren Erfah-

rungen zur Haltung in ganzjährigen Freianlagen. *T. radix* ist eine Art, bei der die Zucht von Farbformen sowohl in Europa als auch in den USA eine zunehmende Rolle spielt.
• **Gesetzliche Bestimmungen:** *T. radix* ist in Ohio als „gefährdete" Art geschützt.

Thamnophis rufipunctatus (COPE, 1875)
Rotpunkt-Strumpfbandnatter
Narrow-headed Garter Snake

• **Größe:** 50–90 cm
• **Aussehen:** Langgezogener Kopf, Zunge schwarz, Kehle hellgelb bis grau; 19–21 Rückenschuppenreihen; Rücken gelblich, olivbraun bis dunkelbraun, mit beidseitig je drei Reihen deutlich sichtbarer brauner, roter oder schwarzer Flecken, Fleckung verliert sich schwanzwärts; Streifenzeichnung meist kaum zu sehen, nur im Nackenbereich vorhanden; Bauchseite hell ohne braune Punkte, Analschuppe zuweilen geteilt. Jungschlangen sind häufig anders gefärbt als erwachsene Tiere.
• **Verbreitung:** Zwei getrennte Vorkommen in Arizona und dem südlichen New Mexico (USA) und im nördlichen Chihuahua und Durango (Mexiko). Höhenverbreitung 700–2.400 m ü. NN.

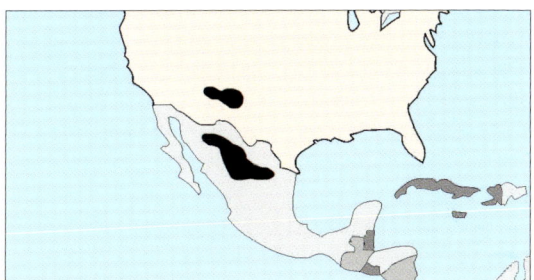

• **Natürlicher Lebensraum:** Steinige Seeufer oder im Gebüsch am Uferrand anderer Gewässer; bevorzugt klares Wasser.
• **Lebensweise:** *T. rufipunctatus* ist eine der wasserliebendsten Arten unter den Strumpfbandnattern. Sie ist sehr scheu und hält sich meist unter Steinen auf. Gerne flüchtet sie ins Wasser, wo sie sich tauchend versteckt. In Arizona ist die Art von

Thamnophis rufipunctatus   Foto: S. Bol

März bis Oktober aktiv. *T. rufipunctatus* ernährt sich ausschließlich von im und am Wasser lebenden Tieren, wie z. B. Amphibien und deren Larven sowie Fischen. Die wenigen Daten zur Fortpflanzungsbiologie gehen davon aus, dass die Jungen von Juni bis August geboren werden.

• **Taxonomische Anmerkungen:** Von 1908–1940 hieß die Art *T. augustirostris* (KENNICOTT, 1860) und wurde wechselnd verschiedenen Arten zugeordnet. TANNER (1985) grenzte die Unterarten *T. r. rufipunctatus* sowie *T. r. unilabialis* ab und machte *T. nigronuchalis* ebenfalls zur Unterart von *T. rufipunctatus*, was jedoch nach Untersuchungen von ROSSMAN (1992, 1996) nicht mehr gerechtfertigt ist. Verschiedentlich wurde die Art aufgrund einiger ursprünglicher Merkmale der Gattung *Nerodia* zugeordnet (LOWE 1955, CHIASSON & LOWE 1989).

• **Terraristik:** *T. rufipunctatus* wird sehr selten in Terrarien gehalten. Die wenigen Haltungsberichte unter Laborbedingungen weisen die Art als heikel aus. Besonders die Ernährung mit Fisch scheint nach FLEHARTY (1967) und ROSSI & ROSSI (1995) Probleme zu bereiten.

• **Gesetzliche Bestimmungen:** *T. rufipunctatus* ist in Arizona als „gefährdete" und in New Mexico als „bedrohte" Art geschützt.

> ***Thamnophis sauritus*** (LINNAEUS, 1766)
> Östliche Bändernatter
> Eastern Ribbon Snake

• **Größe:** 50–100 cm
• **Aussehen:** Schlanke Erscheinungsform; Flecken auf der Kopfoberseite in der Mitte deutlich voneinander getrennt (Unterschied zu *T. proximus*), manchmal fehlend; 19 Oberlippenschuppen; Rücken rötlich braun, dunkelbraun oder schwarz; Rückenstreifen goldgelb, gelb mit schwarzer Umrandung, manchmal metallisch, zuweilen auch schwach ausgebildet oder fehlend; Seitenstreifen auf dritter und vierter Rückenschuppenreihe, manchmal auch auf die zweite übergreifend, hellgelb, hellblau, weiß oder blauweiß; dunkle Färbung unter den Seitenstreifen geht auf die Bauchseite über.

• **Verbreitung:** In den USA im südlichen New England und Ohio und im Rest der östlichen Staaten, außer dem südöstlichen Georgia und der Halbinsel von Florida (*T. s. sauritus*); nordwestlicher Teil der Halbinsel von Florida (*T. s. nitae*); Halbinsel von Florida, südöstliches Georgia und die südlichsten Teile von South Carolina (*T. s. sackenii*); von Neuschottland westlich nach Wisconsin (*T. s. septentrionalis*). Höhenverbreitung 0–600 m ü. NN.

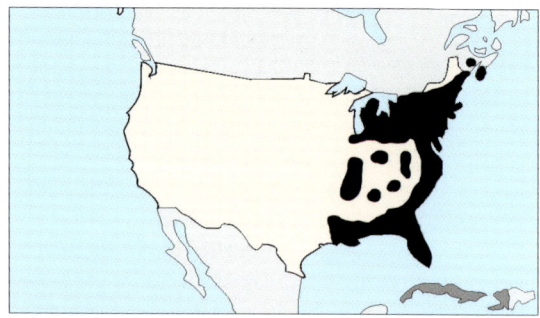

• **Natürlicher Lebensraum:** Das Vorkommen ist stark an das Vorhandensein von Wasserflächen aller Art gebunden. Eine wassernahe Verbuschung

ist für *T. sauritus* ebenfalls wichtig. In zahlreichen Staaten ist *T. sauritus* gefährdet. Viele Tiere werden von Autos überfahren.
• **Lebensweise:** In ihrem nördlichen Verbreitungsgebiet ist sie im Frühjahr eine der ersten aktiven Schlangen. Ihre Aktivitätszeit beginnt Ende März und dauert bis Mitte Oktober. In südlichen Regionen kann die Art ganzjährig beobachtet werden. Ausgewachsene Tiere scheinen in kälteren Regionen unter Wasser überwintern zu können. *T. sauritus* klettert gerne und wurde auch schon in Höhen von mehreren Metern über dem Boden – Baumfrösche jagend – beobachtet. Ansonsten besteht die Nahrung aus Amphibien und ihren Larven sowie Fischen. Bei Störungen flüchtet die Schlange ins Wasser, um mit schnellen Schwimmbewegungen zu entkommen. Von Juli bis September werden zwischen drei und 26 Junge geboren, wobei die südlicheren Populationen größere Würfe mit größeren Jungtieren hervorbringen. An einigen Stellen des Verbreitungsgebietes sind die Bestände sehr gering.

• **Unterarten**
T. s. sauritus (LINNAEUS, 1766): Rücken rotbraun; Rückenstreifen goldgelb; Seitenstreifen im vorderen Drittel des Körpers selten verbreitert.
T. s. nitae ROSSMAN, 1963: Rücken dunkelbraun bis schwarz, samtig; Rückenstreifen oft fehlend; Seitenstreifen hellblau bis weißblau.
T. s. sackenii (KENNICOTT, 1859): Rücken dunkelgelb oder braun; Rückenstreifen ocker oder braun, manchmal metallisch glänzend; Seitenstreifen schmal, weiß oder hellgelb.
T. s. septentrionalis ROSSMAN, 1963: Rücken dunkelbraun bis schwarz, samtig; Rückenstreifen gelb, oft mit brauner Farbe durchsetzt; Seitenstreifen im vorderen Drittel des Körpers verbreitert und auf die zweite Rückenschuppenreihe übergehend.
• **Taxonomische Anmerkungen:** Ursprünglich wurde die Art von LINNÉ als *Coluber sirtalis* (heute: *Thamnophis sirtalis*) beschrieben. Von manchen Autoren wurde dieser Name für die Östliche Bändernatter verwendet, von anderen wiederum nicht. Die daraus entstandene Verwirrung

wurde 1956 durch die Internationale Kommission für Nomenklatur geklärt und *T. sauritus* mit der Beschreibung von LINNÉ für *T. sirtalis* in Einklang gebracht.
• **Terraristik:** *T. sauritus* wird häufig in Terrarien gehalten. Sie hat ähnliche Ansprüche wie *T. proximus*, mit der sie häufig verwechselt wird. Wie diese ist sie in Gefangenschaft sehr schreckhaft und wird auch bei regelmäßigem Handhaben nicht wesentlich ruhiger. Viele Verstecke tragen erheblich zum Wohlbefinden der Tiere bei. Die Art klettert gerne, weshalb ein höheres Terrarium mit Kletterästen angebracht ist. Anfängliche Futterverweigerung während der Eingewöhnung von Wildfängen kann vorkommen (MUTSCHMANN 1995). Nach unseren Beobachtungen akzeptieren die Tiere angebotene Mäuse kaum. *T. sauritus* neigt nach Erfahrungen von ROSSI (1992) bei zu feuchter Haltung schnell zu Hautkrankheiten. Tiere aus dem nördlichen Verbreitungsgebiet sind für eine ganzjährige Haltung in Freianlagen geeignet.
• **Gesetzliche Bestimmungen:** *T. sauritus* ist in den US-Staaten Florida, Illinois, Kentucky, Maine und Wisconsin als „gefährdete" oder „bedrohte" Art geschützt.

***Thamnophis scalaris* COPE, 1860**
Treppen-Strumpfbandnatter
Mexican Alpine Blotched Garter Snake

• **Größe:** Bis zu 50 cm
• **Aussehen:** Zunge schwarz, Kopfoberseite braun, helle Streifen hinter dem Auge und im Nacken, auffällige Nackenflecke, vom Rückenstreifen unterbrochen; 19 (selten 17) Rückenschuppenreihen; Rücken graubraun, graugelb oder dunkelbraun; Rückenstreifen auf nur einer Rückenschuppenreihe, auffallend gelb oder orange; Seitenstreifen auf zweiter und dritter Rückenschuppenreihe, manchmal undeutlich; auf jeder Körperseite eine markante Reihe fast sattelförmiger Barren, dunkelbraun mit schwarzer Umrandung.
• **Verbreitung:** Mexikanische Hochebene von Veracruz, Orizaba, Puebla, Hidalgo, Morelos, Mexico City. Höhenverbreitung 2.100–4.300 m ü. NN.

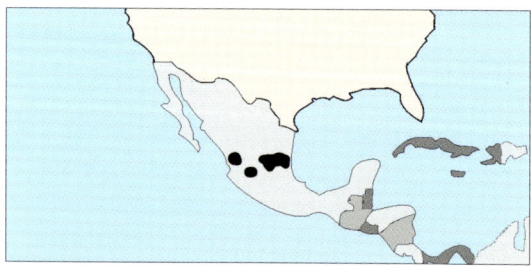 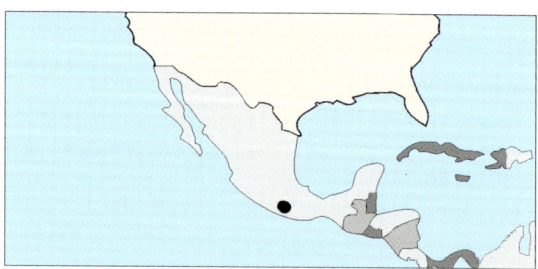

• **Natürlicher Lebensraum:** Alpine Nadelwälder.
• **Lebensweise:** Die Lebensweise von *T. scalaris* ist noch weitgehend unbekannt. Hauptnahrung scheinen Echsen zu sein. Zwei Geburten sind für Mai belegt; die Wurfgrößen dabei waren 8 bzw. 15 Junge.
• **Taxonomische Anmerkungen:** Eines der stabilsten Taxa innerhalb der Gattung *Thamnophis*, das seit seiner Erstbeschreibung immer als eigenständige Art geführt wurde. Lediglich die Schwesterart *T. scaliger* wurde mit *T. scalaris* verwechselt. Für geraume Zeit wurde *T. godmani* als Unterart angesehen. ROSSMAN (1992) unterscheidet einen „shorttailed" und einen „long-tailed morph".
• **Terraristik:** Wenngleich *T. scalaris* schon im Terrarium gehalten wurde, liegen uns keine Erfahrungsberichte vor. Lediglich MUTSCHMANN (1995) erwähnt, dass die Art anfällig auf eine zu feuchte Haltung reagiert.

Thamnophis scaliger (JAN, 1863)
Mexikanische Hochland-Strumpfbandnatter
Mexican Highland Garter Snake

• **Größe:** 50 cm
• **Aussehen:** Zunge schwarz; 19 (gelegentlich 17) Rückenschuppenreihen; Rücken braun; Rückenstreifen schmal; beidseitig eine (manchmal auch zwei) Reihe dunkler und fast quadratischer Flecken (erscheinen im Vergleich zu *T. scalaris* größer); Bauch hellgrau bis gräulich weiß.
• **Verbreitung:** Distrito Federal, Puebla und Michoacan in Zentralmexiko. Höhenverbreitung 2.300–2.600 m ü. NN.
• **Natürlicher Lebensraum:** Über den Lebensraum ist bislang sehr wenig bekannt. *T. scaliger*

bewohnt Täler mit trockenem Buschland ebenso wie Eichenwälder am Rand der Hochlagen des Gebirges.
• **Lebensweise:** Auch die Lebensweise dieser Art ist noch weitgehend unbekannt. *T. scaliger* ernährt sich von Krötenlarven. Die Aktivität ist saisonal unterschiedlich. Die Schlangen erscheinen nach den ersten Regenfällen des Frühjahrs und sind während der heißesten und feuchtesten Jahreszeit am aktivsten.
• **Taxonomische Anmerkungen:** Die meisten Autoren sahen in *T. scaliger* ein Synonym oder eine Unterart der sehr ähnlichen Art *T. scalaris*. Erst ROSSMAN & LARA-GONGORA (1991) konnten u. a. anhand der Struktur der Hemipenes zeigen, dass es sich um zwei separate Arten handelt.
• **Terraristik:** Über eine Terrarienhaltung von *T. scaliger* ist uns nichts bekannt.

Thamnophis sirtalis (LINNAEUS, 1758)
Gewöhnliche Strumpfbandnatter
Common Garter Snake

• **Größe:** 40–130 cm
• **Aussehen:** Kopf schwach vom Rumpf abgesetzt, schwach ausgebildete Nackenflecken; 19 (im nordwestlichen Chihuahua [Mexiko] 21) Rückenschuppenreihen; Rückenfarbe mit der größten Variabilität der Gattung *Thamnophis*, auch Zeichnung stark unterschiedlich; Rückenstreifen meist prägnant ausgebildet, breit; Seitenstreifen auf zweiter und dritter Rückenschuppenreihe, häufig deutlich ausgebildet; zwischen den Streifen auf jeder Seite meist zwei alternierende Reihen deutlich sichtbarer Fleckenzeichnung, die vertikal ineinander übergehen kann (Barrenmuster);

Bauch heller als Rücken, manchmal mit dunklen Pigmenten an der Basis oder am Rand der Bauchschuppen.

• **Verbreitung:** *T. sirtalis* ist die häufigste Schlange und diejenige mit dem größten Verbreitungsgebiet in Nordamerika; es reicht vom 60. Breitengrad in Kanada bis Florida und dem Grenzgebiet USA / Mexiko und vom Atlantik bis zum Pazifik. Die Unterarten im einzelnen: Südliches New England (USA) und südliches Kanada südwärts bis Florida bis südöstliches Texas (USA) (*T. s. sirtalis*); östliches und zentrales Texas, westliches Oklahoma, isoliertes Vorkommen im südwestlichen Kansas und im nordwestlichen Texas (USA) (*T. s. annectens*); in den USA entlang der Pazifikküste von nordwestlichen Oregon, Washington bis zur Nordseite der Bucht von San Francisco, isolierte Population südlich von San Francisco bis nördlich von San Diego (*T. s. concinnus*); zwei isolierte Populationen entlang des Rio Grande im südöstlichen New Mexico (USA) und im nordwestlichen Chihuahua (Mexiko) (*T. s. dorsalis*); südliches British Columbia und westliches Manitoba (Kanada) über Idaho bis nach Washington und östliches Oregon, nordwestliches Oregon und von den Sierras bis zur Küste Kaliforniens (USA) (*T. s. fitchi*); Santa Ana, Elsinore Mountains, Temecula (Kalifornien / USA) (*T. s. infernalis*); nördliches New England (USA), südliches Quebec (Kanada) und die kanadischen Provinzen am Atlantik (*T. s. pallidulus*); von der südlichen Spitze des Northwest Territory südwärts über British Colombia, Alberta und das angrenzende McKenzie (Kanada), in die Great Plains bis zum Tal des Red River (Grenze Texas / Oklahoma – USA) (*T. s. parietalis*); Vancouver Island, südwestliches British Columbia (Kanada), Washington (USA) (*T. s. pickeringii*); nordöstliches Illinois und angrenzend im südöstlichen Wisconsin und nordwestlichen Indiana (USA) (*T. s. semifasciatus*); nordwestliche Küste Floridas vom Walkulla County bis zum Withlacoochee (USA) (*T. s. similis*); Halbinsel von San Francisco (USA) (*T. s. tetrataenia*). Höhenverbreitung 0–2.500 m ü. NN.

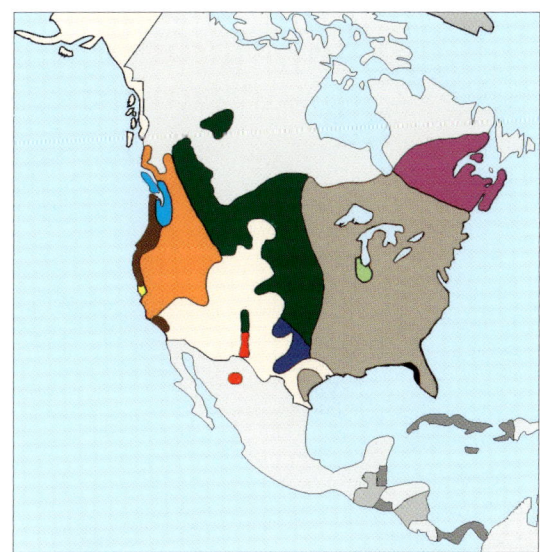

● *Thamnophis sirtalis annectens*
● *Thamnophis sirtalis concinnus*
● *Thamnophis sirtalis dorsalis*
● *Thamnophis sirtalis fitchi*
● *Thamnophis sirtalis infernalis*
● *Thamnophis sirtalis pallidulus*
● *Thamnophis sirtalis parietalis*
● *Thamnophis sirtalis pickeringii*
● *Thamnophis sirtalis semifasciatus*
● *Thamnophis sirtalis similis*
● *Thamnophis sirtalis sirtalis*
● *Thamnophis sirtalis tetrataenia*

• **Natürlicher Lebensraum:** *T. sirtalis* ist ein Paradebeispiel für einen Generalisten, der die unterschiedlichsten Lebensräume besiedelt. Er findet sich in feuchten Gebieten, wie z. B. Flüssen, Seen, Bächen, Tümpeln oder Kanälen ebenso wie in Sümpfen, auf Weiden und Wiesen, im Brachland oder auch in Wäldern. Oft wird er auch weit entfernt von Wasserstellen angetroffen. Einige Unterarten wurden Kulturfolger und sind in Parks und Gärten des Menschen zu finden. Dabei dringen sie bis in Großstädte vor.

Thamnophis sirtalis sirtalis   Foto: M. Hallmen

•**Lebensweise:** *T. sirtalis* ist sicherlich die am besten erforschte Schlange der Welt. Berichte und Erkenntnisse sind so zahlreich, dass an dieser Stelle nur einige allgemeine Aussagen möglich sind. Die Aktivitätszeiten schwanken je nach Verbreitungsgebiet zwischen 215 Tagen in den nördlichsten Populationen und ganzjährig im Süden. Die Art zeigt sich grundsätzlich tagaktiv, kann aber auch eine nachtaktive Lebensweise annehmen. Ebenso wie für den Lebensraum ist *T. sirtalis* auch bei der Futteraufnahme ein Generalist. Er frisst Würmer, Schnecken und andere Wirbellose, Amphibien, Fische, Echsen und Mäuse sowie Vögel. Die Paarungen erfolgen meist unmittelbar nach dem Verlassen der Winterquartiere (März bis Ende April). Die Jungschlangen werden in der Regel im Hochsommer bis zum frühen Herbst geboren. Die Anzahl der Jungen kann bis zu 85 betragen. Einige der nördlichen Unterarten unternehmen lange Wanderungen zwischen den Jagdgebieten im Sommer und den Winterquartieren, in denen sie oft zu mehreren Tausend Exemplaren gemeinschaftlich überwintern.

•**Taxonomische Anmerkungen:** Wie aufgrund der weiten geografischen Verbreitung und der großen Variabilität der Individuen nicht anders zu erwarten, hat *T. sirtalis* eine sehr konfuse taxonomische Geschichte erfahren, die zu erörtern in diesem Rahmen nicht möglich ist. Sie ist in ROSSMAN et al. (1996) nachzulesen. An dieser Stelle nur einige Anmerkungen, die für die Terraristik der jüngeren Vergangenheit von Interesse sind. TANNER grenzte 1988 die Unterart *T. s. lowei* ab, die inzwischen mit *T. s. dorsalis* gleichgesetzt wird. Echten Wirbel gab es nicht nur in der Fachwelt um die taxonomische Einordnung von *T. s. tetrataenia*. Von 1951 bis 1995 war das Taxon stabil und etabliert. Doch nach Untersuchungen von BOUNDY & ROSSMAN (1995) am

Holotypus im Muséum National d'Histoire Naturelle (Paris) sollte *T. s. tetrataenia* neuerlich *T. s. infernalis* zugerechnet werden. Standardwerke wie MUTSCHMANN (1995) und ROSSMAN et al. 1996 folgten dem Vorschlag. Von Beginn an gab es jedoch auch Stimmen, die sich für den Erhalt des „alten" Namens aussprachen. Es schlossen sich zwei Eingaben an die Internationale Kommission für Zoologische Nomenklatur von BARRY & JENNINGS (1998) und SMITH (1999) an, die den Erhalt des Namens *T. s. tetrataenia* fordern. Sie geben den Befunden von BOUNDY & ROSSMAN (1995) zwar grundsätzlich Recht, finden aber auch zahlreiche triftige, nicht taxonomische Gründe für den Erhalt der Jahrzehnte alten Benennung. Sie schlagen vor, für *T. s. infernalis* ein 1918 von DENBURGH & SLEVIN beschriebenes Tier in der California Academy of Science (San Francisco) als Neotypus festzulegen. Bis die beiden Einsprüche endgültig verhandelt sind, gilt die bislang übliche Trennung von *T. s. infernalis* und *T. s. tetrataenia*.

• **Farbformen:** *T. sirtalis* besitzt über seine z. T. äußerst attraktiven Unterarten hinaus auch die meisten Farbformen aller Strumpfbandnattern. Von *T. s. sirtalis* sind amelanistische und anerythristische, melanistische, xanthische und erythristische sowie hypomelanistische Tiere bekannt. Darüber hinaus finden sich in dieser Unterart die einzigen Exemplare leuzistischer und „calico"-Strumpfbandnattern überhaupt. Von *T. s. parietalis* existieren melanistische, amelanistische sowie anerythristische Tiere, und von *T. s. concinnus* sind melanistische Exemplare bekannt. Doch auch innerhalb einzelner Farbformen ist die Bandbreite sehr groß. So gibt es z. B. bei den in der Terraristik sehr beliebten „red morphs" von *T. s. sirtalis* unterschiedlich hohe Rotanteile u. a. in den Abstufungen „fire" (rot), „flame" (sehr rot) und „crimson" (extrem rot).

• **Unterarten**

Thamnophis sirtalis sirtalis (LINNAEUS, 1758): Rückenfarbe sehr variabel, Seitenstreifen auf zweiter und dritter Rückenschuppenreihe, in der Regel gelb, oder aber braun, grün oder blau; zwischen Rücken- und Seitenstreifen je eine Doppelreihe alternierender Flecken; Bauch hellgelb bis grünlich.

Thamnophis sirtalis annectens BROWN, 1950: Rückenstreifen breit, orange; Seitenstreifen auf zweiter bis vierter Rückenschuppenreihe.

Thamnophis sirtalis concinnus (HALLOWELL, 1852): Kopfoberseite rot; Rücken schwarz mit roten Flecken; Rückenstreifen schmal, hellgelb bis weiß; Seitenstreifen schmal, unregelmäßig, manchmal fehlend, mit dunklen Punkten abgegrenzt; Bauch bläulich, mit unregelmäßigen schwarzen Pigmenten.

Thamnophis sirtalis dorsalis (BAIRD & GIRARD, 1853): Rücken ähnlich *T. s. parietalis*, rote Flecken aber kleiner oder fehlend; Rückenstreifen mit schmalen schwarzen Streifen umsäumt; Seitenstreifen auf zweiter und dritter Rückenschuppenreihe, deutlich, Färbung zwischen schwarzen, roten und gelben Tönen verschmolzen; Bauch bläulich bis braun, ohne schwarze Pigmente.

Thamnophis sirtalis fitchi FOX, 1951: Kopfoberseite schwarz oder grau; Rücken ähnlich *T. s. parietalis*, braun, grau oder schwarz, kleine rote Flecken über den Seitenstreifen bis zur fünften Rückenschuppenreihe, Farbtöne klar gegeneinander abgegrenzt; Rückenstreifen zitronengelb oder orange; Seitenstreifen auf zweiter und dritter Rückenschuppenreihe, hellgelb; an den Ecken der Bauchschuppen schwarze Punkte.

Thamnophis sirtalis infernalis (BLAINVILLE, 1835): Kopfoberseite rot; Rücken dunkel bis schwarz; Rückenstreifen deutlich, grünlich, blau oder hellgelb bis weiß; Seitenstreifen auf zweiter und dritter Rückenschuppenreihe, rot, durch dunkle bis schwarze Streifen abgegrenzt, auf der ganzen Körperlänge von dunklen Flecken unterbrochen; Bauch hellgrün oder hellblau.

Thamnophis sirtalis pallidulus ALLEN, 1899: Rücken braun, oliv oder dunkelgrau, zwei Reihen großer dunkler Flecken auf jeder Seite; Rückenstreifen in der Regel undeutlich oder fehlend, wenn vorhanden schmal, weiß bis grau; Bauch weiß oder grau.

Thamnophis sirtalis annectens
Foto: A. Francis

Thamnophis sirtalis fitchi
Foto: M. Hallmen / J. Chlebowy

Thamnophis sirtalis infernalis
Foto: A. Francis

Thamnophis sirtalis concinnus
Foto: M. Hallmen / J. Chlebowy

Thamnophis sirtalis parietalis (SAY, 1823): Rücken dunkel, braun, grau oder schwarz; Rückenstreifen breit, gelblich; Seitenstreifen auf zweiter und dritter Rückenschuppenreihe; zwischen Rücken- und Seitenstreifen eine Reihe kräftig roter, großer Flecken, Haut zwischen den Flecken ebenfalls rot bis in Höhe der siebten bis neunten Rückenschuppenreihe; erste Rückenschuppenreihe dunkel; Bauch z. T. mit dunklen Rändern oder Flecken.

Thamnophis sirtalis pickeringii (BAIRD & GIRARD, 1853): Kopfoberseite braun oder schwarz; Rücken schwarz mit kleinen roten Punkten auf der Haut zwischen den Schuppen; Rückenstreifen schmal, auf nur einer Rückenschuppenreihe, unregelmäßig von Rückenschuppenreihen abgegrenzt; Seitenstreifen hellgelb bis weiß, häufig unscheinbar; Bauchschuppen mit schwarzen Flecken, Punkten und Rändern.

Thamnophis sirtalis semifasciatus (COPE, 1892): Ist *T. s. sirtalis* sehr ähnlich; die Seitenstreifen und manchmal auch der Rückenstreifen werden jedoch im vorderen Drittel des Körpers von dunklen Flecken oder Bändern unterbrochen.

Thamnophis sirtalis similis ROSSMAN, 1965: Rücken dunkelbraun bis schwarz, kaum ein Fleckenmuster zu erkennen; Rückenstreifen gelb bis beige, manchmal fehlend; Seitenstreifen auf zweiter und dritter Rückenschuppenreihe, hellblau bis bläulich weiß.

Thamnophis sirtalis tetrataenia (COPE, 1875): Kopfoberseite rot; Rücken dunkel bis schwarz; Rückenstreifen deutlich, grünlich, blau oder hellgelb bis weiß; Seitenstreifen auf zweiter und dritter Rückenschuppenreihe, rot, durch dunkle bis schwarze Streifen abgegrenzt, zumindest in Körpermitte durchgehend; Bauch hellgrün oder hellblau.

„*tetrataenia*", das ist der klangvollste Name der gesamten Gattung *Thamnophis,* mit einem eigenen Nimbus, der sich nicht nur mit ihrer Attraktivität und der Seltenheit dieser Schlange erklären lässt. Daher – Ehre wem Ehre gebührt – einige weiterführende Informationen zu dieser Unterart: Die San-Francisco-Strumpfbandnatter kommt nur im San Mateo County auf der Halbinsel von San Francisco vor (STEBBINS 1954). In den 70er Jahren berichtete BARRY (1978) noch von 28 Area-

Thamnophis sirtalis parietalis   Foto: M. Hallmen

174

Thamnophis sirtalis pickeringii

Foto: H. Bruchmann

Thamnophis sirtalis semifasciatus

Foto: M. Hallmen

len, und in den 80er Jahren wurde *T. s. tetrataenia* noch an 15 Stellen gefunden (U.S. FISH AND WILDLIFE SERVICE 1985). In jüngerer Zeit werden nur noch vier Orte genannt (MACK & MOSELEY 1997): Pescadero Marsh Natural Preserve, Año Nuevo State Reserve, Laguna Salada (nahe Mori Point) und das San Francisco State Fish and Game Refuge. In San Francisco selbst wurde die San-Francisco-Strumpfbandnatter nie gefunden. Neben der städtischen und landwirtschaftlichen Entwicklung wird aber auch immer wieder der illegale Fang der Tiere als Bedrohung für den Bestand angegeben (BARRY 1978). Die größte der derzeitigen vier Restpopulationen befindet sich nur unweit des internationalen Flughafens von San Francisco (MACK & MOSELEY 1997). Auch die Einführung des Ochsenfrosches (*Rana catesbeiana*) wurde für die *T. s. tetrataenia* zum Problem. Dieser frisst sowohl die Nahrung der Schlangen (kleine Frösche) als auch die Jungschlangen selbst. Alle Bestandsschätzungen fußen auf älterem Datenmaterial. Die aktuelle Zahl noch im Freiland lebender Tiere ist daher nur schwer zu schätzen. Die Schätzungen bewe-

gen sich zwischen 1.500 (KAPLAN 1997) und 200 Tieren (PRINGLE 1991). Ergebnisse neuerer Untersuchungen im Jahr 1998 auf dem Gelände des internationalen Flughafens von San Francisco sind bislang noch nicht veröffentlicht. WALLS (1995) ging davon aus, dass *T. s. tetrataenia* um die Jahrhundertwende im Freiland ausgerottet sein würde.

• **Terraristik:** Da er in der Natur in den USA fast überall vorkommt, ist *T. sirtalis* wohl eine der am häufigsten in Gefangenschaft gehaltenen Schlangen überhaupt. Die Art wird regelmäßig im Fachhandel, auf Börsen oder von privaten Züchtern angeboten. *T. s. sirtalis* und *T. s. parietalis* sind dabei die häufigsten Unterarten. Die Tiere verhalten sich meist aufmerksam und lebendig, ohne dabei hektisch zu wirken. Nach kurzer Gewöhnung sind sie in der Regel leicht zu handhaben. Sie gehen bereitwillig an unterschiedlichste Futtersorten (vornehmlich Fisch und Mäuse) und fressen auch Totfutter. Die Vermehrung der meisten Unterarten bereitet keine Probleme. Eine Überwinterungspause ist für die meisten Unterarten angeraten; die Dauer kann je nach Herkunftsgebiet jedoch sehr unterschiedlich sein.

Thamnophis sirtalis similis
Foto: M. Hallmen / J. Chlebowy

Thamnophis sirtalis tetrataenia
Foto: M. Hallmen

Spezielle Aspekte der Haltung von *T. sirtalis*
Die begehrteste *Thamnophis*-Art in der Terraristik ist *T. s. tetrataenia*. In den USA ist ihre Haltung und Zucht nur wenigen wissenschaftlichen Einrichtungen und einigen Zoos erlaubt. Der Privatmann wird für das Halten dieser Unterart mit drastischen Strafen belegt. Die ersten Tiere von *T. s. tetrataenia* fanden 1986 den Weg nach Europa. Der Zoo von Jersey (England) erhielt drei Tiere vom U.S. Fish and Wildlife Service als Leihgabe. Aufgrund einer erfolgreichen Nachzucht erreichten 1988 die ersten Tiere den Zoo von Lodz (Polen) (STANISLAWSKY 1991) und ein Jahr später den Zoo von Rotterdam (HALLMEN & ZWARTEPOORTE 2000). Von dort konnten kurze Zeit danach Nachzuchten als Leihgabe in Privathand gegeben werden. Allen Züchtern war es erlaubt, ihre Nachzuchten legal auf dem europäischen Markt zu verkaufen. Da alle Tiere nur von drei Importtieren abstammten, ließen Inzuchteffekte nicht lange auf sich warten. Zudem wurde vermutet, dass bereits die ersten Importtiere aus dem Zoo von Memphis (USA) mit Inzucht behaftet waren (WEISS-GEISSLER & GEISSLER 1995). Ende 1997 wurde die Zahl der „Jersey-Linie"-Tiere der San-Francisco-Strumpfbandnatter vorsichtig auf 130–140 Tiere geschätzt (CHLEBOWY & HALLMEN 1998). Erst 1998 wurde bekannt, dass es einem Privatmann gelungen war, im Jahre 1995 weitere 2,3 (= 2 Männchen und 3 Weibchen) Jungschlangen von *T. s. tetrataenia* nach Europa einzuführen. Von dieser neuen Blutlinie existierten Ende 1999 bereits mindestens 59 Nachzuchten in den Terrarien acht unterschiedlicher europäischer Länder (HALLMEN & FESSER 2000). Somit konnte die Anzahl aller Tiere dieser Unterart in den Terrarien der USA und Europas Ende 1998 auf ca. 500–600 Exemplare geschätzt werden (HALLMEN & CHLEBOWY 2001). Wenngleich die genetische Nähe der neueren „Österreichischen Blutlinie" zu den bis dato in Europa befindlichen Tieren der „Jersey-Linie" nicht restlos zu klären sein wird, so stellt die gezielte Kreuzung beider Blutlinien derzeit dennoch eine vordringliche Aufgabe für die Freunde dieser schö-

nen Schlange in Europa dar. Als Terrariengast gibt sich *T. s. tetrataenia* als unkomplizierte und pflegeleichte Art (WEISS-GEISSLER & GEISSLER 1995, HALLMEN 1998d, 1999a). Die Vermehrung ist jedoch nicht immer erfolgreich.

Eine von Terrarianern ebenfalls begehrte Unterart ist *T. s. similis*. Sie wird jedoch häufig – leider auch wider besseres Wissen – mit der wesentlich häufigeren blaugrünen Farbvariante von *T. s. sirtalis* „Florida blue" verwechselt (Unterscheidung s. Bestimmungsschlüssel). Nach unseren Erfahrungen sind mehr als 90 % aller unter dem Namen „*similis*" angebotenen Tiere Exemplare von *T. s. sirtalis* „Florida blue" (HALLMEN & CHLEBOWY 2000a). Aufgrund ihrer Ähnlichkeit mit *T. s. tetrataenia* sind auch *T. s. concinnus* und *T. s. infernalis* begehrte Terrarienarten. Wenngleich in den letzten Jahren einige Exemplare dieser Unterarten nach Europa eingeführt werden konnten, so werden sie dennoch nur sehr selten in Terrarien gehalten. Nach unseren Erfahrungen mit *T. s. concinnus* und nach den Erfahrungen von FRANCIS (pers. Mitlg. 2000) mit *T. s. infernalis* sind beide Arten problemlos wie die meisten anderen Strumpfbandnattern zu halten. Beim Kauf von *T. s. infernalis* ist darauf zu achten, dass Kreuzungen von *T. s. tetrataenia* und *T. s. parietalis* unter diesem Namen auf dem Markt sein können.

Die Haltung von melanistischen Exemplaren von *T. s. sirtalis* kann mit Problemen behaftet sein. Manche Tiere sterben im ersten Lebensjahr aus scheinbar unersichtlichen Gründen (BOL 1996, SCHMIDT 1997b, HUIJKMAN, pers. Mitlg. 1997). Dies mag an der fortschreitenden Inzucht liegen, denn jahrelang stammten alle Tiere von wenigen Elterntieren ab, die um 1988 nach Europa eingeführt worden waren. Erst in jüngster Zeit ist es einigen *Thamnophis*-Haltern (z. B. KNAUP & SCHRÖR [pers. Mitlg. 1999] und uns) gelungen, andere Blutlinien dieser Farbform einzuführen. Der frühe Tod mag jedoch auch an den z. T. falschen Haltungsbedingungen liegen (BOL 1996, CHLEBOWY 1997). Nach unseren Erfahrungen benötigen die Tiere mehr Wärme als ihre Artgenossen und dürfen keinesfalls zu oft gefüttert werden

(HALLMEN & CHLEBWOY 1998). Melanistische Tiere von *T. s. sirtalis* zeichnen sich manchmal auch durch eine erhöhte Aggression gegen Artgenossen aus (HALLMEN 1999f). Dies gilt nach ZERNECKE (pers. Mitlg. 2000) und unseren Beobachtungen (HALLMEN & CHLEBOWY 1998) in besonderem Maße während der Fütterungen. Die Haltung ist *Thamnophis*-Einsteigern daher nicht zu empfehlen.

Unter *Thamnophis*-Haltern wird immer wieder erzählt, dass einzelne Exemplare von *T. s. sirtalis* „Florida blue" auch nach regelmäßiger Handhabung dauerhaft aggressiv und bissig bleiben. Derartige Erfahrungen müssen wir aus unserer Praxis heraus leider bestätigen. In sehr seltenen Fällen traten Vergiftungserscheinungen nach Bissen von *T. sirtalis* auf. Es sind jedoch neben einem Fall für *T. s. similis* (MUTSCHMANN 1995) und einem weiteren für *T. s. sirtalis* „Florida blue" (KÜNZLI & HALLMEN 2000) nur noch zwei weitere Fälle weltweit über Jahrzehnte hin bekannt geworden. Damit dürfte in der Praxis von *T. sirtalis* für den Terrarianer nur eine vernachlässigbare Gefahr ausgehen.

Zahlreiche Unterarten / Farbformen, wie z. B. *T. s. sirtalis*, *T. s. sirtalis* melanistisch, *T. s. parietalis* oder *T. s. semifasciatus*, sind unter Berücksichtigung des Herkunftsgebietes sehr gut für eine ganzjährige Haltung in Freianlagen geeignet (STRATHEMANN 1995a, b, BOL 1997a, b, HALLMEN 2001). Für *T. s. semifasciatus* liegen gute Erfahrungen mit der Haltung in einem Gewächshaus vor (STRATHEMANN 1997).

• **Gesetzliche Bestimmungen:** Im Endangered Species Act des US Fish & Wildlife Service ist *T. s. tetrataenia* in Kategorie II aufgeführt. Melanistische Tiere von *T. s. sirtalis* stehen in Ohio unter Schutz.

Thamnophis sumichrasti (COPE, 1866)
Sumichrasts Strumpfbandnatter
Sumichrast's Garter Snake

• **Größe:** 70 cm
• **Aussehen:** Oberseite des Kopfes graubraun mit schwarzen Punkten und Flecken, Zunge schwarz, zwei getrennte dunkle Nackenflecken, im seitlichen Nackenbereich hellere, z. T. orange Flecken; 19 Rückenschuppenreihen; Rückenfärbung kann in zwei sehr unterschiedlichen Varianten vorkommen: „spotted morph" = grau bis graubraun, schwanzwärts mehr ins Graue übergehend, alle Streifen fehlen oder sind nur angedeutet, „blotched morph" = Rücken mit sattelartigen, rechteckigen Flecken oder Querbändern, 4–5 Schuppenreihen breit, rotbraun gefärbt; Bauch ohne Flecken.

• **Verbreitung:** Puebla (Mexiko). Höhenverbreitung 1.300–2.300 m ü. NN.

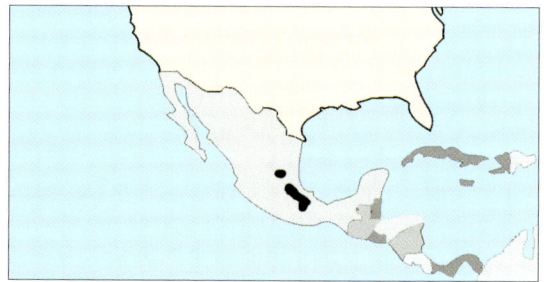

• **Natürlicher Lebensraum:** Über den natürlichen Lebensraum ist kaum etwas bekannt. Die Art kommt in feuchten Wäldern bis hinauf in Nebelwälder vor, aber auch an kleinen, schnell fließenden Bächen.

• **Lebensweise:** Über die Lebensweise ist nur bekannt, dass die Schlange bei Gefahr ins Wasser flüchtet und abtaucht.

• **Taxonomische Anmerkungen:** Aufgrund seiner extrem unterschiedlichen Erscheinungsformen hat *T. sumichrasti* eine abwechslungsreiche taxonomische Geschichte hinter sich. Der „blotched morph" wurde von COPE (1868) als *T. phenax* benannt und als eigene Art abgegrenzt. Viele Autoren hielten *T. sumichrasti* für die südliche Rasse von *T. cyrtopsis*. ROSSMAN (1966) zeigte, dass *T. phenax* und *T. sumichrasti* nur unterschiedliche Formen derselben Art sind. Ebenfalls ROSSMAN (1992) zeigte die enge Verwandtschaft von *T. sumichrasti* zu *T. mendax* auf.

• **Terraristik:** Die Art trat terraristisch bislang noch nicht in Erscheinung.

Thamnophis validus (KENNICOTT, 1860)
Mexikanische Westküsten-Strumpfbandnatter
Mexican Pacific Lowlands Garter Snake

• **Größe:** Bis 85 cm

• **Aussehen:** Kopf deutlich vom Rücken abgesetzt, bei erwachsenen Tieren erscheint er sehr breit; 19 oder 21 Rückenschuppenreihen; Rücken sehr variabel, grau, oliv oder unterschiedlich braun, mit vier Reihen schmaler, dunkler Flecken; Rückenstreifen nur bei *T. v. thamnophisoides* markant und hell ausgebildet, sonst eher unscheinbar, schmal; Seitenstreifen auf erster und zweiter oder auf erster bis dritter Rückenschuppenreihe, grau oder oliv, bei *T. v. validus* fehlend; Bauch von Blassgelb ohne schwarze Färbungen über unterschiedlich starke, schwarze Pigmentierungen bis hin zu einheitlich schwarz; Analschuppe geteilt.

• **Verbreitung:** Entlang der Pazifikküste von Sonora, Sinaloa bis Nayarit (Mexiko) (*T. v. validus*); Kap von Baja California (Mexiko) (*T. v. celaeno*); getrennte Einzelpopulationen entlang der Pazifikküste von Michoacan und Guerrero (Mexiko) (*T. v. isabellae*); Rio San Cayentano bei Tepic, Nayarit (Mexiko) (*T. v. thamnophisoides*). Höhenverbreitung 0–1.200 m ü. NN.

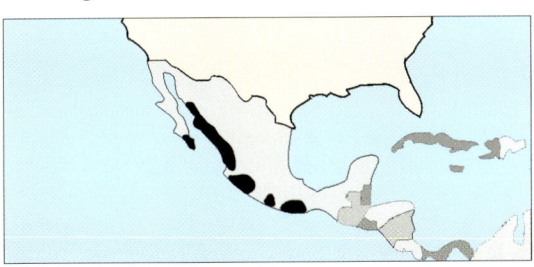

• **Natürlicher Lebensraum:** *T. validus* ist ein typischer Bewohner des Flachlands. Die Art bevorzugt dauerhafte Gewässer wie z. B. Flüsse, Bäche, Seen oder Kanäle. Als Umfeld liebt sie unterschiedliche Waldtypen. Sie ist an der Küste, aber auch in den Mangrovenwäldern flacher Brackwasserzonen zu finden.

• **Lebensweise:** Die Lebensweise von *T. validus* ist noch weitgehend unbekannt. Die Art ist in ihrem Vorkommen an Wasser gebunden und ernährt sich von Amphibien und deren Larven sowie von Fischen. Sie scheint weitgehend nachtaktiv zu sein. Die Jungen werden zwischen Juni und August geboren.

• **Unterarten**

T. v. validus (KENNICOTT, 1860): Rücken grau, oliv oder braun, vier Reihen von Punkten; Rückenstreifen fehlend; Bauch einfarbig dunkelgelb bis graubraun.

T. v. celaeno (COPE, 1860): Rückenfarbe sehr variabel, helle bis sehr dunkle, fast schwarze Tiere kommen vor; Rückenstreifen fehlend; Seitenstreifen auf erster bis dritter Rückenschuppenreihe, unregelmäßig; Bauch einfarbig weiß bis gelb, bei dunkleren Tieren auch schwärzlich.

T. v. isabelleae (CONANT, 1953): Rücken braun, Fleckenreihen deutlich, und jeder Fleck reicht an den nächsten heran; Seitenstreifen auf den ersten drei Rückenschuppenreihen, hell; Bauch vorne dunkelgelb, nach schwanzwärts in Pink übergehend.

T. v. thamnophisoides (CONANT, 1961): Rücken grau bis oliv; Rückenstreifen hell; Seitenstreifen auf den ersten drei Rückenschuppenreihen; Bauch einheitlich gelb.

• **Taxonomische Anmerkungen:** Aufgrund sehr ursprünglicher Merkmale wurde die Art unterschiedlichen Gattungen zugeordnet. LAWSON (1987) lieferte biochemische Hinweise dafür, dass das Taxon „*validus*" der Gattung *Thamnophis* näher steht als der Gattung *Nerodia*; nach der Einschätzung MUTSCHMANNs (1995) handelt es sich hier um ein Bindeglied zwischen beiden Gattungen.

• **Farbformen:** Besonders Exemplare von *T. v. celaeno* neigen zu sehr dunklen bis rein schwarzen Färbungen.

• **Terraristik:** *T. validus* tritt als Terrarienart praktisch nicht in Erscheinung, wenngleich CONANT (1946) einige Exemplare über Jahre in Gefangenschaft hielt. Nach seinen Aussagen fraßen die Tiere Frösche und Fische. Zahlreiche Exemplare blieben auch in menschlicher Obhut auf Dauer aggressiv.

10. Literatur

ALEKSIUK, M. (1976): Reptilian hibernation: Evidence of adaptive strategies in *Thamnophis sirtalis parietalis*. – Copeia, 1976: 170–178.

ARNOLD, S.J. (1977): Polymorphism and geographic variation in the feeding behavior of the garter snake *Thamnophis elegans*. – Science, 197: 676–678.

– (1978): Some effects of early experience on feeding responses in the common garter snake, *Thamnophis sirtalis*. – Anim. Behav., 26: 455–462.

– (1980): The microevolution of feeding behavior. In: KAMIL, A. & SARGENT, T. (Hrsg.): Foraging Ecology: Ecological, Ethological, and Psychological Approaches. – Garland Press: 455 S. New York.

– (1981a): Behavioral variation in natural populations. I. Phenotypic, genetic, and environmental correlations between chemoreceptive responses to prey in the garter snake, *Thamnophis elegans*. – Evolution, 35: 489–509.

– (1981b): Behavioral variation in natural populations. II. The inheritance of a feeding response in crosses between geographic races of the garter snake, *Thamnophis elegans*. – Evolution, 35: 510–515.

– (1993): Foraging theory and prey-size-predator-size relations in snakes. In: SEIGEL, R.A. & COLLINS, J.T. (Hrsg.): Snakes: Ecology and Behavior. – McGraw-Hill: 538 S. New York.

ARNOLD, S.J. & BENNETT, A.F. (1984): Behavioral variation in natural populations. III. antipredator displays in the garter snake *Thamnophis radix*. – Anim. Behav., 32: 1108–1118.

– (1988): Behavioral variations in natural populations. V. Morphological correlates of locomotion in the garter snake *Thamnophis radix*. – Biol. J. Linnean Soc., 34: 175–190.

AYRES, F.A. & ARNOLD, S.J. (1983): Behavioural variation in natural populations. IV. Mendelian models and heritability of a feeding response in the garter snake, *Thamnophis elegans*. – Heredity, 51: 405–413.

BARTLETT, D. (1998): The unsung beauty of Garter Snakes. – Reptiles, 6(1): 48–63.

BARRY, S.J. (1978): Status of the San Francisco Garter Snake. – Inland Fisheries Endagered Species Program Special Publ., 78(2): 21 S.

BARRY, S.J. & JENNINGS, M.R. (1998): Case 3012: *Coluber infernalis* BLAINVILLE, 1835 and *Eutaenia sirtalis tetrataenia* COPE in YARROW, 1875 (currently *Thamnophis sirtalis infernalis* and *T. s. tetrataenia*; Reptilia, Squamata): proposed conservation of the subspecific names by the designation of a neotype for *T. s. infernalis*. – Bull. Zool. Nomenclature, 55(4): 224–228.

BERN, C. & HERZOG, H.A. (1994): Stimulus control of defensive behaviors of garter snakes (*Thamnophis sirtalis*): effects of eye spots and movement. – J. compar. Psychol., 108(4): 353–357.

BERNARDINO, F.S. & DALRYMPLE, G.H. (1992): Seasonal activity and road mortality of the snakes of the Pa-hay-okee wetlands of Everglades National Park, USA. – Biol. Conserv., 62: 71–75.

BICKEL, H. / ECKEBRECHT, D. & KRULL, H.-P. (1997): Natura: Lehrerband Neurobiologie und Verhalten. – Ernst Klett Verlag: 128 S. Stttgart.

BLACKBURN, D.G. (1992): Sperm storage in garter snakes. – British Bull. Herp. Soc., 41: 21.

BLAHAK, S. / BRÜCKER, H. / ENGELMANN, W.-E. / GRÜNWALDT, P.-H. / PAULER, I. / RADES, W. / RIEBE, M. & WICKER, R. (1997): Gutachten über Mindestanforderungen an die Haltung von Reptilien. – DGHT: 78 S. Rheinbach.

BLAIS, P.M.D. (1998): Flame Garters – A Variation on an old Theme. – The Vivarium, 9(6): 10–29.

BLANCHARD, F.N. (1925): A key to the snakes of the United States, Canada and Lower California. – Papers Michigan Acad. Sci. Arts Letters, 4: 1–65.

BOCOURD, M.-F. (1893): Mission scientifique au Mexique et dans L'Amérique Centrale. – Recherches Zool., 3(1), Liv. 13: 733–780.

BOL, S. (1996): Melanistische Kousebandslangen; Inteelt, uitval en vererving van het melanisme. – The Garter Snake, 3/96: 18–25.

– (1997a): The melanistic „Common Garter Snake" (*Thamnophis sirtalis sirtalis*) in the outdoor terrarium (Part 1). – The Garter Snake, 2/97: 2–8.

– (1997b): The melanisitc common Garter Snake (*Thamnophis sirtalis sirtalis*) in the outdoor terrarium (Part 2). – The Garter Snake, 3/97: 8–22.

– (2000): Some observations on Garter Snakes in western Texas and southern New Mexico – Part II: The Davis Mountains. – The Garter Snake, 3/00: 21–26.

BOULENGER, G.A. (1893): Catalogue of the Snakes in the British Museum (Natural History). – Vol. 1. London.

BOUNDY, J. & ROSSMAN, D.A. (1995): Allocation and status of the garter snake names *Coluber infernalis* BLAINVILLE, *Eutaenia sirtalis tetrataenia* COPE and *Eutaenia imperialis* COUES & YARROW. – Copeia, 1995(1): 236–240.

BOURGUIGNON, T. (1996): Vorstellung: *Thamnophis elegans vagrans*, BAIRD & GIRARD, 1853. – The Garter Snake, Edition "Houten 1996": 8–10.

BOWERS, B.B. / BLEDSOE, A.E. & BURGHARDT, G.M. (1993): Responses to escalating predatory threat in garter and ribbon snakes. – J. Comp. Psychol., 107: 25–33.

BRENT-CHARLAND, M. & GREGORY, P.T. (1995): Movements and habitat use in gravid and nongravid female garter snakes (Colubridae: *Thamnophis*). – J. Zool., 236(4): 543–561.

BRODIE, E.D. (1989): Genetic correlations between morphology and antipredator behaviour in natural populations of the garter snake *Thamnophis ordinoides*. – Nature, 342: 542-543.

— (1990): Genetics of the garter's getaway. – Natural History, 6/90: 45–51.

— (1991): Functional and genetic integration of color pattern and antipredator behavior in the garter snake *Thamnophis ordinoides*. – Dissertation an der Universität Chicago, Illinois.

— (1992): Correlation selection for color pattern and antipredator behavior in the garter snake *Thamnophis ordinoides*. – Evolution, 46: 1284–1298.

— (1993a): Consistency of individual differences in anti-predator behavior and color patterns in the garter snake, *Thamnophis ordinoides*. – Anim. Behav., 45: 851–861.

— (1993b): Homogenity of the genetic variance-covariance matrix for antipredator traits in two natural populations of the garter snake *Thamnophis ordinoides*. – Evolution, 47: 844–854.

BRODIE, E.D. & BRODIE, E.D. (1990): Tetrodotoxin resistance in garter snakes: an evolutionary response of predators to dangerous prey. – Evolution, 44: 651–659.

— (1999): Costs of exploiting poisonous prey: Evolutionary trade-offs in a predator-prey arms race. – Evolution, 53(2): 626–631.

BRODIE, E.D. & RUSSEL, N.H. (1999): The consistency of individual differences in behaviour: temperature effects on antipredator behaviour in garter snakes. – Anim. Behav., 57: 445–451.

BROGHAMMER, S. (1998): Albinos – Farb- und Zeichnungsvarianten bei Schlangen und anderen Reptilien. – Edition Chimaira: 95 S. Frankfurt a.M.

BROWN, A.E. (1901): A review of the genera and species of American snakes, north of Mexico. – Proc. Acad. Nat. Sci. Philadelphia, 53: 10–110.

BRUCHMANN, H. (1994): Beobachtungen bei der Haltung und Nachzucht von *Thamnophis fulvus* (BOCOURT, 1893). – Elaphe N.F., 2(1): 17–19.

— (1996): Aus dem Norden Mexikos: Die Strumpfbandnatter *Thamnophis eques virgatenuis*. – Elaphe N.F., 4(1): 22–23.

— (1997): Haltung und Zucht von *Thamnophis elegans vagrans*. – Elaphe N.F., 5(2): 20–24.

BRUECKERS, J. (1998): Palmen und andere exotische Pflanzen für das Schildkröten-Freilandterrarium. – Reptilia, 3(6): 58–61.

BURGHARDT, G.M. (1990): Chemically mediated predation in vertebrates: Diversity, ontogeny and information. In: MCDONALD, D. / MÜLLER-SCHWARZE, D. & NATYNOZUK, S. (Hrsg.): Chemical signals in vertebrates. – Oxford University Press: 499 S. Oxford.

BURGHARDT, G.M. & CHMURA, P.J. (1993): Strike-induced chemosensory searching by ingestive naive garter snakes (*Thamnophis sirtalis*). – Copeia, 1993: 1–6.

CASTANET, J. & NAULLEAU, G. (1985): La squelettochronologique chez les reptiles. 1. Résultats expérimentaux sur la signification des marques de croissance squelletiques ches les serpents. Remarques sur la croissance et la longévité de la vipère aspic. – Ann. Sci. nat. (Zool. Biol. Anim.), 7: 23–40.

CATLING, P.M. & FREEDMAN, W. (1981): Melanistic Butler's garter snake (*Thamnophis butleri*) at Amherstburg, Ontario. – Can. Fld. Nat., 91(4): 397–399.

CHIASSON, R.B. & LOWE, Ch.H. (1989): Ultrastructural scale patterns in *Nerodia* and *Thamnophis*. – J. of Herp., 23(2): 109–118.

CHLEBOWY, J. (1997): Stellungnahme zum Bericht „Haltungsprobleme melanistischer Strumpfbandnattern" von Thorsten SCHMIDT in der „elaphe" 3/97. – Elaphe N.F., 5(4): 36–37.

CHLEBOWY, J. & HALLMAN, M. (1998): The San Francisco Garter Snake *Thamnophis sirtalis tetrataenia* in Europe. – The Garter Snake, 1/98: 2–10.

CHURCHILL, T.A. & STOREY, K.B. (1992): Freezing survival of the garter snake *Thamnophis sirtalis parietalis*. – Can. J. Zool., 70(1): 99–105.

CONANT, R. (1946): Studies on North American water snakes – II: The subspecies of *Natrix valida*. – Amer. Midl. Natur., 35: 250–275.

– (1963): Semiaquatic snakes of the genus *Thamnophis* from the isolated drainage system of the Rio Nazas and adjacent areas in Mexico. – Copeia, 1963: 473–499.

CONSTANZO, J.P. (1986): The bioenergetics of hibernation in the eastern garter snake (*Thamnophis sirtalis sirtalis*). – Physiol. Zool., 58: 682–692.

– (1989b): Influence of hibernaculum microenvironment on the winter life history of the garter snake (*Thamnophis sirtalis*). – Ohio J. Sci., 86(5): 199–204.

– (1989c): Effects of humidity, temperature, and submergence behaviour on survivorship and energy use in hibernating garter snakes, *Thamnophis sirtalis*. – Can. J. Zool., 67: 2486–2492.

CONSTANZO, J.P. / DENNIS, L.C. & LEE, R.E. (1988): Natural freeze toleranze in a reptile. – Cryo Lett., 9(6): 380–385.

COOPER, J.G. (1870): The fauna of California and its geographical distribution. – Proc. California Acad. Sci., 4: 61–81.

COOPER, A. (1994): The western ribbon snake, *Thamnophis proximus* ssp., it's maintenance and breeding in captivity. – Herptile, 19(2): 89–92.

COOTE, J. (1993): Garter Snakes – The Ribbon Snakes & Water Snakes: Their Captive Husbandry & Reproduction. – Practical Python Publications: 46 S. Nottingham.

COPE, E.D. (1868): Additional descriptions of Neotropical Reptilia and Batrachia not previously known. – Proc. Acad. Nat. Sci. Philadelphia, 20: 119–140.

– (1900): The crocodilians, lizards and snakes of North America. – Ann. Rept. U.S. Natl. Mus. for 1898: 153–1270.

CREWS, D. & GARSTKA, W.R. (1982): The ecological physiology of a garter snake. – Scientific Am., 247(5): 136–144.

CREWS, D. / DIAMOND, M.A. / WHITTIER, J. & MASON, R. (1985): Small male body size in garter snake (*Thamnophis sirtalis parietalis*) depends on testes. – Amer. J. Physiol., 249: 62–66.

CRUNDEN, R.M. (1991): The maintenance and breeding of the chequered garter snake, *Thamnophis marcianus*. – Snake Breeder, 2: 3–5.

CZAPLICKI, J.A. / PORTER, R.H. & WILCOXON, H.C. (1975): Olfactory mimicry involving garter snake and artificial models and mimics. – Behaviour, 54: 60–71.

DALRYMPLE, G.H. & REICHENBACH, N.G. (1984): Management of an endangered species of snake in Ohio, USA. – Biol. Conserv., 30: 195–200.

DE QUEIROZ, A. & LAWSON, R. (1994): Phylogenetic relationships of the garter snakes based on DNA sequence and allozyme variation. – Biol. J. Linnean Soc., 53: 209–229.

DOHM, M.R. & GARLAND, T. (1993): Quantitative Genetics of Scale Counts in the Garter Snake *Thamnophis sirtalis*. – Copeia, 1993(4): 987–1002.

DRUMMOND, H. (1985): The role of vision in the predatory behaviour of natricine snakes. – Anim. Behav., 33: 206–213.

DUBACH, J. / SAJEWICZ, A. & PAWLEY, R. (1997): Parthenogenesis in the Arafuran filesnake (*Acrochordus arafurae*). – Herp. Nat. History, 5: 11–18.

DUELLMAN, W.E. (1961): The amphibians and reptiles of Michoacán, Mexico. – Univ. Kansas Publ. Mus. Nat. Hist., 15: 1–148.

DUELLMAN, W.E. & TRUEB, L. (1986): Biology of Amphibians. – McGraw-Hill Book Comp.: 670 S. New York, St. Louis, San Francisco.

DUNLAP, K.D. & LANG, J.W. (1990): Offspring sex ratio varies with maternal size in the common garter snake, *Thamnophis sirtalis*. – Copeia, 1990: 568–570.

ENGELMANN, W.-E. & OBST, F.-J. (1981): Mit gespaltener Zunge. – Edition: 217 S. Leipzig.

EVANS, H.E. & ROECKER, R.M. (1951): Notes of herpetology of Ontario, Canada. – Herpetologica, 7: 69–71.

FARR, D.R. (1988): The ecology of garter snakes, *Thamnophis sirtalis* and *T. elegans* in southeastern British Columbia. – Master's Thesis, Univ. of Victoria, British Colombia.

FEISTENBERGER, S. (2000): Aspekte beim Erwerb von Reptilien. – Reptilia, 5(3): 52–55.

FITCH, H.S. (1940): A biogeographical study of the ordinoides-Artenkreis of garter snakes (genus *Thamnophis*). – Univ. California Publ. Zool., 44: 1–149.

– (1965): An ecological study of the garter snake *Thamnophis sirtalis*. – Univ. Kansas Publ. Mus. Nat. Hist., 15: 351–468.

– (1970): Reproductive cycles of lizards and snakes. – Univ. Kansas Publ. Mus. Nat. Hist., 52: 1–247.

– (1980): Remarks concerning certain western garter snakes of the *Thamnophis elegans* complex. – Trans. Kansas Acad. Sci., 83(3): 106–113.

– (1985): Variation in clutch and litter size in New Worlds reptiles. – Univ. Kansas Publ. Mus. Nat. Hist., Miscell. Publ., 76: 1–76.

FITCH, H.S. & MASLIN, T.P. (1961): Occurrence of the garter snake, *Thamnophis sirtalis,* in the Great Plains and Rocky Mountains. – Univ. Kansas Publ. Mus. Nat. Hist., 13: 289–308.

FLEHARTY, E.D. (1967): Comparative ecology of *Thamnophis elegans*, *Thamnophis cyrtopsis* and *Thamno-*

phis rufipunctatus in New Mexico. – Southwest Nat., 12: 207–230.

FORD, N.B. & COBB, V. (1992): Timing of the courtship in two colubrid snakes of the southern United States. – Copeia, 1992: 573–577.

FORD, N.B. & KARGES, J.P. (1987): Reproduction in the checkered garter snake, *Thamnophis marcianus*, from southern Texas (USA) and northeastern Mexico: Seasonality and evidence for multiple clutches. – Southwest Nat., 32(1): 93–102.

FORD, N.B. & LOW, J.R. (1984): Sex pheromone source location by garter snakes: A mechanism for detection of direction in non-volatile trails. – J. Chem. Ecol., 10: 1193–1199.

FORD, N.B. & O'BLENESS, M.L. (1986): Species and sexual specificity of pheromone trails of the garter snake *Thamnophis marcianus*. – J. Herpetol., 20: 259–262.

FORD, N.B. & SEIGEL, R.A. (1989): Phenotypic plasticity in reproductive traits: Evidence from a viviparous snakes. – Ecology, 70: 1768–1774.

FOX, W. (1948): The relationships of the garter snake *Thamnophis ordinoides*. – Copeia, 1948: 113–120.

— (1951): Relationships among the garter snakes of the *Thamnophis elegans* rassenkreis. – Univ. California Publ. Zool., 50: 485–530.

— (1956): Seminal receptacles of snakes. – Anat. Rec., 124: 519–540.

FOX, W. / GORDON, C. & FOX, M.H. (1961): Morphological effects of low temperatures during the embryonic development of the garter snake, *Thamnophis elegans*. – Zoologica, 46: 57–71.

FREEDMAN, B. & CATLING, P.M. (1979): Movements of sympatric species of snakes at Amherstbug, Ontario. – Can. Field-Natur., 93: 399–404.

FUCHS, J. & BURGHARDT, G.M. (1971): Effects of early feeding experience on the responses of garter snakes to food chemicals. – Learn. Motiv., 2: 271–279.

FUENZALIDA, C.E. & ULRICH, G. (1975): Escape learning in the plains garter snake, *Thamnophis radix*. – Bull. Psychonomic Soc., 6: 134–136.

GABRISCH, K. & ZWART, P. (1995): Krankheiten der Heimtiere. – Schlütersche VGS, 3. erw. u. voll. überarb. Aufl.: 1008 S. Hannover.

GARSTKA, W.R. & CREWS, D. (1982): Female control of male reproductive function in a Mexican snake. – Science, 217: 1159–1160.

GARSTKA, W.R. & CREWS, D. (1985): Mate preference in garter snakes. – Herpetologica, 41: 9–19.

GARTSIDE, D.F. / ROGERS, J.S. & DESSAUER, H.C. (1977): Speciation with little genic and morphological differentiation in the ribbon snakes *Thamnophis proximus* and *T. sauritus* (Colubridae). – Copeia, 1977: 697–705.

GIBSON, A.R. & FALLS, J.B. (1979): Thermal biology of the common garter snake *Thamnophis sirtalis* (L.), I. Temporal variations, environmental effects and sex differences. – Oecologia (Berlin), 43: 79-93.

GILLINGHAM, J.C. / ROWE, J. & WEINS, M.A. (1990): Chemosensory orientation and earthworm location by foraging eastern garter snakes, *Thamnophis s. sirtalis*. In: MCDONALD, D. / MULLER-SCHWARZE, D. & NATYNCZUK, S. (Hrsg.): Chemical signals in Vertebrates. – Oxford Univ. Press: 623 S. New York.

GOMEZ, H.F. / DAVIS, M. / PHILLIPS, S. / MCKINNEY, P. & BRENT, J. (1994): Human envenomation from a wandering garter snake. – Ann. Emerg. Med., 23(5): 1119–1122.

GONELLA, H. (1995): Paludarium – Der Tropenwald im Wohnzimmer. – bede-Verlag: 49 S. Ruhmannsfelden.

GORDON, M.B. & COOK, F.R. (1980): An aggregation of gravid snakes in the Quebec Laurentians. – Can. Field-Natur., 94: 456–457.

GOULD, F.D. (1998): An Introduction to the Natural History of North American Garter Snakes with Basic Triage Practices. – J. Wildlife Rehabilitation, 21(3/4): 9–18.

GREGORY, P.T. (1975): Aggregations of gravid snakes in Manitoba. – Copeia, 1975: 185–186.

— (1977): Life history observations of three species of snakes in Manitoba. – Can. Field-Natur., 91: 19–27.

— (1990): Temperature differences between head and body in garter snakes (*Thamnophis*) at a den in central British Columbia. – J. Herp., 24: 241–245.

GREGORY, P.T. & LARSEN, K.W. (1993): Geographic variation in reproductive characteristics among Canadian populations of the common garter snake (*Thamnophis sirtalis*). – Copeia, 1993: 946–958.

GREGORY, P.T. & MCINTOSH, A.G.D. (1980): Thermal niche overlap in garter snakes (*Thamnophis*) on Vancouver Island. – Can. J. Zool., 58: 351–355.

GREGORY, P.T. & NELSON, K.J. (1991): Predation on fish and intersite variation in the diet of common garter snakes, *Thamnophis sirtalis*, on Vancouver Island. – Can. J. Zool., 69: 988–994.

GREGORY, P.T. & SKEBO, K.M. (1998): Trade-offs between Reproductive Traits and the Influence of Food Intake during Pregnancy in the Garter Snake, *Thamnophis elegans*. – Am. Nat., 151: 477–486.

GREGORY, P.T. / GREGORY, L.A. & CACARTNEY, J.M. (1983): Color pattern variation in *Thamnophis melanogaster*. – Copeia, 1983: 530–534.

GREGORY, P.T. / CRAMPTON, L.H. & SKEBO, K.M. (1999): Conflicts and interactions among reproduction, thermoregulation and feeding in viviparous reptiles: are gravid snakes anorexic?. – J. Zool., 248: 231–241.

GRIFFIN, D.R. (1952): Bird navigation. – Biol. Rev. Cambridge Philos. Soc., 27: 359–400.

HALLMEN, M. (1997a): The outdoor terrarium of the reptile zoo in Scheidegg (Germany). – The Garter Snake, 3/97: 2–7.

— (1997b): Einige Überlegungen zur Haltung von Strumpfbandnattern an Schulen. – MNU, 50(5): 310–312.

— (1997c): Ein Konzept zur Organisation der Haltung von Tieren an Schulen. – MNU, 50(4): 244–246.

— (1998a): The Smelt Osmerus eperlanus as a prey fish for Garter Snakes of the genus Thamnophis in the terrarium. – The Garter Snake, 1/98: 24–28.

— (1998b): Frozen turtle food for feeding juvenile garter snakes of the genus Thamnophis. – The Garter Snake, 2+3/98: 14–16.

— (1998c): Ein Fall von Keratophagie bei der Gewöhnlichen Strumpfbandnatter, Thamnophis sirtalis sirtalis. – Elaphe N.F., 6(4): 74–75.

— (1998d): Growing data of four juvenile melanistic Common Garter Snakes Thamnophis sirtalis sirtalis. - The Garter Snake, 2+3/98: 2-6.

— (1999a): Aufzucht und Haltung der San Francisco Strumpfbandnatter Thamnophis sirtalis tetrataenia. – Herpetofauna, 21(120): 20–24.

— (1999b): Tot in der Freianlage durch Vitamin-B-Mangel. – The Garter Snake, 4/99: 15.

— (1999c): Individualerkennung melanistischer Tiere bei der Gewöhnlichen Strumpfbandnatter Thamnophis sirtalis sirtalis (Serpentes: Colubridae). – Salamandra, 35(2): 113–122.

— (1999d): Schlangen gehen zur Schule: Teil 1. – Reptilia, Münster, 4(3): 73–76.

— (1999e): Schlangen gehen zur Schule: Teil 2. – Reptilia, Münster, 4(4): 72–75.

— (1999f): Beobachtungen eines ungewöhnlich aggressiven Verhaltens zwischen melanistischen Exemplaren der Gewöhnlichen Strumpfbandnatter Thamnophis sirtalis sirtalis (LINNAEUS, 1766). – Sauria, 21(4): 43–45.

— (2000a): Bau einer Schlangenfreianlage – Teil I: Grundsätzliche Überlegungen. – Reptilia, Münster, 5(5): 73–76.

— (2000b): Angebote und Nachfragen von Strumpfbandnattern der letzten 10 Jahre (Gattung: Thamnophis). – The Garter Snake, 2/00: 20–32.

— (2000b): Bau einer Schlangenfreianlage – Teil II: Ausführung der Arbeiten. – Reptilia, Münster, 5(6)

— (2000c): The Queen of Garter Snakes – Die San-Francisco-Strumpfbandnatter Thamnophis sirtalis tetrataenia. – Münster, Reptilia, 5(3): 28–31.

— (2001): Bau einer Schlangenfreianlage – Teil III: Erfahrungen. – Reptilia, Münster 6(1)

HALLMEN, M. & CHLEBOWY, J. (1998): Haltung von melanistischen Strumpfbandnattern Thamnophis sirtalis sirtalis. – Elaphe N.F., 6(4): 19–21.

— (1999): Erfahrungen mit der Direkteinfuhr von Strumpfbandnattern der Gattung Thamnophis aus den USA. – The Garter Snake, 4/99: 16–18.

— (2000a): Beitrag zur Unterscheidung der beiden blauen Gewöhnlichen Strumpfbandnattern Thamnophis sirtalis similis und Thamnophis sirtalis sirtalis „Florida blue". – Elaphe N.F., 8(1): 10–12.

— (2000b): Seltene Farbform der Prärie-Strumpfbandnatter Thamnophis radix gezüchtet. – The Garter Snake, 4/00: 4-7.

— (2001) Exported Beauty – The San Francisco Garter Snake in Europe. – Vivarium: In Vorbereitung.

HALLMEN, M. & FESSER, R. (2000): Neue Blutlinie der San Francisco-Strumpfbandnatter in Europa. – Elaphe N.F., 8(1): 15–16.

HALLMEN, M. & ZWARTEPOORTE, H. (2000): 10 Jahre San Francisco Strumpfbandnatter im Zoo von Rotterdam – Koordinierte Zucht in Zusammenarbeit mit privaten Züchtern. – The Garter Snake, 2/00: 33–38.

HALLOY, M. & BURGHARDT, G.M. (1990): Ontogeny of fish capture and ingestion in four species of garter snakes (Thamnophis). – Behaviour, 112: 299–318.

HALPERN, M. (1992): Nasal chemical senses in reptiles: Structure and function. In: GANS, C. & CREWS, D. (Hrsg.): Biology of the Reptilia. – Univ. Chicago Press: 624 S. Chicago.

HALPERN, M. & BORGHJID, S. (1997): Sublingual plicae (anterior processes) are not necessary for garter snake vomeronasal function. – J. Comp. Psychol, 111(3): 302–306.

HAMPTON, R.E. & GILLINGHAM, J.C. (1989): Habituation of the alarm reaction in neonatal eastern garter snakes, Thamnophis sirtalis. – J. Herpetol., 23: 433–435.

HASSELBERG, D. (1999): Terrarien aus Styropor. – Reptilia, 4(4): 64–68.

HAWLEY, A. & ALEKSIUK, M. (1975): Thermal regulation of spring mating behaviour in the red-sides garter snake (Thamnophis sirtalis parietalis). – Can. J. Zool., 53(6): 768–776.

HAYES, W.K. & HAYES, F.E. (1986): Human envenomation from the bite of the eastern garter snake, *Thamnophis sirtalis sirtalis* (Serpentes: Colubridae). – Toxicon, 23(4): 719–721.

HENKEL, F.-H. & SCHMIDT, W. (1997): Terrarien – Bau und Einrichtung. – Eugen Ulmer Verlag: 168 S. Stuttgart.

HERZOG, H.A. & BURGHARDT, G.M. (1986): Development of antipredator responses in snake: I. Defensive and open-field behaviours in newborns and adults of three species of garter snake (*Thamnophis melanogaster, Thamnophis sirtalis, Thamnophis butleri*). – J. Comp. Psychol., 100(4): 372–379.

— (1988): Development of antipredator responses in snake: III. Stability of individual and litter differences over the first year of life. – Ethology, 77: 250–258.

HERZOG, H.A. / BOWERS, B.B. & BURGHARDT, G.M. (1989): Stimulus control of antipredator behavior in newborn and juvenile garter snakes *Thamnophis*. – J. Comp. Psychol., 100: 372–379.

— (1992): Development of antipredator responses in snakes: V. Species differences in ontogenetic trajectories. – Dev. Psychobiol., 25: 199–211:

HOLTZMANN, D.A. (1993): The ontogeny of nasal chemical senses in garter snakes. – Brain Behav. and Evol., 41(3–5): 163–170.

HUEY, R.B. / PETERSON, C.R. / ARNOLD, S.J. & PORTER, W.P. (1989): Hot rocks and not-so-hot rocks: Retreatsite selection by garter snakes and its thermal consequences. – Ecology, 70: 931–944.

INOUCHI, J. / WANG, D. / JIANG, X.C. / KUBIE, J. & HALPERN, M. (1993): Electrophysiological analysis of the nasal chemical senses in garter snakes. – Brain Behav. and Evol., 41(3–5): 171–182.

ISENBÜGEL, E. & FRANK, W. (1999): Heimtierkrankheiten: Kleinsäuger, Amphibien, Reptilien. – Verlag Eugen Ulmer: 402 S. Stuttgart.

JACOBS, G.H. / FENWICK, J.A. / CROGNALE, M.A. & DEEGAN, J.F. (1992): The all-cone retina of the garter snake: spectral mechanisms and photopigment. – J. compari. Physiol. and sens. Neural and behav. Physiol., 170(6): 701–707.

JANSEN, D.W. (1983): A possible function of the secretion of Duvernoy's gland. – Copeia, 1983: 262–264.

— (1987): The myonecrotic effect of Duvernoy's gland secretion of the snake *Thamnophis elegans vagrans*. – J. Herpetol., 21(1): 81–83.

JOHNSON, J.L. (1947): The status of the *elegans* subspecies of *Thamnophis*, with description of a new subspecies from Washington state. – Herpetologica, 3: 159–165.

KAPLAN, M. (1997): Not-So-Common Garters. – The Garter Snake, 1/97: 2–8.

KARKOS, U. (2000): Zur Diskussion. – The Garter Snake, 1/00: 48–49.

KELLEY, K.C. / ARNOLD, S.J. & GLADSTONE, J. (1997): The effects of substrate and vertebral number on locomotion in the garter snake *Thamnophis elegans*. – Funct. Ecology, 11: 189–198.

KEPHART, D.G. & ARNOLD, S.J. (1982): Garter snake diets in a fluctuating environment: A seven year study. – Ecology, 63: 1232–1236.

KING, R.B. & TURMO, J.R. (1997): The Effects of Ecdysis on Feeding Frequency and Behavior of the Common Garter Snake (*Thamnophis sirtalis*). – J. Herpetol., 31(2): 310–312.

KRIVDA, W. (1993): Road kills of migrating garter snakes at The Pas, Manitoba. – Blue Jay, 51(4): 197–198.

KRUSE, H. (1996): Alles Schlangen? – Unterrichtsmodell für die Sekundarstufe I (6./7. Schülerjahrgang). – UB, 218: 32–35.

KUCH, U. (1997): Mimikry bei Schlangen. – Reptilia, 6: 25–32.

— (1998): Fälle von Keratophagie bei einer Anden-Schlanknatter (*Alsophis elegans*), einem Bänderkrait (*Bungarus fasciatus*) und einem Vielbänderkrait (*Bungarus multicintus*) mit einer Übersicht zur Keratophagie bei Schlangen. – Salamandra, 34(1): 7–16.

KÜNZLI, H. & HALLMEN, M. (2000): Zwei Fallschilderungen von Vergiftungserscheinungen nach Bissen einer Strumpfbandnatter (Gattung: *Thamnophis*). – The Garter Snake, 3/00: 27–32.

LAMANNA, C. / COSTAGLIOLA, A. / VITTORIA, A. / MAYER, B. / ASSISI, L. / BOTTE, V. & CECIO, A. (1999): NADPH-diaphorase and NOS enzymatic activities in some neurons of reptilian gut and their relationships with two neuropeptides. – Anat. Embryol. (Berlin), 199(5): 397–405.

LANUNZA, E. & HALPERN, M. (1997): Afferent and Efferent Connections of the Nucleus Sphericus in the Snake *Thamnophis sirtalis*: Convergence of Olfactory and Vomeronasal Information in the Lateral Cortex and the Amygdala. – J. Comp. Neurol., 385: 627–640.

LARSEN, K.W. & GREGORY, P.T. (1988): Amphibians and reptiles in the Northwest Territories. – Occ. Pap. Prince of Wales Northern Heritage Centre, 1988: 31–51.

— (1989): Population size and survivorship of the common garter snake, *Thamnophis sirtalis*, near the northern limit of its distribution. – Holarctic Ecol., 12: 81–86.

LAWSON, P.A. (1989): Orientation abilities and mechanisms in a northern migratory population of the common garter snake (*Thamnophis sirtalis*). – Musk-Ox, 37: 110–115.

– (1994): Orientation abilities and mechanisms in non-migratory populations of garter snakes (*Thamnophis sirtalis* and *Thamnophis ordinoides*). – Copeia, 1994): 263–274.

LAWSON, P.A. & SECOY, D.M. (1991): The use of solar cues as migratory orientation guides by the plains garter snake, *Thamnophis radix*. – Can. J. Zool., 69: 2700–2702.

LAWSON, R. (1987): Molecular studies of Thamnophine snakes: 1. The phylogeny of the genus Nerodia. – J. Herpetol., 21(2): 140–157.

LAWSON, R. & DESSAUER, H.C. (1979): Biochemical genetics and systematics of garter snakes of the *Thamnophis elegans-couchii-ordinoides* complex. – Occ. Pap. Mus. Zool. Louisiana State Univ., 56: 1–24.

LEVELL, J. (1997): A Field Guide to Reptiles and the Law. – Serpent's Tale: 270 S. Lanesboro.

LIND, A.J. & WELSH, H.W. (1994): Ontogenetic changes in foraging behaviour and habitat use by the Oregon garter snake, *Thamnophis atratus hydrophilus*. – Behaviour, 48: 1261–1273.

LOVE, B. (1999a): Western Herp Perspectives – Mitbringsel aus Florida. – Reptilia, 4(2): 16–17.

– (1999b): Western Herp Perspectives – Zucht und Farbe. – Reptilia, 4(5): 16–17.

LOWE, C.H. (1955): Genetic status of the aquatic snake *Thamnophis angustirostirs*. – Copeia, 1955: 307–309.

LUTTERSCHMIDT, W.I. (1994): The effect of surgically implanted transmitters upon the locomotory performance of the checkered garter snake, *Thamnophis m. marcianus*. – Herp. J., 4(1): 11–14.

MACK, H. & MOSELEY, E. (1997): San Francisco Garter Snake. - http://www.orecity.k12.or.us/ochs/

MANJARREZ, J. (1998): Ecology of the Mexican Garter Snake (*Thamnophis eques*) in Toluca, Mexico. – J. Herpetol., 32(3): 464–468.

MARA, W.P. (1995a): Strumpfbandnattern im Terrarium. – bede-Verlag: 63 S. Ruhmannsfelden.

– (1995b): Observations on the Blackneck Garter Snake in Captivity. – Reptile Hobbyist, 1(4): 26–30.

MACARTNEY, J.M. / LARSEN, K.W. & GREGORY, P.T. (1989): Body temperatures and movements of hibernating snakes (*Crotalus* and *Thamnophis*) and thermal gradients of natural hibernacula. – Can. J. Zool., 67: 108–114.

MARCIAS GARCIA, C. & DRUMMOND, H. (1988): Seasonal and ontogenetic variation in the diet of the Mexican garter snake, *Thamnophis eques*, in Lake Tecocomulco, Hidalgo. – J. Herpetol., 22: 129–134.

MASON, R.T. & CREWS, D. (1985): Female mimicry in garter snakes. – Nature, 316: 59–60

MAYR, E. (1942): Systematics and the Origin of Species. – Columbia Univ. Press. New York.

– (1963): Animal species and Evolution. – Harvard Univ. Press: 797 S. Cambridge.

McGUIRE, J.A. & GRISMER, L.L. (1993): The taxonomy and biogeography of *Thamnophis hammondii* and *Thamnophis digueti* (Reptilia: Squamata: Colubridae) in Baja California, Mexico. – Herpetologica, 49: 354–365.

MEEK, S.E. (1899): Notes on a collection of cold-blooded vertebrates from Olympia Mountains. – Field Mus. Nat. His. Zool. Ser., 1: 225–236.

MEERMAN, J.C. (1996): De Westelijke lintslang „*Thamnophis sauritus proximus*" in het terrarium. – Elaphe N.F., 1(1): 1–7.

MENDONCA, M.T. / TOUSIGNANT, A.J. & CREWS, D. (1996): Pinealectomy, melatonin, and courtship behavior in male red-sided garter snakes (*Thamnophis sirtalis parietalis*). – J. experiment. Zool., 274(1): 63–74.

MINTON, S.A. & WEINSTEIN, S. (1987): Colubrid snake venoms: Immunologic relationship, electrophoretic patterns. – Copeia, 1987: 993–1000.

MOCQUARD, M.F. (1899): Contribution a la faune herpetologique de la Basse-Californie. – Nouv. Arch. Mus. d'Hist. Naturelle, 4: 297–344.

MURA, B. (1988): Arbeitsblätter Fische – Lurche – Kriechtiere. – Ernst Klett Verlag: 63 S. Stuttgart.

MURPHY, J.C. & CURRY, R.M. (2000): A Case of Parthenogenesis in the Plains Garter Snake, *Thamnophis radix*. – Bull. Chicago Herp. Soc., 35(2): 17–19.

MUTSCHMANN, F. (1992): *Thamnophis butleri* und *Thamnophis ordinoides* – zwei terrestrische Strumpfbandnattern im Terrarium. – DATZ, 45(6): 372–374.

– (1995): Die Strumpfbandnattern: Biologie, Verbreitung, Haltung. – Westarp Wissenschaften: 172 S. Magdeburg.

– (2000): Bemerkungen zum Problem des „Zwergenwuchses" bei Strumpfbandnattern. – The Garter Snake, 3/00: 5–8.

OSYPKA, N.M. & ARNOLD, S.J. (2000): The developmental effect of sex ratio an a sexually dimorphic scale count in the garter snake *Thamnophis elegans*. – J. of Herpetol., 34(1): 1–5.

PASSEK, K.M. & GILLINGHAM, J.C. (1997): Thermal influence of defensive behaviours of Eastern garter snake, *Thamnophis sirtalis*. – Anim. Behav., 54: 629–633.

PERLOWIN, D. (1994): The General Care and Maintenance of Garter Snakes & Water Snakes. – Advanced Vivarium Systems Inc.: 71 S. Lakeside.

PETERSON, C.R. (1987): Daily variation in the body temperatures of freeranging garter snakes. – Ecology, 68: 160–169.

PETERSON, C.R. & FABIAN, H.J. (1984): Life history notes. – Serpentes: *Thamnophis elegans vagrans* (Wandering garter snake). Coloration. – Herpet. Rev., 15(4): 113.

PETERSON, C.R. / GIBSON, A.R. & DORCAS, M.E. (1993): Snake thermal ecology: The causes and consequences of body-temperature variation. In: SEIGEL, R.A. & COLLINS, J.T. (Hrsg.): Snakes: Ecology and Behaviour. – McGraw-Hill: 583 S. New York.

PRINGLE, R. (1991): Notes on the endangered San Francisco Garter Snake (*Thamnophis sirtalis tetrataenia*). – Captive Breeding, 3(2): 22–25.

RAUH, J. (2000): Bodensubstrate und Rückwandgestaltung. – Reptilia, 5(1): 33–38.

RIDENHOUR, B.J. / BRODIE, E.D. & BRODIE, E.D. (1999): Repeated injections of TTX do not affect TTX resistance or growth in the garter snake, *Thamnophis sirtalis*. – Copeia, 1999: 531–535.

ROSEN, P.C. (1991): Comparative field study of thermal preferenda in gater snakes (*Thamnophis*). – J. Herpetol., 25: 301–312.

ROSEN, P.C. & SCHWALBE, C.R. (1988): Status of the Mexican and narrowheaded garter snakes (*Thamnophis eques megalops* and *Thamnophis rufipunctatus*) in Arizona. – US Fish and Wildlife Service: Unveröffentlicht.

ROSENBERG, H.J. / BDOLAK, A. & KOCHVA, E. (1985): Lethal factors and enzymes in the secretion from Duvernoy's gland of three colubrid snakes. – J. Exp. Zool., 233(1): 5–14.

ROSSI, J.V. (1992): Snakes of the United States and Canada: Keeping Them Healthy in Captivity. Vol. 1: Eastern Area. – Krieger: 231 S. Malabar (Florida).

ROSSI, J.V. & ROSSI, R. (1995): Snakes of the United States and Canada: Keeping Them Healthy in Captivity. Vol. 2: Western Area. – Krieger: 274 S. Malabar (Florida).

ROSSMAN, D.A. (1962): *Thamnophis proximus* (SAY), a valid species of garter snake. – Copeia, 1962: 741–748.

— (1963): The colubrid snake genus *Thamnophis*: A revision of the *sauritus* group. – Bull. Florida St. Mus., 7. 99 178.

— (1966): Evidence for conspecificity of the Mexican garter snakes *Thamnophis phenax* (COPE) and *Thamnophis sumichrasti* (COPE). – Herpetologica, 22: 303–305.

— (1969): A new natricine snake of the genus *Thamnophis* from northern Mexico. – Occ. Papers Mus. Zool. Louisiana St. Univ., 39: 1–4.

— (1971): Systematics of the Neotropical populations of *Thamnophis marcianus* (Serpentes: Colubridae). – Occ. Papers Mus. Zool. Louisiana St. Univ., 41: 1–13.

— (1979): Morphological evidence for taxonomic partitioning of the *Thamnophis elegans* complex (Serpentes, Colubridae). – Occ. Papers Mus. Zool. Louisiana St. Univ., 55: 1–12.

— (1992): Taxonomic status and relationship of the Tamaulipan montane garter snake, *Thamnophis mendax* WALKER, 1955. – Proc. Louisiana Acad. Sci., 55: 1–14.

— (1995): Taxonomic status of the southern Durango spotted garter snake *Thamnophis nigronuchalis*. – Proc. Louisiana Acad. Sci., 58: 1–11.

— (1996): Identity and taxonomic status of the Mexican garter snake *Thamnophis vicinus* SMITH (Reptilia: Serpentes: Natricinae). – Proc. Biol. Soc. Washington, 109: 1–18.

ROSSMAN, D.A. & LARA-GONGORA, G. (1991): Taxonomic status of the Mexican garter snake *Thamnophis scaliger* (JAN). – Abstracts Ann. Meet. Herpetol. League, Soc. Study Amphib. Reptiles, State College. Pensylvania.

ROSSMAN, D.A. & STEWART, G.R. (1987): Taxonomic reevaluation of *Thamnophis couchii* (Serpentes: Colubridae). – Occ. Papers Mus. Zool. Louisiana St. Univ., 63: 1–25.

ROSSMAN, D.A. / LINER, E.A. / TREVINO, C.H. & CHANEY, A.H. (1989): Redescription of the garter snake *Thamnophis exul* ROSSMAN, 1969 (Serpentes: Colubridae). – Proc. Biol. Soc. Washington, 102: 507–514.

ROSSMAN, D.A. / FORD, N.B. & SEIGEL, R.A. (1996): The Garter Snakes – Evolution and Ecology. – Univ. Oklahoma Press: 332 S. Norman und London.

ROTHFUCHS, G. (1989): Stundenblätter Fische, Lurche, Kriechtiere. – Ernst Klett Verlag: 103 S. Stuttgart.

RUTHVEN, A.G. (1908): Variations and genetic relationships of the gartersnakes. – Bull. U.S. Natl. Mus., 61: 1–201.

SAVAGE, J.M. (1960): Evolution of a peninsular herpetofauna. – Syst. Zool, 9: 184–212.

SCHAEFFEL, F. & DE QUEIROZ, A. (1990): Alternative Mechanisms of Enhanced Underwater Vision in the Garter Snakes *Thamnophis melanogaster* and *T. couchii.* – Copeia, 1990(1): 50–58.

SCHMIDT, D. (1996): Wassernattern: Die Unterfamilie Natricinae. – bede-Verlag: 88 S. Ruhmannsfelden.

SCHMIDT, T. (1997a): Gemeinschaftshaltung von *Thamnophis sirtalis parietalis* und *Nerodia fassciata fasciata.* – Elaphe N.F., 5(1): 11–15.

— (1997b): Probleme bei der Haltung melanistischer Strumpfbandnattern (*Thamnophis sirtalis sirtalis*). – Elaphe N.F., 5(3): 34.

SCHMIDT, W. (1995): Kornnattern. – Natur und Tier-Verlag: 88 S. Münster.

SCHRENK, M. (1997): Biologisch und anthropologisch orientierte Unterrichtsvorschläge zum Thema Schlangen. – Raabe-Verlag: 27 S. Stuttgart.

SCHUETT, G.W. / FERNANDEZ, P.J. / CHISZAR, D. & SMITH, H.M. (1998): Fatherless sons: A new type of parthenogenesis in snakes. – Fauna, 1(3): 20–25.

SCHUETT, G.W. / FERNANDEZ, P.J. / GERGITS, W.G. / CASNA, N.J. / CHISZAR, D. / SMITH, H.M. / MITTON, J.B. / MACKESSY, S.P. / ODUM, R.A. & DEMLONG, M.J. (1997): Production of offspring in the absence of males: Evidence for facultative parthenogenesis in bisexual snakes. – Herp. Nat. History, 5: 1–10.

SEIGEL, R.A. (1984): The foraging ecology and resource partitioning patterns of two species of garter snakes. – Diss. Univ. Kansas. Lawrence.

— (1993): Future research on snakes, or how to combat „lizard envy". In: SEIGEL, R.A. & COLLINS, J.T. (Hrsg.): Snakes: Ecology and Behavior. – McGraw-Hill: 538 S. New York.

SEIGEL, R.A. & FORD, N.B. (1987): Reproductive ecology. In: SEIGEL, R.A. / COLLINS J.T. & NOVAK, S.S. (Hrsg.): Snakes: Ecology and Evolutionary Biology. – McGraw-Hill: 483 S. New York.

SEUFER, H. (1979): *Thamnophis proximus* ssp. im Terrarium. – Herpetofauna, 1(2): 28–32.

SHIVELY, S.H. & MITCHELL, J.C. (1994): *Thamnophis sirtalis sirtalis* (Eastern Garter Snake) – Albinism. – Herpetol. Review, 25(1): 30.

SMITH, A.G. (1949): The subspecies of the plains garter snake, *Thamnophis radix.* – Bull. Chicago Acad. Sci., 8: 285–300.

SMITH, H.M. (1942): The synonymy of the garter snake (*Thamnophis*), with notes an Mexican and Central American species. – Zoologica, 27: 97–123.

— (1999): Comment on the proposed conservation of *Coluber infernalis* BLAINVILLE, 1835 and *Eutaenia sirtalis tetrataenia* COPE in YARROW, 1875 (currently *Thamnophis sirtalis infernalis* and *T. s. tetrataenia*; Reptilia, Squamata): proposed conservation of the subspecific names by the designation of a neotype for *T. s. infernalis* (Case 3012; see BZN 55: 224-228). – Bull. Zool. Nomenclature, 56(1): 71–72.

SMITH, H.M. / SMITH, G.L. & CHISZAR, D. (1996): A new record and review of partially scaleless snakes. – Bull. Maryland Herpetl. Soc., 32(4): 107–112.

SMITH, M.T. & MASON, R.T. (1997): Gonadotropin Antagonist Modulates Courtship Behavior in Male Red-Sided Garter Snakes, *Thamnophis sirtalis parietalis.* – Physiol. Behav., 61(1): 137–143.

STANISLAWSKY, W. (1991): The San Francisco Garter Snake, *Thamnophis sirtalis tetrataenia* – the First Experiences in Maintaining at the Zoological Garden of Lodz. – Zool. Garten, N.F. 61(4): 267–270. Jena.

STEBBINS, R.C. (1954): Amphibians and reptiles of Western North America. – McGraw-Hill, New York: 528 S.

STEWART, G.R. (1968): Some observations on the natural history of two Oregon garter snakes (genus *Thamnophis*). – J. Herpetol., 2: 71–86.

STRATHEMANN, U. (1986): Erfahrungen mit *Thamnophis butleri* während ganzjähriger Freilandhaltung. – Sauria, 8: 5–6.

— (1995a): Freilandhaltung nordamerikanischer Wassernattern der Gattungen *Thamnophis* und *Nerodia*. Teil II: Erfahrungen mit *Thamnophis* und *Nerodia*. – Sauria, 17(2): 15–23.

— (1995b): Freilandhaltung nordamerikanischer Wassernattern der Gattungen *Thamnophis* und *Nerodia*. Teil I: Planung, Anlage und Bau der Freianlage. – Sauria, 17(1): 31–34.

— (1995c): Freilanderfahrungen mit der Nordwestlichen Strumpfbandnatter *Thamnophis ordinoides*. – Elaphe N.F., 3(2): 20–21.

— (1997a): Bemerkungen zur Haltung der Wandernden Strumpfbandnatter (*Thamnophis elegans vagrans* STEJNEGER, 1893) im Terrarium. – Elaphe N.F., 5(1): 2–6.

— (1997b): Die Chicago-Strumpfbandnatter *Thamnophis sirtalis semifasciatus* (COPE 1892) – auch im Gewächshaus ein dankbarer Pflegling. – Elaphe N.F., 5(3): 19–20.

— (2000a): Herpetofotografie: ABC der Reptilien- und Amphibienfotografie für Einsteiger und Fortgeschrittene. – Reptilia, Münster, 24: 63–69.

- (2000b): Die „Folienheizung" – Eine einfache und preiswerte Möglichkeit zur Wärmeergänzung für Schlangen-Freianlagen. – The Garter Snake, 4/00: 26–29.

STUART, L.C. (1954): Herpetofauna of the southeastern highlands of Guatemala. – Contri. Lab. Vert. Biol. Univ. Michigan, 68: 1–65.

SWEENEY, R. (1992): Garter Snakes: Their Natural History and Care in Captivity. – Blandford: 128 S. London.

TANIGUCHI, M. / WANG, D. & HALPERN, M. (1998): The characteristics of the electrovomeronasogram: its loss following vomeronasal axotomy in the garter snake. – Chem. Senses, 23(6): 653–659.

TANNER, W.W. (1985): Snakes of western Chihuahua. – Great Basin Nat., 45: 615–676.

– (1988): Status of Thamnophis sirtalis in Chihuahua, Mexico (Reptilia: Colubridae). – Great Basin Nat., 48: 499–507.

TAYLOR, E.H. (1940): Two new snakes of the genus Thamnophis from Mexico. – Herpetologica, 1: 183–189.

TENNANT, A. (1984): The snakes of Texas. – Texas Monthly Press. Austin.

THOMPSON, F.G. (1957): A new Mexican garter snake (genus Thamnophis) with notes on related forms. – Occ. Papers Mus. Zool. Univ. Michigan, 584: 1–10.

TINKLE, D.W. (1957): Ecology, maturation and reproduction of Thamnophis sauritus proximus. – Ecology, 38: 69–77.

U.S. Fish and Wildlife Service (1985): Recovery Plan for the San Francisco Garter Snake (Thamnophis sirtalis tetrataenia). – U.S. Fish and Wildlife Service: 77 S. Portland.

VAN DEVENDER, T.R. (1973): Behaviour and disruptive coloration in the New Mexican garter snake Thamnophis sirtalis ornata. – Southwest Nat., 18: 247–248.

VAN HET MEER, J. (1996): A new method of breeding Thamnophis species. – Litt. Serpent., 16(4): 90–93.

VEST, D. (1981a): The toxic Duvernoy's secretion of wandering garter snake (Thamnophis elegans vagrans). – Toxicon, 19: 831–839.

– (1981b): Envenomation following the bite of a Wandering garter snake (Thamnophis elegans vagrans). – Clin. Toxic., 18: 573.

WALKER, C.F. (1955): A new garter snake (Thamnophis) from Tamaulipas, Mexico. – Copeia, 1955: 110–113.

WALLS, J.G. (1995): The Problematical San Francisco Garter Snake. – Reptile Hobbyist, 1(4): 88–91.

WANG, R.T. & HALPERN, M. (1982): Neurogenesis in the vomeronasal epithelium of adult garter snake. 1. Degeneration of bipolar neurons and proliferation of undifferentiated cells following experimental vomeronasal axotomy. – Brain Res. Amst., 237: 23–29.

WAYE, H.L. & GREGORY, P.T. (1998): Determining the age of garter snakes (Thamnophis spp.) by means of skeletochronology. – Can. J. Zool., 76: 288–294:

WEBB, R.G. (1966): Resurrected names of Mexican populations of black-necked garter snakes, Thamnophis cyrtopsis (KENNICOTT). – Tulane Stud. Zool., 13: 55–70.

– (1978): A review of the Mexican garter snake Thamnophis cyrtopsis postremus with comments of Thamnophis vicinus SMITH. – Contr. Biol. Geol. Milwaukee Publ. Mus., 19: 1–13.

– (1982): Taxonomic status of some Neotropical garter snakes. – Bull. St. California Acad. Sci., 81: 26–40.

WEISS-GEISSLER, E. (1995): Experiences in keeping and breeding the rare San Francisco Garter Snake. – Reptile Hobbyist, 1(4): 92–96.

WEISS-GEISSLER, E. & GEISSLER, P. (1995): Haltung und Vermehrung der San Francisco-Strumpfbandnatter Thamnophis sirtalis tetrataenia. – Elaphe N.F., 3(4): 13–17.

WELDON, P.J. (1982): Responses to ophiophagous snakes by snakes of the genus Thamnophis. – Copeia, 1982: 788–794.

WELSH, H.H. & LIND, A.J. (2000): Evidence of Lingual-luring by an Aquatic Snake. - J. of Herpetol., 34(2): 67-74.

WHITTIER, J.M. / CREWS, D. & MASON, R.T. (1985): Mating in the Red-sided garter snake, Thamnophis sirtalis parietalis: differential effects on male and female sexual behaviour. – Behav. Ecol. Sociobiol., 16: 257–261.

ZERNECKE, J. (2000): Der Schreck am Morgen – Transport von Thamnophis-Babys. – The Garter Snake, 2/00: 18–19.

– (2001): Homosexuelles Verhalten bei Thamnophis sirtalis tetrataenia. – The Garter Snake, 1/01. Im Druck.

ZWARTEPOORTE, H. & VRIENS, M. (2000): Kunstfelsen im Terrarium. – Reptilia, 5(1): 29–32.

ZWEIFEL, R.G. (1998): Apparent non-mendelian inheritance of melanism in the garter snake Thamnophis sirtalis. – Herpetologica, 54(1): 83–87.

11. Weitere Informationen über Strumpfbandnattern

Bücher in deutscher Sprache

„Freilandterrarien für Schlangen"
von MARTIN HALLMEN, Natur und Tier - Verlag, Münster (D), 2011, 160 Seiten.

„Die Strumpfbandnatter, *Thamnophis sirtalis*"
von MARTIN HALLMEN, Natur und Tier - Verlag, Münster (D), 2004, 64 Seiten.

„Die Prärie-Strumpfbandnatter, *Thamnophis radix*"
von MARTIN HALLMEN, Natur und Tier - Verlag, Münster (D), 2004, 64 Seiten.

„Die San-Francisco-Strumpfbandnatter, *Thamnophis sirtalis tetrataenia*"
von MARTIN HALLMEN, Natur und Tier - Verlag, Münster (D), 2007, 64 Seiten.

Bücher in Englisch

„The Garter Snakes – Evolution and Ecology"
von DOUGLAS A. ROSSMAN, NEIL B. FORD und RICHARD A. SEIGEL, University of Oklahoma Press, Norman (USA) and London (UK), 1996, 332 Seiten.

„Garter Snakes – Their Natural History and Care in Captivity"
von ROGER SWEENEY, Blandford, London (UK), 1992, 128 Seiten.

„The General Care and Maintenance of Garter Snakes & Water Snakes"
von DAVID PERLOWIN, Advanced Vivarium Systems Inc., Lakeside (USA), 1994, 71 Seiten.

„Garter Snakes – The Ribbon Snakes & Water Snakes: Their Captive Husbandry & Reproduction"
von JON COOTE, Practical Python Publications, Nottingham (UK), 1993, 46 Seiten.

Vereine

Europäische Strumpfbandnatternvereinigung (European Garter Snake Association = EGSA)
Kontaktadresse: Udo Karkos, Villemomble Straße 43, D – 53123 Bonn, www.egsa.de

Deutsche Gesellschaft für Herpetologie und Terrarienkunde (DGHT)
Geschäftsstelle, Wormersdorfer Straße 46–48, D – 53351 Rheinbach, www.dght.de

Zeitschriften

„The Garter Snake"
Die Vereinszeitschrift der Europäischen Strumpfbandnatternvereinigung (**EGSA**). Sie erscheint viermal im Jahr und enthält Artikel zum Thema Strumpfbandnattern (überwiegend in deutscher Sprache).

„REPTILIA", „TERRARIA"
Terraristik-Fachmagazine, erscheinen je sechs Mal jährlich, mit Internetportal für Kleinanzeigen; Natur und Tier - Verlag GmbH, An der Kleimannbrücke 39/41, 48157 Münster, Tel.: 0251-133390, E-Mail: verlag@ms-verlag.de, www.reptilia.de

„DRACO"
Terraristik-Themenheft, erscheint vier Mal jährlich, Natur und Tier - Verlag, s. o.

Adressen beispielhafter Webseiten über Strumpfbandnattern

www.anapsid.org/gartcare.html
www.egsa.de
www.gartersnake.co.uk/
www.liophis.de
www.thamnophis.com
http://forums.kingsnake.com/forum.php?catid=71 (englischsprachiges Diskussionsforum)

Die Autoren

Martin Hallmen, 51 Jahre alt, Studium der Fächer Biologie und Geografie an der Johann-Wolfgang-Goethe-Universität in Frankfurt am Main, seit 1987 Lehrer am Franziskaner-Gymnasium Kreuzburg in Großkrotzenburg bei Hanau, Co-Leiter des dortigen Schulvivariums und Leiter des Schulbiologischen Hymenopteren-Zentrums. Langjähriger Halter und Züchter von Strumpfbandnattern, Erfahrungen bei der Haltung von über 25 Arten/Unterarten/Farbformen der Gattung *Thamnophis*, Autor von sechs Sachbüchern über Strumpfbandnattern, Freilandterrarien für Schlangen und Wildbienen, ebenso von mehr als 100 Artikeln über Strumpfbandnattern in nationalen und internationalen Zeitschriften, zweiter Vorsitzender der European Garter Snake Association (EGSA). Interessensschwerpunkte: Zucht unterschiedlicher Arten/Unterarten von Strumpfbandnattern, Schlangenfreianlagen, Schulvivarien, Fotografie.

Jürgen Chlebowy, 40 Jahre, von Beruf Schreiner. Langjähriger Halter und Züchter von insgesamt über 50 *Thamnophis*-Arten/Unterarten und Farbformen. Aufgrund seines guten Renommees in der *Thamnophis*-Szene und außergewöhnlicher Kontakte innerhalb Europas und in die USA/Kanada gelangen ihm häufig spektakuläre Importe und anschließende Nachzuchten seltener Strumpfbandnattern. Autor zahlreicher Fachartikel. Interessensschwerpunkte: Zucht unterschiedlicher Arten/Unterarten von Strumpfbandnattern, spezielle Zuchtprogramme zu unterschiedlichen Farbformen.

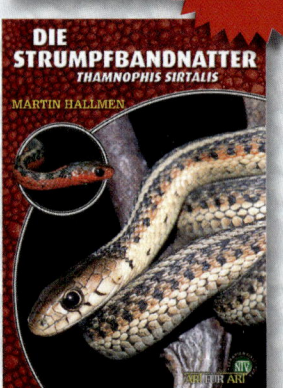
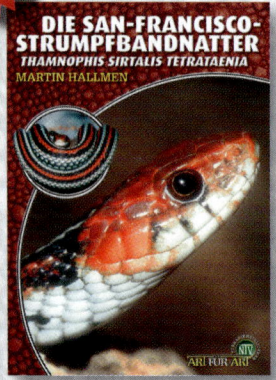